高等教育教材

香料香精应用基础

李　明　王培义　田怀香　编著

中国纺织出版社

内 容 提 要

本书系统介绍了天然香料与合成香料的生产方法，百余种香料香气的性质、安全性以及在日化香精、食用香精中的应用，香精配方的原理和制备方法，日化香精和食用香精的调制与应用，新技术在香料合成、香精加工和仪器分析中的应用等。并安排了一些典型的天然香料的提取、香料的合成、香精的调配等实验内容。本书最后附有香料管理机构及其缩略语等资料，以供读者参考。

本书可作为高等院校相关专业课教材使用，亦适用于从事香精、香料、化妆品、食品、卷烟产品的研究开发人员和生产技术人员阅读。

图书在版编目(CIP)数据

香料香精应用基础/ 李明，王培义，田怀香编著．—北京：中国纺织出版社，2010.2（2022.12 重印）
高等教育教材
ISBN 978-7-5064-6051-4

Ⅰ.①香… Ⅱ.①李…②王…③田… Ⅲ.①香精—工业化学—高等学校—教材②香料—工业化学—高等学校—教材 Ⅳ.①TQ651

中国版本图书馆 CIP 数据核字(2009)第 202914 号

策划编辑：贾 超 于 伟　　责任编辑：范雨昕
责任校对：陈 红　　责任设计：李 然　　责任印制：何 建

中国纺织出版社有限公司出版发行
地址：北京市朝阳区百子湾东里A407号楼　邮政编码：100124
销售电话：010—67004422　传真：010—87155801
http：//www.c-textilep. com
中国纺织出版社天猫旗舰店
官方微博：http://weibo.com/2119887771
三河市宏盛印务有限公司印刷　各地新华书店经销
2010 年 2 月第 1 版　2022 年12月第 9 次印刷
开本：787 × 1092　1/16　印张：17.5
字数：333 千字　定价：39.00 元

前　言

香料、香精与人们的日常生活息息相关，已广泛用于食品、烟酒、化妆品、洗涤剂、牙膏、塑料、橡胶、饲料等领域，以及改进加香产品的性能，提高加香产品的质量。随着科学技术的进步，人们物质和文化生活水平的提高，对香料、香精的需求量越来越大，对其质量的要求也越来越高。为适应香料、香精工业的发展及培养专业人才的需要，编者收集了近年来国内外大量的科技文献资料，并结合编者多年的教学、科研实践经验，编写了此书。

本书共分为八章。第一章，绪论，介绍了香料香精的分类及其发展；第二章，香味化学，介绍了嗅觉与味觉生理学、分子结构与香气之间的关系、香味的分类；第三章，天然香料化学，介绍了天然香料制品中的化学成分，天然香料的加工及常用的天然香料；第四章，合成香料化学，介绍了合成香料的生产方法及常用合成香料的香气性质、安全性以及在日化香精、食用香精中的应用等；第五章，香精，介绍了香精的基本组成、香精配方的原理和方法，日化香精和食用香精的调制、应用以及香精香料的安全性、稳定性和持久性；第六章，加香产品与加香，介绍了日用品、食品、香烟等的加香；第七章，新技术在香料工业中的应用，介绍了一些新技术在香料的合成、香精香料的加工及仪器分析中的应用等；第八章，实验，安排了天然香料的提取、香料的合成、香精的调配等实验内容。本书集理化、科研、实验于一体，既方便师生的教与学，又满足了专业人员的需求。

本书第二章和第七章由上海应用技术学院田怀香编写，第四章和第六章由郑州轻工业学院王培义和江南大学曹光群编写，其余章节由江南大学李明编写，全书由李明和王培义统编定稿。

本书在编写过程中参考了有关文献资料，并得到江南大学的王建新、孙培冬、李海龙、储鸿、刘睿、吴晴红、朱婷、陶莎和上海应用技术学院的俞根发等的热情支持和帮助，在此表示感谢。囿于水平，书中存在的疏漏及不妥之处在所难免，尚祈专家、读者批评指正。

编　者

2009 年 8 月

目　　录

第一章 绪 论

香料、香精的用途很广，与人们的日常生活息息相关。香料、香精是食品、烟酒、化妆品、洗涤剂、牙膏、塑料、橡胶、饲料等的添加剂，它们与产品的质量有着密切的关系。通常的加香产品中仅含 0.2%～2%的香精，用少量的香精便能生产出大量的为人们所喜爱的加香产品。如 1kg 香精能用于生产 200 kg 糖果或饼干、1500 瓶汽水、20000 包香烟、67 kg 牙膏、100 kg 香皂或膏霜、500kg 合成洗衣粉等。由此可见，香料、香精的好坏关系着许多加香产品的质量，更关系到人们使用或食用这些加香产品的安全卫生问题。随着人们物质生活水平的逐步提高，香料、香精的需求量也在不断增长，其用途迅速扩大，对它们的质量要求也将越来越严格。

第一节 香料香精的分类

香料是能被嗅出香气或尝出香味的物质。香料可能是一种化合物，也可能是多种物质的混合物；可以存在于生物（动物、植物）体内，也可以由化学法或生物法制取得到。虽然有的香料并不存在于生物体内，但已被人们用化学方法合成出来了。

香精是一种由人工调配出来的含有几种、十几种乃至几十种香料的混合物，或由发酵、酶解、热反应等方法制造的含有多种香成分的混合物。事实上，在产品加香过程中使用的大多是香精。

从广义的定义来说，香料（有时称为香原料）与香精统称为香料。生产香料与香精的工业叫做香料工业。从狭义的定义来说，香料是指香原料，不包括香精。本书在谈到香料时仅指香原料，并用“香料香精工业”代替“香料工业”。

一、香料的分类

根据有香物质的来源，香料可分为两大类：天然香料和合成香料。

天然香料是指从天然含香动植物的某些生理器官（如香囊、香腺、花、叶、枝、干、根、皮、果、籽等）或分泌物中经加工处理而提取出来的含有发香成分的物质，如精油、浸膏、净油、香树脂、酊剂、单离品等物质。

天然香料存在于自然界中，可分为动物性香料和植物性香料。动物性香料很少，主要有麝香、灵猫香、海狸香、龙涎香和麝鼠香五种，产量极少，且价格极高；而植物性香料品种繁多，如玫瑰油、茉莉净油、桂花浸膏、香荚兰酊等。天然香料都含有复杂的成分，是天然的混合物。

采用物理或化学的方法从天然香料中分离出来的单一化合物，称为单离香料，如从香茅油中分离出香叶醇和香茅醛，从山苍籽油中分离出柠檬醛，从薄荷油中分离出薄荷醇（即薄荷脑），从丁香油中分离出丁香酚。单离香料属于天然香料，使用时要注明来源，如香叶醇（单离自香茅油）、柠檬醛（单离自山苍籽油）。

合成香料是指采用各种化工原料，通过化学或生物合成的途径制备出来的香料品种。合成香料是单一的化合物，如按化学结构或官能团来区分，则有烃类、醇类、酸类、酯类、内酯类、醛类、酮类、酚类、醚类、腈类、大环类、多环类、杂环类、硫化物类、卤化物类香料等。

二、香精的分类

香精的分类方法很多。出发点不同，可以有不同的分类方法。大体上可以从下面三个方面来分类。

1. 按香精用途分类

香精按其用途可划分为日用香精、食用香精和其他香精三大类。

(1)日用香精(Fragrance)：是供日用化学品使用的香精，以遮盖不良气息、赋予美好香气为主要目的。如再进一步细分可分为：化妆品用（还可分为香水用、盥用水用、香粉用、唇膏用、膏霜用、香波用、头油用、发蜡用等）、洗涤剂用、卫生制品用（还可分为空气清新剂用、清凉油用、卫生熏香用、祛臭剂用等）、劳动防护品用、地板蜡用等。

(2)食用香精(Flavour)：是一种能够赋予食品或其他加香产品（如药品、牙膏等）香味的混合物。根据国际食品香料香精工业组织（International Organization of the Flavor Industry，IOFI)的定义，食用香精中除了含有对食品香味有贡献的物质外，还允许含有对食品香味没有贡献的物质，如溶剂、抗氧剂、防腐剂、载体等。

可以进一步划分为：食品用、烟用、酒用、药用、牙膏用、饲料用等。其中食品用香精是最主要的品种，可以具体分为：焙烤食品香精、软饮料香精、糖果香精、肉制品香精、奶制品香精、调味品香精、快餐食品香精、微波食品香精等。每一类还可以再细分，如奶制品香精可分为牛奶香精、酸奶香精、奶油香精、黄油香精、奶酪香精等。

烟用香精若按照香烟的种类来分，可分为卷烟香精、雪茄烟香精、斗烟香精、嚼烟香精和鼻烟香精，其中卷烟用香精按卷烟类型不同，又可分为烤烟型烟用香精、混合型烟用香精、东方型烟用香精、褐烟型烟用香精、异香型烟用香精和新混合型烟用香精等类型。若按照加香方式来分，则可分为加料用香精、加表用香精、滤嘴用香精及嗅香用香精等类型。

(3)其他香精：是供其他工农业品用的香精，可进一步划分为：塑料用、橡胶用、纺织品用、人造革用、纸张用、油墨用、工艺品用、涂料用、饲料用、杀虫剂用香精等。

2. 按照香精形态分类

香精按照其形态可分为液体香精、膏状香精和粉末香精三大类。其中液体香精又可分为水溶性香精、油溶性香精和乳化香精三种。

(1)水溶性香精:也叫水质香精,是将各种天然或合成香料调配而成的香精,溶解于40%～60%的乙醇(或丙醇、丙二醇、甘油等其他水溶性溶剂)中,必要时再加入果汁等制成。

此类香精广泛应用于果酱、果汁、果冻、果子露、汽水、冰淇淋、烟草和酒类中。在化妆品,如香水、花露水等中也必不可少。其优点是在水中有较好的透明度,且具有轻快的头香;缺点是耐热性较差。

(2)油溶性香精:也叫油质香精,是将天然香料和合成香料溶解在油性溶剂中或者直接用天然香料和合成香料调配而成的。常用的油性溶剂分为两类:一类是植物油脂,如花生油、菜籽油、芝麻油、橄榄油和茶油等;另一类是有机溶剂,常用的有苯甲醇、三乙酸甘油酯等。

以植物油脂作溶剂调配而成的油溶性香精具有香味浓度高、耐热性好、留香时间较长的优点,但在水相中不易分散,主要用于饼干、点心、糖果、巧克力、口香糖等热加工食品中。

以有机溶剂为溶剂或与香料互溶而配制成的油溶性香精,通常用于膏霜、唇膏、发油、发脂等化妆品中。

(3)乳化香精:是在油溶性香精中加入适当的乳化剂、稳定剂,使其在水中分散为微粒而制成。在此类香精中,只有少量的香料、乳化剂和稳定剂,大部分是蒸馏水。由于乳化效果不同,乳化后产品的形态也不同,具体见表1-1。

表1-1 乳化后的产品形态

乳化液滴直径 / m	外 观	稳定性
$>10^{-6}$	乳白色乳状液	小
$10^{-7}\sim10^{-6}$	亮白色乳状液	↓
$5\times10^{-8}\sim10^{-7}$	灰色半透明液	↓
$<5\times10^{-8}$	淡蓝色透明液	大

乳化香精中常用的乳化剂有大豆磷脂、聚氧乙烯木糖醇酐硬脂酸酯、单硬脂酸甘油酯、山梨糖醇酐脂肪酸酯等。另外,阿拉伯胶、琼脂、果胶、明胶、羧甲基纤维素钠、淀粉、海藻酸钠等在乳化香精中能起稳定剂和增稠剂的作用。

在很多饮料中,如清凉饮料,不但要求有可口的味道和宜人的香味,而且还需要具有一定的混浊度,使饮料具有天然的真实感,所以需要使用乳化香精来进行乳化加工。乳化香精主要应用于软饮料、冷饮和糖果等食品中。此外,在发乳、发膏、粉蜜等化妆品中也经常使用。其特征是香气温和,有保香效果,但稳定性较差,应防止其腐败变质。

(4)膏状香精:主要在反应型香精中较多,尤其是肉味香精。近年来,咸味香精发展迅猛,膏状香精的种类也越来越多。其特征是香气厚实,但头香不足,同时兼有味觉的特征。

(5)粉末香精:有两种制备方法,一种是将香基混合后附着在乳糖之类的载体上制成;另一种是先将香基制成乳化香精后,再经过喷雾干燥使其粉末化。两种产品均便于使用,稳定性强,但易吸湿结块。经过喷雾干燥制成的产品,由于香精被赋形剂包围覆盖,故其香精的稳定性、分散性较好。

粉末香精广泛用于糕点、固体饮料、固体汤料、快餐食品、休闲食品、香粉、香袋中。

3. 按香精香型分类

所谓香型，是用来描述某种香料、香精或加香制品的整个香气类型或格调。香精按不同香气特征可分为以下几类：

(1)花香型香精：大多数是模仿天然花香调和而成的。常见的有玫瑰、茉莉、铃兰、水仙、白兰、紫罗兰、橙花、薰衣草等香型的香精。

(2)非花香型香精：大多数是模仿天然实物调配而成的，如皮革香、麝香、甜蜜香、苦橙叶香、松林香和檀香等香型的香精。

(3)果香型香精：是模仿果实的气味调配而成的，如苹果、甜瓜、橘子、樱桃、柠檬、草莓、香蕉、梨等香型的香精。

(4)幻想型香精：是在模仿型香精的基础之上，由具有丰富的经验和美妙幻想的调香师创造的香型。幻想型香精一般都有一个优雅抒情的美称，如微风、吉卜赛少女、素心兰、夜巴黎、骑士、黑水仙、白衣人和古龙等。幻想型香精主要用于化妆品中。

第二节　香料香精的发展历史

人类使用香料的历史可以追溯到5000年以前，最早使用的是天然香料，中国、埃及、印度、巴比伦等文明古国是最早使用香料的国家。

一、古代国外香料的发展历史

英语中香料一词是“Perfume”，来自于拉丁语“Perfumum”，是通过烟雾的意思，这说明古代西方使用香料是从熏香开始的。

古埃及人对使用香料很有研究，在沐浴时加些香油或香膏，他们认为这样既有益于肌肤，又能使身心感到愉快。当时使用的香油有百里香油、牛至、芍药、乳香和甘松等，常以芝麻油、杏仁油、橄榄油为加香介质。古代埃及法老(皇帝)死后用香料等裹尸防腐，制作成木乃伊，可以永久保存，现在著名的博物馆里多有陈列。公元前3500年埃及皇帝曼乃斯的墓地，在1897年开掘时发现油膏缸内的膏质仍有香气，似是树脂或香膏类物质，该物品现可在英国和开罗博物馆看到。

公元前370年的希腊著作中记载了至今仍在使用的一些香料植物，还提到了吸附、浸提等提炼方法。植物学鼻祖齐亚弗拉斯托斯(Theopbrastus)在其著作中记载了很多香料方面的情况，谈及混合香科和香料的持久性和调配香料的操作技巧。当时的用料是花、叶、枝、根、木、果或树胶的混合物，如玫瑰、铃兰、薄荷、百里香、藏红花、鸢尾、甘牛至、岩兰草、桂皮、没药等。古罗马人喜欢把香料涂在很多地方，马的身上，甚至是造墙的沙浆中。

早期使用的香料都是未加工过的动植物发香部分，在 8～10 世纪，在中东阿拉伯文化的发源地巴比伦，人们开始用蒸馏法从玫瑰花中提炼玫瑰油和玫瑰水。此后是十字军时代，东方的香料被传播到当时落后的欧洲，英、法等国才开始使用香料和化妆品。

自 1370 年，出现了第一批用乙醇配制成的香水，称为匈牙利水。开始时，可能只是迷迭香一个品种蒸馏而得，其后则含有薰衣草和甘牛至等。当时的人们还用酒来擦脸和沐浴，亦有用牛奶沐浴的，可见那时的香料已在贵族奢侈的生活中应用。

自 1420 年，出现将蛇形冷凝器用于蒸馏后，精油的提取发展迅速。起先是蒸馏一些辛香料，如肉桂、丁香、肉豆蔻等，以及香料植物，如紫苏、迷迭香、薰衣草等，后来也从柑橘属的花、果实和叶片中提取精油。最初在法国格拉斯(Grasse)地区生产花油和香水，格拉斯也因此成为世界著名天然香料(特别是香花)的生产基地，此后各地也逐步采用蒸馏提取精油。人类就从使用固体植物香料转变成使用液体植物香料，这是香料历史上划时代的进展。

到 19 世纪，随着有机化学的发展，出现了合成香料。便在动植物香料外，增加了以煤焦油等为起始原料的合成香料品种，大大丰富了调香需用香料的来源，并且大大降低了香精的价格，促进了香料香精工业的发展。

二、古代中国香料的发展历史

我国对芳香物质的应用有着悠久的历史。早在黄帝、神农氏时代，就有采集树皮、草根作为医药用品来驱疫避秽。当时人类对植物挥发出来的香气已经非常重视，因此在上古时代就把这些有香味的物质作为敬神拜佛、清净身心之用，同时也用于祭祀和丧葬方面。后来才逐渐用于饮食、装饰和美容。

我国在夏、商、周三代前就开始了对香料的使用。商朝人刻写在龟甲或兽骨上的文字，被称为甲骨文。甲骨文已经具备了汉字结构的基本形式，是一种比较成熟的文字。

甲骨的“香”字见图 1－1 中的①②③④，古•E“香”作⑤⑥，从象形文字观察，香字原为黍和

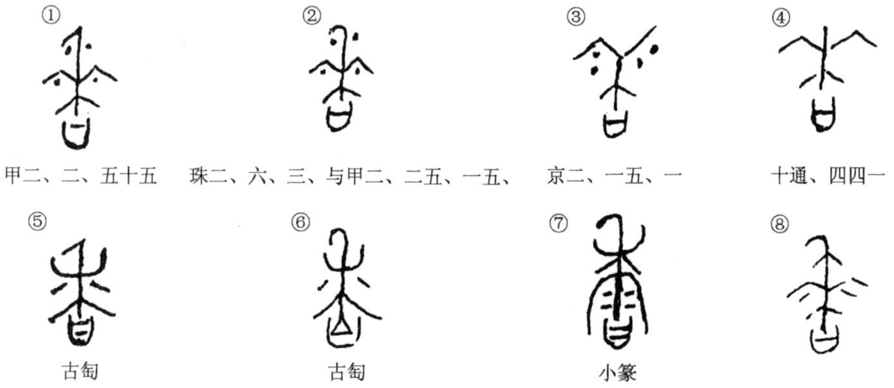

图 1－1　古文的“香”字

甘的合体。《春秋传》曰“黍稷馨香”。《说文句解》解释“甘者 !之味，香者 !之臭”。《说文通训定声》析“按 !与酒之臭曰香……”。又有《说文部首订》析“草臭之美者曰芳， !臭之美者曰黍……”。可以看出，香原与酒、谷物、花草有着密切的联系，特别要指出的是古文的“香”已将香味与香气都包含在其中，这与现在泛指的香有类同之处。

公元前770～221年的春秋战国时代，兰花曾普遍受到人们的喜爱，当时文字已趋于完善，也有了记载工具。从最早的国别史《国语》上写有“入芝兰之室，久而不闻其香”。最早的编年史《左传》中可看到“兰有国香”的记载。庄子有“桂也食故斧伐之”，苏秦有“楚国之食贵于玉，薪贵于桂”等词句，从中已可窥见一斑。

公元前343～277年，楚国著名诗人屈原所著的《九歌·东皇太一》中有“蕙肴蒸兮兰藉，奠桂酒兮椒浆”的描述，据研究屈原的著名学者文怀沙考证，蕙是指薰，别名罗勒，是一种天然香料；兰是鸢尾，也是香料；桂酒是用肉桂皮浸泡的酒；椒浆是花椒汁。这两句的大意是祭祀用的肉以罗勒叶子包裹，放在菖蒲上以增香，并奠以肉桂酒和花椒汁。说明当时香料在饮食方面的使用，已相当考究。

公元前206～208年，汉代的《汉官典礼》中记载着用薰香的办法使官服沾上香气，从那以后到隋(581～618年)、唐(618～907年)香料已成为达官贵人的奢侈品。例如《杜杨》编中，隋炀帝每年除夕夜，都要在宫殿前同时点燃数十处用车运来的沉香木堆，香气飘溢达数十里，甚为壮观。唐朝的《开元天宝遗事》中则有关于杨贵妃的长兄杨国忠建有“四香阁”，以沉香木做门，檀香木做栏杆，将麝香和乳香加入涂料中，涂在墙壁上，在每年春季，芍药花盛开的时候，就在这里请客赏花的记载。

在唐朝以前，已经用龙脑、郁金香等调配后加进墨、金箔、蜜蜡中赋香。唐以后的五代时期(907～960年)，已有使用茉莉油和桂花油的记载。954～959年后周显德年间，有云南的昆明国上贡蔷薇水的记载。西安唐墓出土文物中不仅有放东西的香炉，还有用丝带佩系的银制精巧香炉、银制薰香球，既可作装饰用，又可祭祀时焚香或作医疗用。那时候使用香料的方法除焚薰外，还有煮汤沐浴或食用。

公元960～1279年，宋朝进士洪刍曾写有专门的论著《香品》、《香事》、《香法》，其中详细记述龙脑、麝香、白檀、苏合香、郁金香、丁香、兰香、迷迭香、芸香、甘松等81种香料的产地、性质和应用，其中也有与化妆品和食品有关的21种应用处方和简单的加工方法，这是极其珍贵的有关古代香料的文献。

宋朝是历史上经济高度发达的时代，以前的朝代都无法与之相比。北宋时期与其他国家的贸易已十分频繁，樟脑、麝香、乳香等香料由海上输往日本、埃及和欧洲。到南宋时，福建泉州港就是海上丝绸之路和瓷器之路的出发港口，同时也是进口香料的抵达站。当时福建提举市舶司(海外贸易监督官)赵汝南在1225年编著的《诸蕃志》下卷中介绍有47种贸易商品的名称、产地、使用价值和采收方法的说明，其中香料有23种之多，有乳香、芍药、苏合香、安息香、檀香、丁香、胡椒、肉豆蔻、白豆蔻、山苍籽、芦荟、龙涎香、栀子花、蔷薇水、沉香等，比意大利航海家哥伦布开始大海航行时代还要早 267 年。

20 世纪 70 年代在长沙出土的马王堆一号汉墓中的女尸体上，经专家检测就认定使用了多种香料。在扬州城北出土的明代居士之妻叶氏的棺内有檀香的香气，可见在古老的年代，就有香料作为尸体防腐剂使用的先例。

在我国古代，芳香植物也早已作为药物来治疗疾病了。汉代前后所编的最早一本中药著作《神农本草经》的附录中，记载着芳香植物如何当做药物来使用。后来经过发展，明代李时珍汇编成为大全的《本草纲目》中专门写有芳香篇，其中作为医药使用的芳香植物就有 60 种之多。

清朝后期，香料的使用已普及百姓之家。19 世纪初期出现了专业化妆品作坊，上海有妙香宝香粉局和戴春林香粉局，扬州有流传至今的谢馥春香粉局，杭州有孔凤春香粉局，主要产品是百姓用的香粉和宫廷用的宫粉。以前香粉的生产方法是在细微粒的石粉层上敷以茉莉鲜花，花上面再撒石粉层，如此交替迭合，让鲜花散发的微量香料能吸附到石粉上而成。有时在石粉层下面用木炭稍稍加温，强化吸附效果，称为"窨薰法"。另一种商品是香发油，用鲜花和肉桂皮长时间在茶油中浸渍而得到香发油，这些产品一直沿用至 20 世纪初期。第一次世界大战后，欧洲现代香精倾销我国，从此逐渐改变了我国化妆品加香的传统。

新中国成立前，我国出口的香料品种很少，主要的仅有四种，即麝香、大茴香、肉桂和薄荷脑。并且开始时，进口的基本上都是香精。在舶来化妆品、香皂及日用化学品等充斥市场的情况下，我国民族工商业也逐步发展起来与之形成抗衡，需用香精也逐渐增多。最初是用进口香精配制香精，然后是用香精加部分香料来配制香精，最后才过渡到完全用香料来调配香精。

新中国成立后，我国的香料香精工业逐步走上正轨，增添了天然与合成香料的品种，逐步扩大了产量，提高了质量，从此国内香精生产就走向以国产香料为主而配以少数进口香料的方向。

第三节 香料香精工业的发展现状及趋势

一、国际香料香精工业发展的现状

随着世界各国（尤其是发达国家）经济的发展，消费水平不断的提高，也加速了世界香料香精工业的发展。近年来，国际香料香精贸易销售呈不断增长的趋势，年平均增长率已超过 5%。1990 年全球香料香精的总销售额为 78 亿美元，1995 年发展到 96 亿美元，2000 年达到 121 亿美元，2001 年为 127 亿美元，2002 年达到 151 亿美元，2003 年达到 163 亿美元，2004 年为 176.6 亿美元，2005 年为 160 亿美元，2006 年为 180 亿美元，2007 年为 199 亿美元。

虽然全世界有几百家香料企业，但大多数的销售额仅被十几家跨国大公司所占有。现将 2008 年香料香精行业位居全球 10 强的企业（按 2007 年销售额进行排名）列于表 1-2，这些跨国公司都来自发达国家:瑞士、美国、德国、法国、日本等。2007 年全球 10 强的销售额约 137 美元,市场份额总和超过 65%,从行业垄断指标来看,已经属于中度垄断程度。尤其是奇华顿、国际香料公司和芬美意三家公司,其市场份额占了 40%以上。

表 1-2　2008 年香料香精行业全球 10 强企业

公司名称	排名	2007 年销售额/亿美元	占全球市场份额/%	总部所在国家
奇华顿(Givaudan)	1	36.470	18.3	瑞士
芬美意(Firmenich)	2	26.275	13.2	瑞士
国际香料公司(IFF)	3	22.766	11.4	美国
德之馨(Symrise)	4	18.608	9.3	德国
高砂(Takasago)	5	11.120	5.6	日本
森馨(Sensient)	6	5.720	2.9	美国
曼氏(Mane SA)	7	4.487	2.3	法国
长谷川(T. Hasegawa)	8	4.481	2.3	日本
花臣(Frutarom)	9	3.683	1.8	以色列
罗伯特(Robertet)	10	3.521	1.8	法国

这些公司的本土销售额仅占 30%~50%,其余 50%~70%的香料香精产品均在境外销售,一方面是受本国本地区市场饱和的影响。近年来,世界各大地区香精香料的销售数据显示,欧洲、北美地区的香料香精消费市场已基本趋于饱和状态,使得亚洲、大洋洲和南美洲等地区成为主要的竞销地区。其中尤以亚太地区的需求最为强劲,因此国际巨头纷纷抢滩亚太地区,如丹尼斯克在马来西亚投资 300 万美元新建香料厂,IFF 公司投资了 2900 万美元在中国杭州新建香料厂等。

二、中国香料香精工业发展的现状

图 1-2 显示了 2003~2008 年中国的香料香精销售情况。从统计数据看,中国香料香精工业的发展是逐年稳步增长的,已基本适应人民生活和工农业生产、市场的需要。

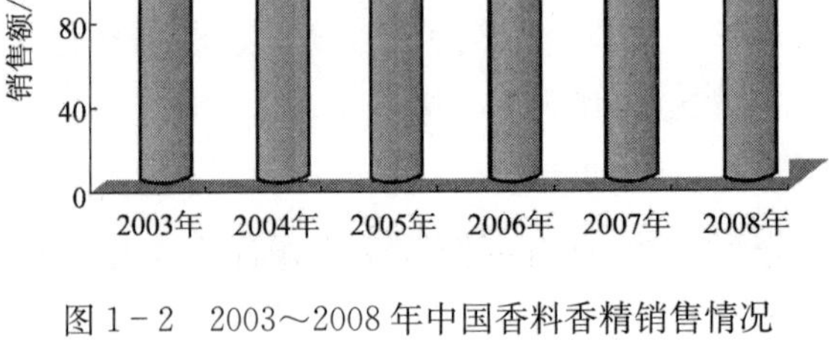

图 1-2　2003~2008 年中国香料香精销售情况

据香化协会2006年的统计，中国现有香精香料企业837家，其中2/3为香料生产企业，1/3为香精或香精香料并举企业。90%左右的企业为中小企业，销售过亿元的企业只有20多家。所占市场份额的分布中，国有企业约占55%，民营企业约占24%，三资企业约占17%，其他占4%。

目前，我国可生产各类香料约1000种，其中天然香料140余种(包括精油、浸膏、净油和油树脂等)。我国出口的香料已有100余种，包括龙脑、薄荷脑、香兰素、乙基香兰素、香豆素、麦芽酚、乙基麦芽酚、呋喃酮、2-甲基-3-巯基呋喃系列香料、吡嗪系列香料、肉桂油、香茅油、山苍籽油、薰衣草油等在国际上都享有盛誉。

三、中国香料香精工业的发展趋势

1. 香料香精工业将呈现高速发展趋势

香料香精工业与人们生活水平和质量的提高息息相关。从世界范围来看，近几年来香料香精工业的增长速度一直高于其他工业的平均增长速度。在我国，改革开放30多年来，随着经济的发展和人民生活水平的提高，对香料香精的需求量猛增，要求也越来越高。可以预见，在今后相当长的一段时间内，香料香精工业还将以高于其他工业平均增长的速度发展。

2. 开发香料新品种是今后相当长一段时间内的工作重点

目前，全世界天然香料和合成香料的品种已超过8000种，而且每年都有新品种问世；而我国能够生产的品种仅1000种左右，差距很大。今后一方面应注意开发那些使用效果好、已不存在知识产权问题而国内尚没有生产的香料品种；另一方面则应加大研究开发的投入，研制具有独立知识产权的香料新品种。

3. 重视新技术在香料香精工业中的应用

近几年来，生物工程技术、计算机技术、超临界萃取技术、分子蒸馏技术和微波技术等在香料香精工业中的应用越来越广泛。这些新技术的应用，给古老的香料香精工业注入了新的生机和活力，在某些方面甚至带来了革命性的变化。例如，以天然动植物为原料，采用酶解、发酵等技术生产的香料和香精属于天然品，适应当今世界崇尚自然、回归自然的潮流，在国际市场上备受欢迎；将微波技术应用于某些香料合成，可使反应时间大大缩短；将超临界萃取技术用于天然香料的提取，可使提取效率和产品质量大大提高等。

4. 合理开发天然香料资源、重视天然香料资源的保护和再生

我国天然香料资源丰富，品种繁多，精油产量约占全世界的30%，但目前我国天然香料生产面临如下问题：

(1)以树木为原料的天然香料，如黄樟油、芳樟油、柏木油等由于砍伐力度大、再生速度慢等原因，已出现资源枯竭趋势。

(2)薄荷、留兰香等传统优势产品已由东部沿海地区向中西部转移，气候、土壤等条件发生了变化，选育新品种已成为当务之急。

(3)人口增加使天然香料与粮棉争地的矛盾更加突出。

根据这些情况,国家在政策上应有所调整,将天然香料开发与植树造林、水土保持、城市绿化、扶贫相结合,积极保护、努力扩大、合理开发,使我国的天然香料香精工业实现长期、稳定、可持续发展。

综上可见,香料香精工业是国民经济中的一个重要组成部分、绝非可有可无。随着配套行业的发展,香料香精工业的发展将是永恒的。目前,我国每年需要添加香精的最终消费品,其产值约达 1 万亿元(其中为食品配套约达 7000 亿元,日用化工、烟草、医药等产品越千亿元)。从美、英、法、德、日、瑞士等国的工业组成来看,香料香精工业都受到政府的重视,所以其香料香精工业也是非常发达的,也都拥有国际上知名的香料大公司,产品都是一流的,因为他们深知没有像样的香料工业,其加香产业将会永远依附于他人。

我国香料香精工业的基础薄弱,尽管经过几十年的努力,其面貌已有所改观,但和发达国家香料香精工业相比,差距还是相当大的,所以在总结过去的基础上,应该正视这个问题,要合理地开发和利用我国天然香料资源;必须重视天然香料、合成香料和香精的同步发展,使香料香精工业的发展速度适应我国和国际市场发展的需要,以中国特有的天然资源优势,发展自己的香料香精工业。

第二章　香味化学

第一节　嗅觉与味觉

人和一般动物都具有五种感觉：视觉、听觉、触觉、味觉和嗅觉。其中，视觉、听觉和触觉都属于物理感觉，但是嗅觉和味觉属于化学感觉。

一、嗅觉生理学

1. 嗅觉的产生

人接受嗅觉信息的部分是位于鼻腔前庭部分的嗅觉上皮组织，也叫嗅黏膜（图 2－1），黏膜中约有总数为一千万个嗅觉神经细胞。在嗅觉神经细胞的细胞膜上有一些蛋白质受体——气味受体，这些蛋白质横跨细胞膜两边。当气味分子吸入鼻腔，首先与气味受体结合，气味受体被气味分子激活后，气味受体细胞就会产生脉冲电信号传输到大脑嗅球的微小区域中，并进而传至大脑其他区域。由此，人就能有意识地感受到气味，并在适当的时候想起这种气味。

人体约有 1000 个基因用来编码气味受体细胞膜上的不同气味受体，这约占人体基因总数的 3%。人的嗅觉系统具有高度“专业化”的特征，每个气味受体细胞会对有限的几种相关分子作出反应。尽管气味受体只有约 1000 种，但它们可以产生大量的组合，形成大量的气味模式，这也就是人们能够辨别和记忆约 1 万种不同气味的基础。美国哥伦比亚大学的科学家理查德·阿克塞尔（Richard Axel）和琳达·巴克（Linda B. Buck）因在气味受体和嗅觉系统的研究贡献而一同分享了 2004 年度诺贝尔生理学医学奖。

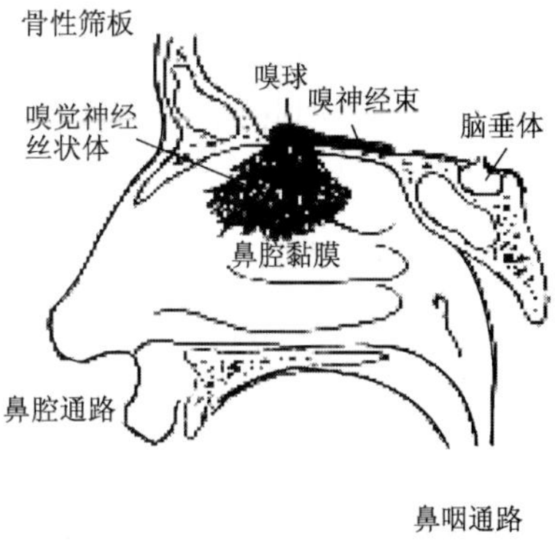

图 2－1　鼻腔内的结构图

2. 嗅觉的主要特征

人的大脑嗅中枢是比较小的，鼻腔顶部的嗅区面积也很小，大约为 $5cm^2$（猫为 $21cm^2$，狗为 $169cm^2$），加上人类一级嗅神经比其他任何哺乳动物都少，因此，人的嗅觉远不如其他哺乳动物那么灵敏。

嗅细胞容易产生疲劳，这是因为嗅觉冲动信号是一峰接着一峰进行的，由第一峰到达第二峰时，神经需要 1ms 或更长的恢复时间，如第二个刺激的间隔时间大于神经所需的恢复时间，则表现为兴奋效应；如间隔时间过短，神经还处于疲劳状态，这样反而促使绝对不应期的延长，任何强度的刺激都不引起反应，就表现为抑制性效应。这就是“如入芝兰之室，久而不闻其香；如入鲍鱼之肆，久而不闻其臭”的道理。

嗅觉的个体差异也是很大的，有的人嗅觉敏锐，有的人嗅觉迟钝。人的身体状况也会影响嗅觉，感冒、身体疲倦或营养不良都会引起嗅觉功能下降，女性在月经期、妊娠期和更年期都会发生嗅觉缺失或过敏的现象。同时随着年龄的增长，人的嗅觉灵敏度一般会随之衰退，在20～70岁，退化曲线的斜率是每22年为一个二进级，即64岁的人平均比20岁的人需要四倍的香气浓度才能察觉。如果对年龄差异有所宽容，那么在男与女之间，在一般吸烟者与不吸烟者之间，没有过于明显的嗅觉灵敏度的差异。但是如果一个人在前十分钟内抽过烟、吃过糖、喝过饮料或吃过饭，灵敏度就可能会有暂时性消失约两个二进级。

通过训练可以提高人的嗅觉能力。人类的嗅觉能力，一般可以分辨出1000～4000种不同的气息，经过特殊训练的鼻子可以分辨出高达10000种不同的气味。“好鼻子”应该是嗅觉灵敏度高，同时对各种气味的分辨力也强。嗅觉灵敏度是“先天性”的，有的人“天生”就对各种气味灵敏，但人对各种气味的“分辨力”却可以通过训练得到极大地提高。大部分调香师和评香师的嗅觉灵敏度只能算一般，但对各种气味的“分辨力”则是一般人望尘莫及的，这都是长期训练的结果。

3. 嗅觉理论

在过去的100多年中，许多学者从事嗅觉研究，提出了约50种解释香气的理论，但绝大部分还不能称为理论而只是一种假说。归纳起来不外乎两类，即微粒子学说和波动学说。

微粒子学说认为香气是由物质的分子或粒子的物理、化学作用产生的，该作用是由化学键或分子内部振动引起的。按机理不同又可细分为化学学说、立体化学学说等。化学学说的前提是香物质必须是挥发性物质。香物质的挥发微粒侵入鼻腔刺激嗅觉器官，嗅觉受体（Olfactory receptor，Osmoceptor）与香分子或发香团（Osmophor，Osmophor group）发生化学结合或产生吸附形成一种结合体，该结合体溶于嗅觉器官中的水溶性类脂类物质中。化学学说认为香与香物质的分子结构、发香团的种类和人的嗅觉生理构造等有关；香感觉受人的三叉神经支配。此外，嗅觉如同分泌唾液、胃液一样受条件反射影响。

Amoore提出了立体化学理论，认为气味不同是由分子的大小、形状和电荷来决定的。他从616种不同的有香物质中初步确定出7种最基本的原香（Primary Odor）：樟脑香、醚香、薄荷香、花香、麝香、刺激臭和腐败臭（恶臭），其他气味都是由两种或两种以上的原香组合产生的。每一种原香分子到达嗅细胞后都被分别嵌入感觉器官部位上的特殊凹处（键孔）所构成的各种外形而被感知，分子与受体键孔共有立体的互补性（图2－2）。原香以外的其他众多气味则是由几种原香分子同时插入相应的键孔中，刺激不同的受容部位所产生的综合香感。

而波动学说认为香气是由香分子的电子振动产生的，其机理类同于听觉和视觉。按嗅香机理又可细分为振动学说、辐射学说等。振动学说认为气味特性与气味分子的振动频率有关，在

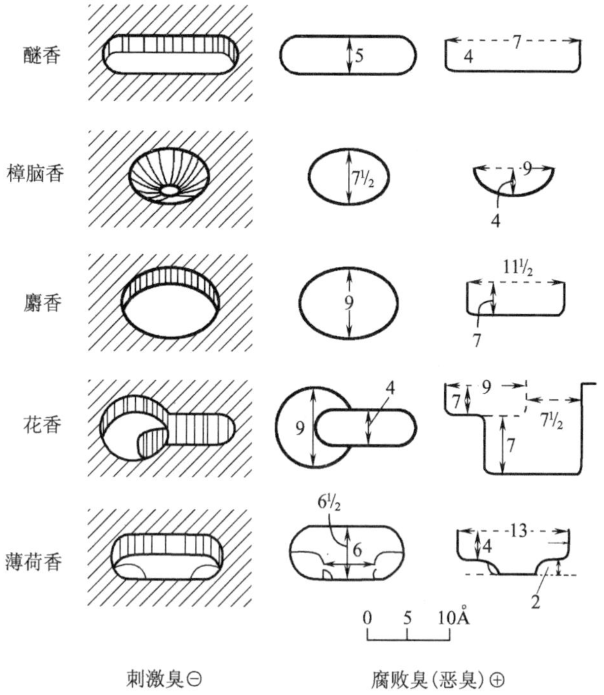

图 2-2　Amoore 学说的七种原香受容部位及其形状与大小

口腔温度范围内,气味分子振动能级在红外或拉曼光谱区,人的嗅觉受体感受到分子的振动能,便产生信号。辐射学说则认为从受香组织中辐射出红外线,被香物质吸收后便产生香气。此外,还有其他各种学说,不再赘述。

二、味觉生理学

1. 味觉的产生

食物的滋味虽然多种多样,但它使人们产生味觉的基本途径却很相似:首先是呈味物质溶液刺激口腔内的味觉感受器,产生神经冲动,然后经过各级神经传导,到达大脑皮层味觉中枢,最后通过大脑的综合神经中枢系统的分析,从而产生味觉。

味蕾(图 2-3)是味觉感受器,除了小部分分布在软腭、咽喉和会咽等处外,大部分味蕾都分布在舌头表面的乳突中,尤其在舌黏膜褶皱处的乳突侧面更为稠密。味蕾通常由 40～150 个香蕉形的味细胞所组成,10～14 天更新一次。味细胞表面由蛋白质、脂质及少量的糖类、核酸和无机离子组成。不同的味感物质在味细胞上有不同的结合部位,例如,甜味物质的受体是蛋白质,苦味和咸味物质的受体则是脂质(有人认为苦味物的受体也可能与蛋白质相关)。这反映在舌头的不同部位对味觉的感受能力并不一样(图 2-4)。

一般来说,舌尖对甜味最敏感,舌两侧前部对咸味较为敏感,而舌两侧后部对酸味较敏感,

图 2-3　味蕾

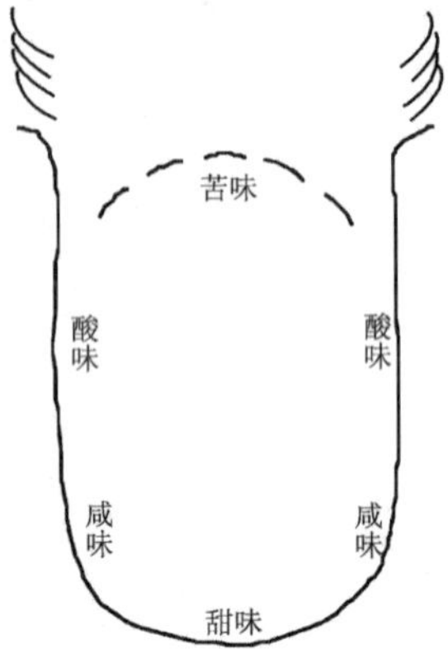

图 2-4　味觉在舌头上的分布

舌根部则对苦味最为敏感。但这也不是绝对的，会因人而异。味觉的敏感度在食物温度为20～30℃时最高。味觉和嗅觉可相互影响，当嗅觉有障碍时，味觉也会减退。

味感物质只有溶于水后，才能进入味蕾孔口刺激味细胞。将一块干燥的糖放在用滤纸擦干的舌面时，并不会感觉到甜味。口腔内由腮腺、颌下腺、舌下腺以及无数小唾液腺分泌出来的唾液，是食物的天然溶剂。分泌腺的活动和唾液成分在很大程度上也会与食物的种类相适应。食物越干燥，在单位时间内分泌的唾液量越多。例如，吃鸡蛋黄时，分泌出的唾液浓厚并富含蛋白酶，而吃酸梅时则会分泌出稀薄而含酶少的唾液。唾液还能洗涤口腔，使味蕾能更精确地辨别味感。因此，唾液与味感也有极大的关系。

2. 基本味

从生理学的角度看，人类只有甜、苦、酸、咸 4 种基本味觉。

(1)甜味及甜味物质：甜味是人们最爱好的基本味觉。在食品中适当添加一些甜味剂，可以改善食品的可口性和某些食用性。甜味的强度可用甜度来表示。通常以在水中校定的非还原糖——蔗糖为基准物(如以 5%或 6%的蔗糖水溶液在 20℃时的甜度为 1.0)，其他甜味剂在相同浓度和温度下的甜度与之相比较，而得到的相对甜度(甜度倍数)称为比甜度。比甜度是甜味剂的重要指标。

甜味剂一般分为天然甜味剂和合成甜味剂两大类。

①天然甜味剂：糖是最有代表性的天然甜味剂。除了常见的葡萄糖、果糖、麦芽糖、蔗糖及糖醇外，还有许多非糖的天然化合物、天然化合物的衍生物也都具有甜味，如甘草、甜叶菊、甘茶素和氨基酸的衍生物等，有些已成为正在使用的或潜在的甜味剂。

②合成甜味剂：随着化学工业的发展，通过人工合成了一些甜味剂，糖精是人们最熟悉的一种。糖精是一种白色的结晶体，比蔗糖要甜 500 倍。它本身无甜味，其在水中离解出的阳离子却有较强的甜味，但浓度超过 0.5%时就会显出苦味，在一些食品中，允许最大使用量为

0.15 g/kg。许多国家允许糖精在糖果、糕点、饮料中使用，但婴儿食品中不允许使用。

（2）苦味及苦味物质：单纯的苦味不可口，但苦味对味觉感受器官有强烈的刺激作用，而且苦味物质与其他调味料若调配得当，能起到丰富、改善食品风味的作用。苦味物质就其化学结构来看，一般都含有下列几个基团：$—NO_2$、—S—、═C═、═S、$—SO_3H$，无机盐类中的 Ca^{2+}、Mg^{2+}、NH_4^+ 等离子也含有苦味。苦味物质广泛存在于生物界，植物中主要有各种生物碱和藻类，如存在于咖啡、可可等植物中的咖啡碱、茶碱，具有兴奋神经中枢的作用，是人类重要的提神物；动物中主要是存在于胆汁中。

（3）酸味及酸味物质：酸味是由于酸味物质中的氢离子刺激味膜而产生的，因此在溶液中凡是能解离出 H^+ 的化合物都具有酸味。酸味料是食品中常用的调料，并有防腐作用，因此使用很普遍。常用的酸味料大体上分为无机酸和有机酸两类，无机酸的 pH 值为 3.4～3.5、有机酸的 pH 值为 3.7～4.9。但物质的酸度与 pH 值不是平行的，例如，在相同的 pH 值条件下，一般几种常见酸味剂的酸味强度顺序是醋酸＞甲酸＞乳酸＞草酸＞盐酸。

酸味主要是 H^+ 的味道，但阴离子也有一定的“副味”。无机酸的阴离子一般伴有苦味、涩味，令人不愉快。有机酸因阴离子的结构不同，而具有不同的风味，如柠檬酸、L-抗坏血酸、葡萄糖具有令人愉快的酸味；苹果酸伴有苦味；乳酸、酒石酸伴有涩味；醋酸和丙酸伴有刺激性气味；而琥珀酸、谷氨酸伴有鲜味。

酸味还受其他物质的缓冲作用，例如，酸的水果加些白糖，吃起来就感觉酸味有所缓和，这是甜味使酸味减弱，但酸中加少量的食盐，则会使酸味加重；又如水果中有机酸含量相当高，但由于糖、蛋白质等物质的存在，它们对酸味都有缓冲作用，使人并不感到很酸。

（4）咸味及咸味物质：咸味是一些中性盐类化合物所显现的滋味。由于盐类物质在溶液中离解后，阳离子被味细胞膜上的蛋白质分子中的羟基或磷酸基吸附而呈咸味，而阴离子影响咸味的强弱，并产生副味。一般来说，阴离子碳链越长，咸味的感应能力越弱，例如，几种咸味剂的咸味强度顺序是：氯化钠＞甲酸钠＞丙酸钠＞酪酸钠。无机盐的咸味随着阴、阳离子或两者的相对分子质量增加，咸味感有越来越苦的趋势。

食品调味常用的咸味剂是食盐，主要含有氯化钠，还含有微量的 KCl、$MgCl_2$、$MgSO_4$ 等其他盐类，而钾、镁离子也是人体所必需的营养元素。

目前世界各国对味觉的分类并不一致。例如，日本将味觉分成甜、苦、酸、咸、辣五类；欧美各国则再加上金属味，共分为六类；印度的分类在五类的基础上，又有淡味、涩味、不正常味，共分成八类；还有一些国家或地区的分类中有凉味、碱味等。我国的分类通常为甜、苦、酸、咸、辣、鲜、涩七味。但辣味仅是刺激口腔黏膜、鼻腔黏膜、皮肤和三叉神经而引起的一种痛觉；涩味则是口腔蛋白质受到刺激而凝固时所产生的一种收敛的感觉，与触觉神经末梢有关。这两种味觉与上述四种刺激味蕾的基本味觉有所不同，就食品的调味而言，也可看做是两种独立的味觉。鲜味由于其呈味物质与其他味觉物质相配合时能使食品的整个风味更为鲜美，所以欧美各国都将鲜味物质列为风味增效剂或强化剂，而不看做是一种独立的味觉。但我国在食品调味的长期实践中，鲜味已形成了一种独特的风味，故在我国仍作为一种单独味觉列出。至于其他几种味感，如碱味、金属味和清凉味等，一般认为它们也不是通过直接刺激味蕾而产生的。

3. 味之间的相互作用

由于各种呈味物质之间的相互作用和各种味觉之间的相互联系，以及心理因素的调控，人们在饮食中会产生丰富的味觉间相互影响的现象。

(1)味的对比现象：是指两种或两种以上的呈味物质，经适当调配，使其中一种呈味物质的原味觉更可口的现象。例如，在 10%的蔗糖水溶液中添加 0.15%的食盐，会使甜味更加突出，水溶液更觉甜爽；在适合口味的醋中，添加一定量的食盐，可使醋的酸味更可口；在味精中添加食盐会使鲜味更佳。这些味觉的对比现象，在日常生活中得到广泛的应用。

(2)味的相乘现象：是指两种具有相同味感的物质共同使用，其味感觉强度超过两者单独使用的味觉强度之和，又称为味的协同效应。例如，甜味剂甘草铵本身的甜度为蔗糖的 50 倍，但与蔗糖共同使用时其甜度可达到蔗糖的 100 倍；味精与核苷酸共存时，也有鲜味相乘的作用。

(3)味的消杀现象：是指一种呈味物质能够减弱另外一种呈味物质味觉强度的现象，又称为味的拮抗作用。例如，在 1%～2%的食盐水溶液中，添加 7%～10%的蔗糖，则咸味强度会减弱，甚至消失；苦味可以被甜味抑制的味觉消杀现象也是人们所共知的常识。

(4)味的变调效应：是指两种呈味物质相互影响而导致其味感发生改变的现象。例如，刚吃过苦味的东西，喝一口水就觉得水是甜的；先吃甜食，接着饮酒，酒似乎变得有点苦味。这种知识在安排宴席上菜肴的先后顺序时就很有用，如先上味道清淡的菜，后上味道浓重的菜；甜食放在最后一道；宴席间上茶，以清洗口腔中的余味，而不致影响下一道菜的口味。

有句俗语叫“饥不择食”，当你饥肠辘辘时，吃东西会格外有味，这是生理对味觉的影响。若人的情绪欠佳，“没有胃口”，山珍海味都会难以下咽，这是心理因素对食欲和味觉产生的影响。

三、香与味的阈值

各种香料的香势在强弱程度上差别很大，故各香料在香精配方中的用量也有很大差别。香料的香势可以根据其阈值(Threshold Value)的高低来判断。

香料的阈值是能够辨别出其香气或味道的最低浓度，有香气阈值(Odor Threshold)和味道阈值(Taste Threshold or Flavor Threshold)之分。阈值因人而异。阈值越低，香料的香势越强，在香精配方中的用量越小。香料的阈值一般用 mg/kg、μg/kg、ng/kg 或 mg/L、μg/L、ng/L 表示。

香料的阈值与香料的分子组成有关。表 2－1 列出了部分香料在水中的香气和味道阈值。一般而言，含硫香料化合物的阈值最低，其次为含氮香料化合物。由于性别、年龄及个人嗅感、味感灵敏程度等的差异，不同的人能够辨别出同一种香料香气或味道的最低浓度存在很大差异。因此，阈值的测定都是由有经验的调香师组成的小组完成的，其人员组成中考虑到性别和年龄的平衡，最后确定的阈值是所有成员测定结果的平均值。由于不同小组测定的结果会有一定的差异，故对于同一种香料，有时会出现不同的阈值。

表 2-1　部分香料在水中的香气阈值和味道阈值(20℃)

名　　称	香气阈值 /$\mu g \cdot kg^{-1}$	味道阈值 /$\mu g \cdot kg^{-1}$
甲酸	450000	83000
乙醇	100000	52000
乙酸乙酯	5～5000	3000～6600
苯甲醛	350～3500	1500
吲哚	140	—
甲硫醇	0.02	2

阈值还与介质有关，同一种香料在不同介质中的阈值是不一样的。如 1-辛烯-3-醇在水中的香味阈值是 1 μg/kg，在脱脂奶中的香味阈值是 10 μg/kg，在乳脂中的香味阈值是 100 μg/kg。测定阈值常见的介质有空气、水、牛奶、咖啡、茶、葡萄酒、啤酒等。

第二节　香料分子结构与香气的关系

香料分子结构与香气之间的关系，一直是科学家们研究的热点。然而，迄今为止，对香料分子结构与香气之间关系的研究，尚未完全达到确定基本规律的地步，这是因为：第一，对香气的表现、评价会因人而异；第二，香气因浓度而发生变化；第三，由于“相长相消”的效果，混合物的香气往往并不能简单地表现为加和状态等，所以，有机化合物分子结构对香气的影响是很复杂的。1959 年，日本的小幡弥太郎认为有香物质必须具备下列条件：

(1)必须具有挥发性。只有具有挥发性，才能到达鼻黏膜，产生香感觉，所以，无机盐、碱和大多数酸是不挥发的，因而也是无臭的。

(2)必须在类脂类、水等物质中具有一定的溶解度。有些低分子有机化合物虽溶于水，但不溶于类脂类介质中，因此几乎是无臭的。

(3)相对分子质量在 26～300 的有机化合物。

(4)分子中必须含有—OH、—CO—、—NH_2、—SH 等发香团(或称发香原子)，发香原子在周期表中处于ⅣA～ⅦA 族中。这些发香团对嗅觉产生不同的刺激，赋予人们不同的香感。主要的发香团列于表 2-2 中。

(5)折射率大多数在 1.5 左右。

(6)Raman 效应测定吸收波长，大多数在 1400～3500 cm^{-1}范围内。

表 2-2 主要的发香团

有香物质	发香团	有香物质	发香团
醇	—OH	醛	—CHO
酚	—OH	硫醚	—S—
酮	—CO—	硝基化合物	$—NO_2$
羧酸	—COOH	腈	—CN
酯	—COOR	异腈	—NC
内酯	—COO—	硫氰化合物	—SCN
硫醇	—SH	异硫氰化合物	—NCS
醚	—O—	胺	$—NH_2$

此外,表中未列入的卤原子以及化合物分子中的不饱和键(烯键、炔键和共轭键等)对香气也有强烈的影响。由于发香团在分子中位置的变化、基团之间的距离不同,以及环化和异构化等因素的影响,也使香气产生明显的差别。如能找出某些化合物的香气与分子结构之间的关系,就有可能通过分子结构的设计,制成欲得的新香气香韵的化合物;在香料合成中,可帮助人们鉴别各步反应是否完全,最终产品是否合格等。因此世界各国有许多学者对香气与香料的化学结构之间的关系进行了研究,提出了许多理论假说,但皆有一定的局限性。

在此依据官能团分类法,分别介绍烃类、醇类、酚类、醚类、醛类、酮类、酯类、含杂原子类等化合物中分子的结构,例如,分子中碳原子个数、取代基、不饱和性、立体异构、分子骼架等因素对香料香气产生的影响。这些因素对香气的影响虽然尚不能从理论的角度予以解释,但了解这些研究成果对于新香料的研制、开发和利用具有一定的指导作用。

一、烃类

脂肪族烃类化合物一般具有石油气息,其中 C_8 和 C_9 烃类的香气强度最大,随着相对分子质量的增加香气变弱,C_{16} 以上的脂肪族烃类属于无香物质。链状烃比环状烃的香气要强。随着不饱和性的增加,其香气相应变强。如乙烷是无臭的,而乙烯具有醚的气味,乙炔则具有青香香气。因此在香料工业中脂肪族烃类化合物很少用于调香。芳香族烃类化合物能用于香料工业的也很少,只有少数几个品种,如二苯甲烷等用于调配皂用香精和香水香精等。脂肪族和芳香族烃类化合物主要用作合成其他香料的原料、进行反应的溶剂或用作萃取剂等。

在香料工业中应用比较广泛的烃类是萜类化合物,如月桂烯、柠檬烯等,具有令人愉快的香气,可用于调配花香型和果香型香精,同时也是合成其他萜类香料的重要原料。

二、醇类

醇类化合物广泛存在于自然界中,在香料中占有重要的地位。许多醇类具有令人愉快的香气，可直接用于调香。有些醇类是合成香料的重要原料。

醇类化合物的香气与其分子结构关系密切。低碳饱和脂肪醇的香气强度随着碳原子数的增加而增强，其中 C_8 醇的香气最强，当碳数达 10 个碳原子后，香气则随着碳原子数的增加而逐渐减弱，甚至消失，油脂气息加重。碳原子数＜5 的醇具有酒香香气；C_6～C_7 醇除具有生果、青叶、青草香外，还带点油脂气息；C_8～C_{12} 醇具有花香带油脂气息；而碳原子数＞12 的高级醇几乎无香，油脂气更浓。不饱和醇较饱和醇的香气要强，如引入双键、叁键时香气增强。另外，不饱和键的位置接近羟基时，其香气显著增强。一元醇转变为二元醇、三元醇等多元醇时，香气减弱。

萜类醇中，单环萜醇比脂肪族萜醇的香气要强烈，但不够细腻、柔和。开链的单萜醇及倍半萜醇以花香为主；单环或双环单萜醇以及环状倍半萜醇都是以木香为主。如：

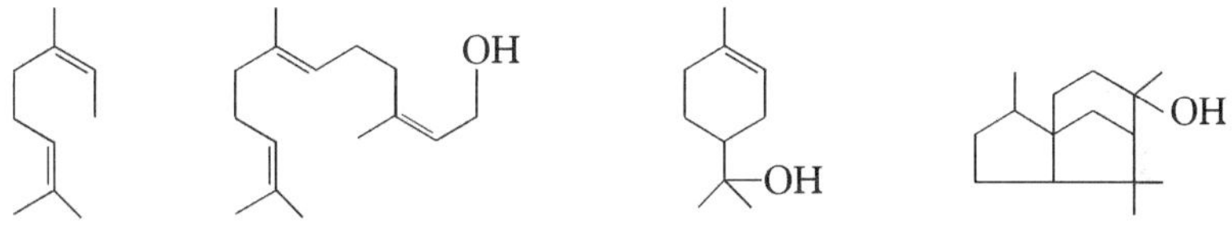

橙花醇（柔和的玫瑰花香）　β-金合欢醇（铃兰花香）　α-松油醇（紫丁香带松木气息）　柏木脑（柏木气息）

芳香族醇都有细腻柔和的气息，且大都以花香为主，但较单环萜醇的香气弱。如 β-苯乙醇具有柔和、愉快而持久的玫瑰香气，桂醇具有优雅的风信子花香。

三、酚类和醚类

酚类化合物是合成香料的重要原料，如苯酚和邻甲酚大量用于合成水杨醛和香豆素等香料。酚类化合物直接用于调香的只有丁香酚类和百里香酚等几个品种。一元酚的香气最强，苯环上其他发香基的存在使香气强度和性质也随之发生变化。

在脂肪族的对称醚中，当烃基的碳原子数为 6～7 时，香气强度随其相对分子质量的增加而增强，而后香气强度则逐渐减弱。实际上在这类醚中，几乎没有一种具有令人愉快而强烈的香气，因而在调香中很少应用。

由苯酚或萘酚制得的醚类化合物，大多数具有强烈而愉快的香气，较广泛地应用于调配各种香精，如二苯醚具有香叶香气、β-萘甲醚具有橙花的香气。

环醚（内醚）是合成香料中极为珍贵的品种，如玫瑰醚等，在香精配方中只要少量应用，即可赋予香精新颖的香韵。

由萜醇与无环脂肪醇制得的萜醚类化合物具有令人愉快的香气，如香茅基乙基醚具有清鲜香气，并带有玫瑰和柑橘的香韵。

四、醛类

醛类化合物在香料工业中占有极重要的地位，其中许多醛类不仅直接用于调配各种香精，同时也是合成其他香料的原料。如柠檬醛和香茅醛广泛用于调配食用、皂用和化妆品香精，也是合成紫罗兰酮、甲基紫罗兰酮、羟基香茅醛等重要香料的原料。

在脂肪族醛类化合物中，C_1～C_4 醛具有强烈而不愉快的刺激性气味。随着碳原子数的增加，刺激性减小，并逐渐出现愉快的香气，如 C_4 醛和 C_5 醛具有黄油型香气；C_8～C_{12}醛在稀释下具有令人愉快的花香，在调香中可作为头香剂，其中 C_{10}醛的香气最强。而 C_{16}醛由于蒸气压减小，几乎无味。在许多脂肪醛类中，碳链上的异构和不饱和性对其香气影响很大。通常，具有支链的脂肪族醛类，其香气较其直链异构体强，而且往往更为悦人。如正十二醛，只有在极度稀释下才有类似紫罗兰的花香，2-甲基十一醛则具有温和持久的柑橘果香。不饱和醛较饱和醛香气更强、更悦人，如十一醛具有油脂气的花香香气，而十一烯醛则具有强烈的玫瑰、柑橘香气。

在芳香族醛类化合物中有许多价值很高的香料，如洋茉莉醛、茉莉醛、香兰素等广泛地应用于调配各种香精，其香气因苯环上取代基的位置、个数、碳原子数、饱和度以及取代基的种类等不同而不同。如苯甲醛具有杏仁油特有的香气，苯丙醛具有洋水仙香气，而桂醛则具有似肉桂、桂皮油气息；大茴香醛(对甲氧基苯甲醛)具有山楂花香气，对甲基苯甲醛具有柔和的甜杏仁香气，而 3,4-二甲氧基苯甲醛则具有香夹兰豆的香气等。

萜类醛的香气强度和香型受不饱和键的数量、位置和取代基的种类等因素影响。如香茅醛具有强烈清新的柑橘、玫瑰样香气，羟基香茅醛具有似铃兰、百合花等花香香气，而甲氧基香茅醛则具有新鲜的青香、叶香和铃兰花香气。

五、酮类

大多数低级脂肪族酮类化合物都具有微弱的异臭，一般不用于调香，但可作为合成其他香料的原料，如丙酮广泛用于合成萜类香料和紫罗兰酮等。C_7～C_{12}的不对称脂肪族酮类化合物中，有部分化合物具有较好的香气，尤以甲基酮类香气最为强烈，如甲基壬基酮具有玫瑰、柑橘等香气，略有油脂气味，一般可直接用于调香。许多芳香族酮，如二苯甲酮、苯乙酮等化合物具有令人愉快的香气，常直接用于调香。萜类酮在酮类香料中占有很重要的地位，它们大多是天然植物精油中的主要香成分，如薄荷酮、葛缕籽酮等。

大环酮中 C_5～C_6 环酮具有类似杏仁、薄荷的香气，C_9～C_{12}环酮具有樟脑香气；C_{13}环酮具有木香香气；C_{14}～C_{18}环酮具有麝香香气；其中尤以 C_{15}环酮化合物的麝香香气最强；当环内碳原子数增至 21 时，其化合物几乎无香。如果在大环酮分子中引入第二个官能团后，一般会使香气变弱，而且官能团的位置不同对香气的影响也很大。

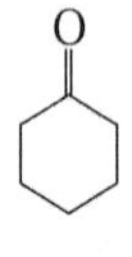
环己酮
(薄荷香)

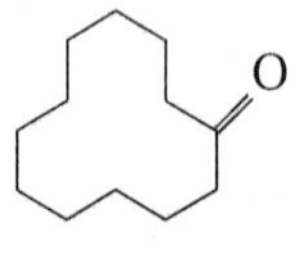
环十二酮
(樟脑香)

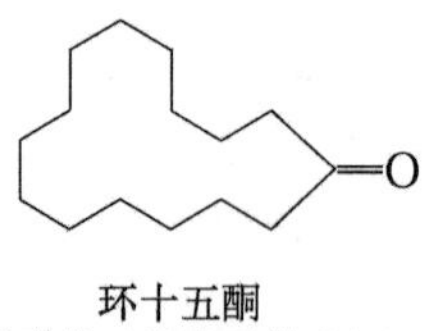
环十五酮
(强烈的天然麝香样香气)

六、缩羰基类

缩羰基类化合物是指羰基化合物（醛、酮）与一元醇或二元醇在酸性条件下缩合而得的产物。由于羰基类化合物的化学性质比较活泼，在空气、光、热等影响下，易发生氧化、缩合等化学反应而生成酸等，尤其是在皂类、洗涤剂等碱性条件下，易变色而逐渐失去香气。另外，有些醛类香料具有不愉快的尖刺气息，严重影响加香产品的质量，也使这两类香料在应用中受到限制。

缩羰基类化合物和醛、酮相比，不仅在加香产品中具有很高的稳定性，而且香气优异、持久，别具风格。如柠檬醛具有清甜的柠檬、柑橘果香，在碱性加香产品中不稳定，易使产品发生变色等，但当它与原甲酸三乙酯缩合成柠檬醛二乙缩醛后，不仅在碱性介质中稳定性高，而且具有柔和清新的柠檬、柑橘果香。但缩羰基类化合物在酸性介质中不稳定。

七、羧酸类

羧酸类香料在调香中用量并不大，但作用不可低估，在食品香精中较常采用。在脂肪族羧酸类化合物中，C_4～C_5 羧酸具有腐败的黄油香气，且 C_5 羧酸香气最强，C_8 羧酸和 C_{10} 羧酸有不愉快的汗臭气味，C_{16} 以上者几乎无味。

由于大部分羧酸类的香气并不宜人，因此一般用作调香辅助剂，使香气更加清新透发，同时由于羧酸的沸点较相对分子质量相近的其他有机化合物高，也可用作定香剂。

八、酯类

酯类化合物广泛存在于自然界中，一般都具有青香、果香等新鲜悦人的香气。酯类香料是最早用于调香的香料之一，无论是在品种上还是在产量上都是最大的一类香料，现广泛用于各类香型香精的配方中。

无论高级或低级脂肪酸所构成的酯都是具有气息的。高级脂肪酸（C_{10}～C_{15}）的酯有油脂气，而低级脂肪酸（C_2～C_{10}）的酯大都具有芳香气息。低级脂肪酸和低级脂肪醇所构成的酯均具有果香，如乙酸戊酯具有香蕉、苹果等香气，戊酸异戊酯具有苹果香。低级脂肪酸与萜醇构成的酯一般具有花香和木香香气，如乙酸香叶酯具有玫瑰香气，乙酸柏木酯具有柏木香香气等。低级脂肪酸与芳香族醇形成的酯类大多具有果香和花香等香气，如乙酸苄酯具有新鲜果香的茉莉花香，丙酸桂酯具有水果、香脂、玫瑰等香气。

芳香族羧酸的酯大都具有花香，如苯乙酸乙酯具有玫瑰花香，苯甲酸香叶酯具有玫瑰、琥珀样香气；由芳香族羧酸和芳香族醇制得的酯类，其香气较弱，但这类化合物的相对分子质量较大、沸点较高，且挥发度较低，故可用作香精的定香剂，如苯甲酸苄酯，有微弱的香脂样香气，但沸点高达 323～324℃，是一种优良的定香剂。

具有双键的不饱和脂肪酸酯类一般具有花香和青香，如惕各酸香叶酯具有甜润的花香、青香等香气，有较高的应用价值，主要用于调配玫瑰系列化妆品用香精。具有叁键的化合物，通常带有使人不愉快的大蒜气，但是炔类的羧酸酯都具有令人愉快的青香、紫罗兰香气，如辛炔羧酸甲酯具有强烈的青香、果香、紫罗兰叶似的香气。

九、内酯类

内酯类香料是香料家族成员中最少的一类，其香气一般较为高雅，适宜调配各种香精。在γ-内酯分子中，侧链从 C_4 增至 C_8，其香气也相应的从椰子→桃→麝香变化着。

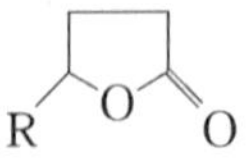

R=—C_5H_{11}	椰子样香气
—C_6H_{13}	桃样香气
—C_7H_{15}	桃样香气
—C_8H_{17}	桃—麝香样香气

环内含有 13～17 个碳原子的大环内酯具有麝香香气，环内碳原子数>17 或<12 者麝香香气均减弱。当环内引入双键后，香气增强，如环十六内酯具有麝香香气，而 ω-6-十六烯内酯具有强烈、优雅的麝香香气。当环内引入酮基时，则具有木香香韵；碳链中有甲基取代则香气减弱。

氧杂大环内酯类化合物(通常环内碳原子数为 14～16)，均具有麝香香气，如麝香 105，具有华丽明快的麝香香气。如在环内的碳链中引入双键，其香气基本无变化，但定香能力增强。

内酯类化合物虽然具有愉快的香气，但因个别内酯生产过程复杂，原料来源困难，在香料工业中的应用受到一定的限制，特别是大环内酯类化合物。但是随着石油化学工业的发展、新合成途径的实现，此类香料大有发展前途。

十、含氮、含硫及杂环类

1. 含氮类

含氮类化合物主要包括腈类和硝基麝香等。该类香料虽然数量不多，但其作用很大，尤其是一些典型的硝基麝香，广泛用于调配各种香精。

(1)腈类：腈类香料应用于调香比较晚，其香料价值在 19 世纪初才为人们所认识，但近年来发展非常迅速，原因在于其具有香域宽、强度高、持久性强等优点。腈类化合物的香气大多类似于相应的醛类化合物，但比醛更尖辛、更强烈，而且比醛稳定、对外界条件不敏感。如 4-甲氧基苯腈具有强烈的香豆素样香气，在白色洗涤剂中加入 0.2%的 4-甲氧基苯腈，经较长时间放置后，产品仍保持原色原香；而加入等量香豆素时，在 30℃下保存两周后，产品呈黄棕色，并且大部分香气消失。腈类香料化合物的香气比较丰富，如 1,1,4,4-四甲基-6-乙基-7-氰基-1,2,3,4-四氢化萘和 1,1,4,4,6-五甲基-7-氰基-1,2,3,4-四氢化萘，均具有较强的类似天然麝香的香气，而且性能稳定、留香持久。

(2)硝基麝香类：硝基麝香是开发最早的一类合成麝香香料，在自然界中尚未发现其天然存在。从结构上可分为单环和双环两类，单环麝香有酮麝香、二甲苯麝香、西藏麝香和葵子麝香；双环麝香有伞花麝香。其中二甲苯麝香的香气最浓重，酮麝香的香气比二甲苯麝香的香气温和，也最接近天然麝香的香气，而葵子麝香的香气最优雅。

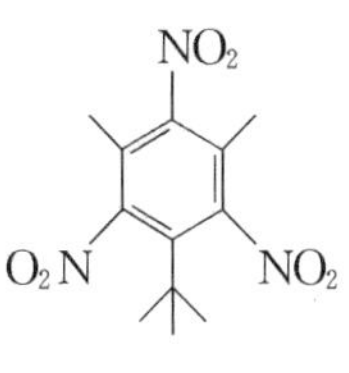

二甲苯麝香

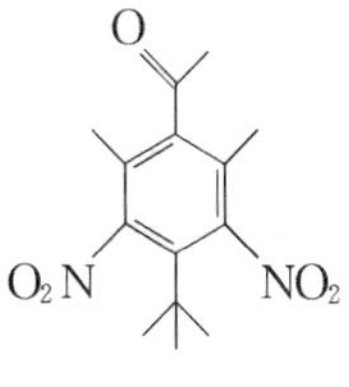

酮麝香

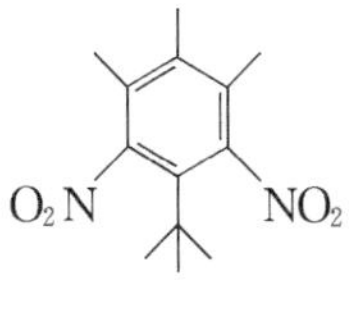

西藏麝香

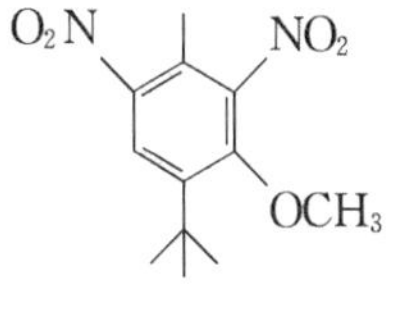

葵子麝香

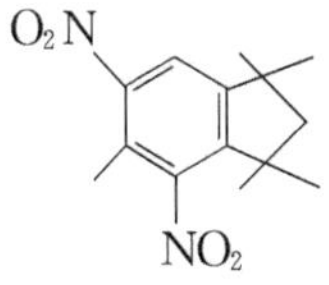

伞花麝香

多年来，科学家们对麝香香气与其分子结构之间的关系进行了大量的研究，提出了许多理论和假设，其中 Carpenter 对硝基麝香类化合物分子结构特征与香气之间的关系进行了深入的研究，发现苯环上甲基、叔丁基、甲氧基等的存在和位置都会对香气产生影响。现对苯环上取代基对香气的影响概括如下：

①甲基：二甲苯麝香结构中的两个甲基去掉后，麝香香气消失；如果其中一个甲基换成乙基仍具有麝香香气；两个甲基都换成乙基时则变成无香化合物。在葵子麝香中，无甲基或具有—OCH_3、—OC_2H_5 等取代基仍具有强麝香香气，但换成—$OCH(CH_3)_2$ 则香气变弱，若为—$C(CH_3)_3$或—OC_4H_9 则香气消失。

②叔丁基：如果将葵子麝香结构中的叔丁基换成仲丁基、异丁基或正丁基等，其香气随之消失；若为叔戊基时仍有强麝香香气，但是碳原子数再进一步增加时，如叔己基、叔庚基、叔辛基等香气反而消失。这种影响不仅存在于葵子麝香中，在其他几种麝香，如二甲苯麝香、酮麝香、西藏麝香等中也是如此。此外，近年来发现无叔丁基的某些硝基化合物同样具有麝香香气。在葵子麝香及其同系物和类似衍生物中，叔丁基都是位于—OCH_3(或—OC_2H_5)的邻位，如果属于非邻位场合其麝香香气即消失。

③硝基：二甲苯麝香中有三个硝基，去掉其中一个硝基后麝香香气消失；若这一硝基被其他取代基置换，如—CH_3、—C_2H_5、—CHO、—COCl、—$COOCH_3$、C_3H_7CO—、C_4H_9CO—等，仍具有麝香香气；但若引入下列取代基则麝香香气消失，如—NH_2、—COOH、—OH、—CH_2OH、—OCH_3 等。此外，某些化合物无硝基存在也同样具有麝香香气，如 2,4 -二叔丁基- 5 -甲氧基苯甲醛。

由于硝基麝香不仅香气优雅、定香效果优良，且生产方便、价格低廉，所以至今仍广泛地用于调香，在合成麝香中占有较大的比例。但硝基麝香与合成大环麝香、多环麝香相比，存在香气显得粗糙、香质不佳，且物理化学性质不稳定，遇光易变色等缺点，尤其是葵子麝香，因而在其应用中受到很大限制。因对人体皮肤及神经的毒性作用，国际组织 IFRA 自 1985 年 10 月起建议在香水、化妆品等香精中禁用。随着香料化学的发展，硝基麝香终会被其他类麝香逐渐取代。

2. 含硫类

含硫类化合物主要有硫醇类和硫醚类。含硫化合物存在于许多天然食品和植物中，特别是加热食品中。例如，从煮牛肉中发现的含硫化合物有：甲硫醇、丁硫醇、1,2 -乙二硫醇、1,3 -丙二硫醇、甲基丙基硫醚、二乙基硫醚等。此外，洋葱、大蒜、韭菜等蔬菜中亦有含硫化合物。它们的高级同系物在许多香精中微量使用，便能起到较好的效果，因此含硫化合物香料的研究和应用正逐渐受到重视。

一般含有丙硫基或烯丙硫基基团的化合物有葱蒜香味。例如，二烯丙基二硫醚有强烈的洋葱、大蒜和芥末香气。

3. 杂环类

杂环类化合物主要有吡嗪类、呋喃类、噻唑类、吡咯类、吡啶类及双环杂环类等。杂环类化合物广泛存在于天然动植物中，如植物的绿色素和动物的血红素分子中都含有杂环类化合物，在植物的精油中也含有杂环类化合物，如广藿香油中含有吡喃酮，生西红柿中含有2-异丁基噻唑等。

杂环类合成香料是近年来发展起来的一种新颖食用香精的重要原料，尤其具有肉类和果蔬类香气的杂环化合物，已被广泛用于食品香精中。应用于日化香精中的杂环类香料较少，较典型的有吲哚及其同系物，浓时是咸鲜粗氲的动物香气，稀释后则能产生愉快的茉莉、橙花样花香，现广泛用于茉莉、橙花等花香型和灵猫香精的调配；又如2-甲基四氢喹啉具有紫丁香香气，可用于调配花香型香精；4-甲基-5-乙基烟酸酯在茉莉和橙花等香型香精中能赋予良好的天然香韵。因此杂环类化合物是一类广有前途的香料。

十一、多环类合成麝香化合物

多环麝香不存在于自然界中，首次合成出来的芬檀麝香是1952年，现在已经发现具有不同程度麝香香气的多环麝香达近百个。多环麝香可以看做是苯的衍生物，在这类化合物分子中除有一个固定的苯环外，还含有一个或两个与苯环相并联的饱和环，可分为二元环类和三元环类。

1. 二元环类

二元环类中主要有茚满型和萘满型两种衍生物，主要品种有：

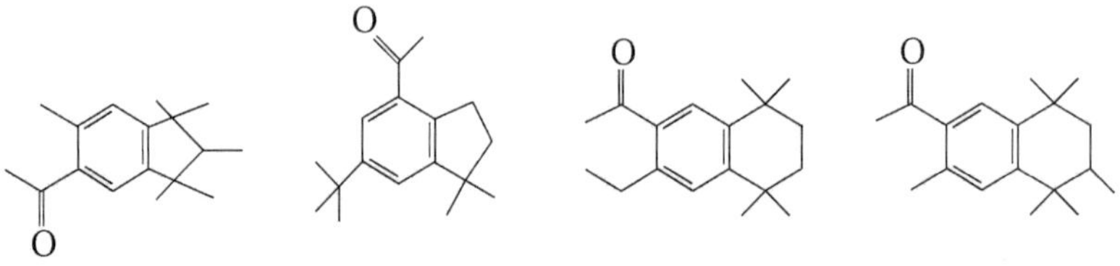

粉檀麝香　萨利麝香　万山麝香　吐纳麝香

（茚满型）　（萘满型）

二元环茚满型和萘满型麝香化合物通常具有下列结构特征。

(1)分子中必须含有14～20个碳原子，其中至少有一个饱和环的组成部分才能呈现麝香香气，且含有16～18个碳原子者，麝香香气最为强烈。

(2)分子结构中的芳环里必须有一个极性集团，羰基（甲酰基或乙酰基）、氰基或羟基。

(3)分子结构中的芳环里必须有一个低级烷基（C_1～C_4）。当苯环中无甲基取代时无麝香香气，在苯环中含有甲基同系物时有明显的麝香香气，如在苯环中引入第二个甲基，则香气减弱。当芳环里有仲丁基取代时，麝香香气减弱；而含有异丙基的化合物都具有强烈的麝香香气；

当有季碳原子，特别是叔丁基存在时，则化合物的麝香香气更为强烈，且处于间位时香气强烈，如处于邻位，则由于叔丁基的空间位阻作用使其香气消失。

(4)分子结构中的饱和环里必须有一定数量的低级烷基，如为甲基者，则不少于 2 个。当芳环里含有叔丁基和乙酰基，而饱和环里没有烷基化合物时，无麝香香气，导入一个甲基时麝香香气很淡，有两个甲基存在时，则香气明显增强，而甲基、乙基衍生物的香气却又明显减弱。同时饱和环里甲基的位置对香气也有极重要的影响。

(5)分子结构中的饱和环里至少应有一个(一般是两个)叔碳原子或季碳原子。

(6)对于萘满型酰基衍生物，至少含有两个季碳原子或叔碳原子，如果只有一个季碳原子时，不论在哪个环里，均无麝香香气。

2. 三元环类

三元环类中主要有异色满型、氢化引达省型和苊型三种，主要品种有：

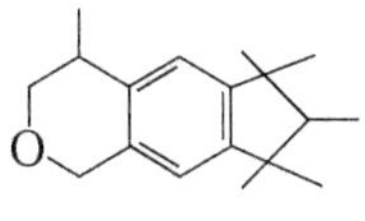

佳乐麝香

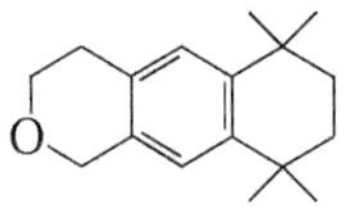

麝香 89

(异色满型)

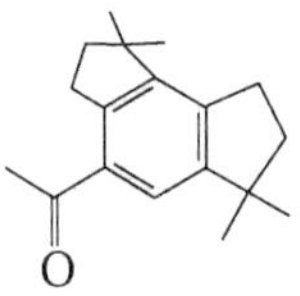

4-乙酰基-1,1,6,6-四甲基不对称氢化引达省

(氢化引达省型)

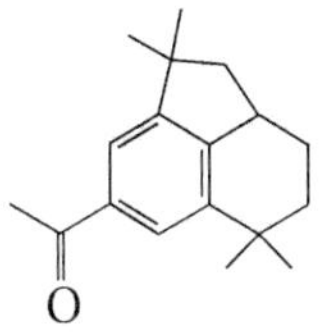

7-乙酰基-2a,3,4,5-四氢-1,1,5,5-四甲基苊

(苊型)

三元环异色满型麝香化合物通常具有下列结构特征。

(1)分子中必须含有 16～19 个碳原子的衍生物才能呈现麝香香气，其中含有 17～18 个碳原子者，香气最为强烈。

(2)在由五个碳原子组成的饱和环里，甲基增多，香气增强。如有五个甲基的化合物其麝香香气较有四个甲基的化合物强烈。若仅有两个甲基，则无麝香香气。

(3)在由六个碳原子组成的饱和环里，与由五个碳原子组成的饱和环情况相反，即饱和环里甲基数目增多，香气减弱。如饱和环上有四个甲基的化合物有强烈的麝香香气，而含有五个和六个甲基的化合物其香气都有所减弱。

(4)含氧环里甲基存在的数目增多而出现季碳原子时，香气减弱。且甲基在氧原子间位的化合物较在其邻位的化合物香气强烈。

多环类麝香的香气比硝基麝香香气细腻，有的接近大环麝香的香韵，具有香质优越、理化性能稳定、不变色等优点，且合成方法不太复杂、原料易得、成本较低。因此随着新的合成路线和生产工艺的不断出现，未来多环麝香完全有可能在产量上超过硝基麝香，是一类很有前途的麝香类香料。

第三节　香味的分类

香味包括香气和味道两方面，分别由嗅觉器官和味觉器官感知。香料的香味千差万别，极不统一，世上没有香味完全相同的两种香料化合物。不同的人感觉器官各有所异，对香味的爱好也因人而异。所以对香味的分类方法也是“百花齐放、百家争鸣”。大部分分类方法只涉及香气一个方面，对日用香料而言只考虑香气就可以了，对食用香料而言要考虑到香气和味道两方面。在此选择部分常用的、较有实用性的方法介绍如下。

一、李迈尔(Rimmel)分类法

1865 年，李迈尔根据各种天然香料的香气特征，将香气分为 18 组，在各组中，用人们比较熟悉的一种香料来代表该组的香气，并另列出类似于这组香气的其他香料品种(表2－3)。这种分类方法接近于客观实际，容易被人们接受，对于天然香料的使用亦有一定的指导意义。

表 2－3　李迈尔的香气分类法

组　别	香气类别	代表香料	属于同类别的香气
1	薰衣草样	薰衣草	穗薰衣草、百里香
2	玫瑰样	玫瑰	香叶、香茅
3	茉莉样	茉莉	铃兰、依兰、卡南加
4	橙花样	橙花	刺槐、橙叶
5	晚香玉样	晚香玉	水仙、百合
6	香石竹样	丁香	香石竹、丁香石竹
7	紫罗兰样	紫罗兰	金合欢、鸢尾根
8	薄荷样	薄荷	留兰香、芸香、鼠尾草
9	樟脑样	樟脑	迷迭香、广藿香
10	檀香样	檀香	岩兰草、柏木
11	膏香样	香荚兰豆	安息香、苏合香、黑香豆
12	龙涎香样	龙涎香	橡苔
13	麝香样	麝香	灵猫香、麝葵籽
14	茴香样	大茴香	八角茴香、小茴香、芫荽籽
15	辛香样	玉桂	肉桂、肉豆蔻
16	柑橘样	柠檬	香柠檬、甜橙
17	果香样	梨	苹果、菠萝
18	杏仁样	苦杏仁	月桂、桃仁、硝基苯

二、比洛(Billot)分类法

1948 年，法国著名调香师比洛发表了他的香气分类。他把香气分成八大类，于 1975 年又增至九类，它们是：花香、木香、田园香、膏香、果香、动物香、焦熏香、厌恶气和可食香。后两种在日化用香精中用途极少，但也用以完善各种香气。现将他的分类及一些代表性的香料或物质选列于表 2-4 中。

表 2-4　比洛的香气分类法摘录

组别	香气类别	代表香料
1	花香(Floral)	
(1)	玫瑰香韵	玫瑰油、玫瑰香叶油、玫瑰草油、玫瑰木油、姜草油、玫瑰醇及其酯类、香叶醇及其酯类、β-苯乙醇及其酯类、四氢香叶醇、顺-玫瑰醚、β-突厥酮、邻氨基苯甲酸苯乙酯
(2)	茉莉香韵	茉莉净油、依兰净油、乙酸苄酯、α-戊基桂醛、α-己基桂醛、茉莉酮类、茉莉酮酸甲酯、吲哚、茉莉酯
(3)	风信子香韵	风信子净油、苯乙醛、对甲酚甲醚、苯丙醛
(4)	紫(白)丁香香韵	紫(白)丁香花净油、铃兰净油、α-松油醇、羟基香茅醛
(5)	橙花香韵	苦橙花油、苦橙叶油、邻氨基苯甲酸甲酯、甲基萘基甲酮
(6)	晚香玉香韵	晚香玉净油、水仙净油、黄水仙净油、黄兰净油、忍冬花净油、百合花净油、十一烯醛、十二醛
(7)	紫罗兰香韵	紫罗兰花净油、金合欢花净油、含羞花净油、鸢尾净油、胡萝卜籽油、α-紫罗兰酮、β-紫罗兰酮、甲基紫罗兰酮类
(8)	木樨草香韵	木樨草净油、癸炔羧酸乙酯
2	木香(Woody)	
(1)	云杉—冷杉香韵	胡椒油、百里香油、云杉叶油、冷杉叶油
(2)	檀香香韵	东印度檀香油、柏木油、愈创木油、香脂檀油、檀香醇及其乙酸酯、柏木醇及其乙酸酯、岩兰草醇及其乙酸酯、乙酸对叔丁基环己酯
(3)	丁香香韵	香石竹净油、烟草花净油、丁香油、中国肉桂油、斯里兰卡玉桂油、玉桂叶油、肉豆蔻衣油、肉豆蔻油、众香籽油、广藿香油、丁香酚、异丁香酚、丁香酚乙酸酯、异丁香酚乙酸酯、桂醛
3	田园香类(Rustic)	
(1)	薄荷脑香韵	亚洲薄荷油、椒样薄荷油、胡薄荷油、薄荷酮、薄荷脑
(2)	樟脑香韵	迷迭香油、白千层油、小豆蔻油、甘牛至油、香桃木油、鼠尾草油、意大利柏叶精油
(3)	药草香韵	新刈草净油、罗勒油、洋甘菊油、芹菜油、薰衣草油、杂薰衣草油、穗薰衣草油、香紫苏油、大齿当归(独活)油、欧芹油、艾菊油、百里香油、苦艾油、水杨酸异戊酯、大茴香酸甲酯
(4)	青香香韵	紫罗兰叶净油、龙蒿油、庚炔羧酸甲酯、庚炔羧酸异戊酯、龙葵醛及其二甲缩醛、苯乙醛二甲缩醛、顺-3-己烯醛、叶醇及其甲酸/乙酸/水杨酸酯、2,6-壬二烯醛及其二乙缩醛

续表

组别	香气类别	代表香料
3	田园香类(Rustic)	
(5)	地衣香韵 (包括壤香香韵)	橡苔净油、树苔净油、香薇净油、异丁基喹啉、3-壬醇、庚醛甘油缩醛
(6)	荚豆香韵	甲基庚烯酮
4	膏香类(Balsamic)	
(1)	香荚兰豆香韵	香荚兰豆净油、安息香树胶树脂、葵花净油、香兰素、乙基香兰素
(2)	乳香香韵	没药香树脂、乳香香树脂、防风根油、秘鲁香膏、吐鲁香膏、苏合香树脂、白芷油、意大利柏叶净油、乙酸桂酯、苯甲酸桂酯、桂酸苄酯、桂醇
(3)	格蓬香韵	白菖蒲油、格蓬油、格蓬香树脂
(4)	树脂香韵	松脂、松针油、乙酸龙脑酯、银枞叶油
5	果香类(Fruity)	
(1)	柑橘皮香韵	香柠檬油、芫荽籽油、柠檬草油、白柠檬油、甜橙油、香橼油、圆柚油、柠檬油、橘子油、苦橙油、防臭木油、柠檬醛及其二甲缩醛、癸醛、甲酸芳樟酯、甲酸松油酯、二氢月桂烯醇
(2)	醛香香韵	脂肪族醛类(C_7～C_{12})
(3)	杏仁样香韵	苦杏仁油
(4)	茴香香韵	八角茴香油、茴香油、大茴香脑
(5)	果香香韵	γ-十一内酯、d-十一内酯、乙酸苯乙酯、乙酸异戊酯、乙酸异丁酯、γ-壬内酯、己酸烯丙酯、对甲基-β-苯基缩水甘油酸乙酯、丁酸香叶酯、丁酸苯乙酯、丙酸异丙酯、2,6-二甲基-5-庚烯醛
(6)	巧克力香韵	可可豆
6	动物香类(Animallic)	
(1)	麝香香韵	麝香、广木香净油、云木香油、白芷净油、酮麝香、二甲苯麝香、三甲苯麝香、麝香酮、十五内酯、环十五酮、麝香 T、萨利麝香、芬檀麝香、佳乐麝香、麝香 R-1、10-氧杂十六内酯
(2)	海狸香香韵	海狸香、皮革香
(3)	甲基吲哚香韵	灵猫香、灵猫酮、甲基吲哚、对甲基四氢喹啉、苯乙酸、苯乙酸异戊酯
(4)	海洋香韵	海藻净油
(5)	龙涎琥珀香韵	龙涎香、麝葵籽油、岩蔷薇净油、岩蔷薇浸膏、降龙涎香醚
7	焦熏气类(Empyreumatic)	
(1)	烟熏香韵	桦焦油、精制刺柏焦油、杜松油、Maillard 反应衍生物
(2)	烟草样香韵	烟叶净油、黄香草木樨净油、黑香豆净油

比洛的香气分类类别虽不多，但常用的基本香气类别均概括在内，而且每一类中，还进一步划分为几种香韵，并以常用香料或常见物质来说明其香气，显然，这种比喻方法比较客观。此

外，他还曾补充说明，“粉香”(Powdery)可与有关的木香或根香或龙涎琥珀香或药草香的香料香气联系起来；地衣香与蜜香可与膏香、香薇香、苔藓香相联系。再者从上表中可以看出，比洛对同一种香料植物，由于加工工艺不同，所得香料制品的香气类别则有所差别，如意大利柏叶精油(水蒸气蒸馏法)的香气归入田园类中的樟脑香韵，而其净油(浸提法)则归入膏香类中的乳香韵；又如白芷精油是归入乳香香韵，而其净油则归入动物香类的麝香香韵中。比洛的香气分类法在调香界较易被接受，有较好的实用效果。

三、捷里聂克(P. Jellinek)分类法

捷里聂克于1949年在他的《现代日用调香术》一书中，根据人们对气息效应的心理反应，将香气归纳为动情性效应的香气、麻醉性效应的香气、抗动情性效应的香气及兴奋性效应的香气四大类。

1. 动情性效应的香气

包括动物香、脂蜡香、汗泽气、酸败气、干酪气、腐败气、尿样气、粪便气、氨气等。总体概括起来，可用“碱气”(Alkaline)、“呆钝”(Blunt)来描述。

2. 麻醉性效应的香气

包括玫瑰香、紫罗兰香、紫丁香等各种花香和膏香。总的可用“甜气”(Sweet)、“圆润”(Mellow)来描述。

3. 抗动情性效应的香气

包括薄荷香、樟脑香、树脂香、青香、清淡气(Watery)等。总的可用“酸气”(Acidic)、“尖锐”(Sharp)来描述。

4. 兴奋性效应的香气

包括除了鲜花以外的植物性香料(如籽、根、叶、茎、树干等)的香气，如辛香、木香、苔香、草香、焦香等。总的可用“苦(干)气”(Bitter, Dry)，“坚实”(Firm)来描述。

在上述四类香气之间，存在着下列关系(图2－5)：在酸气与苦气之间主要是新鲜性的气息，在苦气与碱气之间主要是提扬性气息；在碱气与甜气之间主要是闷热性的气息；在甜气与酸气之间主要是镇静性的气息。

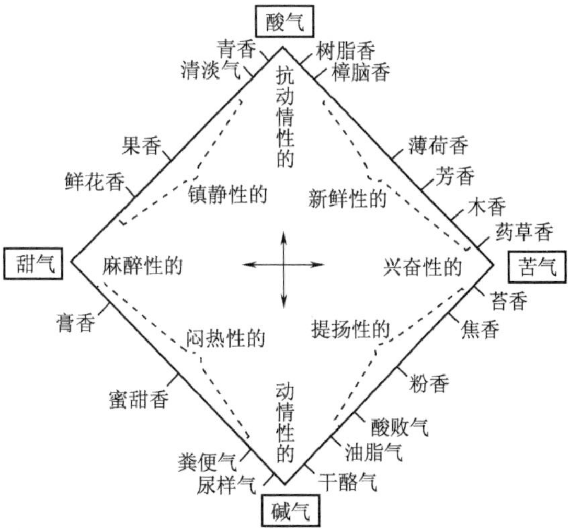

图2－5　捷里聂克的香气分类法

在捷里聂克的香气分类中，不但借用了味觉和触觉来描述，如味觉方面的

碱、甜、酸、苦等，触觉方面的呆钝、尖锐、圆润、坚实等，而且划分的四类香气中，有两对对立的香气类别，如酸—碱或尖锐—呆钝，甜—苦或圆润—坚实，这是其香气分类的特点。

四、扑却(Poucher)分类法

1954 年 4 月，英国著名调香师扑却在《化妆品化学会志》中，发表了他按香料香气挥发度来进行香气分类的结果。他评定了 330 种天然和合成香料及其他有香物质，依据它们在辨香纸上挥发、留香的时间长短提出了头香、体香和基香的分类法。扑却把不到一天就嗅不到香气的香料，定系数为“1”，不到两天的系数定为“2”，其他依此类推，最高为“100”，此后不再分高低。他将系数 1～14 的划为头香，15～60 的划为体香，61～100 的划为基香或定香剂。现将常用的香料挥发时间表摘录于表 2-5。

表 2-5　扑却的挥发时间表摘录

系数	品名
1	苯乙酮、苯甲醛、乙酸苄酯、苯甲酸甲酯、乙酸异戊酯、苦杏仁油等
2	甲酸苄酯、苯甲酸乙酯、白柠檬油(蒸馏)、芳樟醇、水杨酸甲酯、乙酸苯乙酯、水杨酸苯乙酯等
3	桂酸苄酯、乙酸对甲酚酯、对甲酚甲醚、水杨酸乙酯、橙叶油(巴拉圭)、松油醇、麝香酊(3%)、留兰香油等
4	香茅醇、薰衣草油、桉叶油、壬醛、苯乙醇等
5	乙酸松油酯、苯乙酸乙酯、橙花油(意大利)
6	香柠檬油、甲酸香茅酯
7	丙酸苄酯、香叶醇(爪哇)、辛炔羧酸甲酯、亚洲薄荷油、庚酸乙酯
8	水杨酸异戊酯、水杨酸苄酯、柏木油、香茅油(斯里兰卡)、乙酸香茅酯、邻氨基苯甲酸乙酯、香叶醇(单离自玫瑰草油)、柠檬油、玫瑰醇
9	月桂叶油、穗薰衣草油、红百里香油
10	乙酸芳樟酯、二苯醚、丁香酚甲醚
11	丁酸异戊酯、癸醇、格蓬油、甜橙油
12	桂酸甲酯、庚炔羧酸甲酯、桂酸苯乙酯
13	苯乙酸对甲酚酯、鸢尾凝脂、苯丙醇
14	罗勒油、卡南加油、甲基紫罗兰酮
15	乙酸桂酯、洋茉莉醛、玫瑰油(保加利亚)、香茅油(瓜哇)
16	丁香酚、野百里香油
20	香紫苏油
21	邻氨基苯甲酸甲酯、α-紫罗兰酮、β-紫罗兰酮、大茴香醛、吲哚
22	异丁香酚苄醚、桂叶油、甲酸香叶酯
24	桂酸乙酯、香叶油(法国)、乙酸香叶酯、依兰净油(马尼拉)
26	柠檬桉油、苯乙酸甲酯

续表

系数	品名
30	麝葵籽油、白柠檬油
34	芹菜根油
45	乙酸龙脑酯、肉桂油
47	大茴香醇
54	乙酸柏木酯
60	柠檬醛、甲酸玫瑰酯
62	苯乙酸异戊酯
79	灵猫香膏
80	羟基香茅醛
85	苯乙二甲缩醛
89	兔耳草醛
90	格蓬树脂、乙酸玫瑰酯
91	桃醛、苯乙酸苯乙酯
100	α-戊基桂醛、桦焦油、龙涎香酊(3%)、香豆素、癸醛、乙基香兰素、椰子醛、异丁香酚、岩蔷薇浸膏、甲基壬基乙醛、橡苔浸膏、广藿香油、苏合香树脂、苯乙酸、檀香油(东印度)、吐鲁香膏、结晶玫瑰、十一醛、香兰素、岩兰草油

扑却分类法是基于各种香料间的香气相对挥发度的差别,其关键问题是用嗅觉去判定一种香料香气的相对挥发度的终点。因为有些香料,特别是天然香料,往往是一种复杂的混合物,它的最初香气和最终香气很可能是不相同的,有的在挥发过程中,会逐渐失去它本来的典型香气特征,这就要凭嗅辨者的嗅觉来判断。因此一种香料究竟应列在头香、体香或是基香类别中,会因人而异。但这种分类法,对调香者来说,特别是初学者,是容易理解的,而且是有一定益处的。

五、奇华顿(Givandan)公司分类法

瑞士奇华顿香料公司 1961 年发表了香型分类,在各香型中均列举了一些可用的主要合成香料,有一定的应用参考价值,现摘录见表 2-6。

表 2-6 奇华顿公司的香气分类法

香气类别	代表性香料
刺槐花(Acacia)香型	大茴香醛、大茴香醇、对甲氧基苯乙酮、邻氨基苯甲酸甲酯
金合欢花(Cassie)香型	鸢尾酮、紫罗兰酮类、乙酸大茴香酯、庚炔羧酸甲酯
银白金合欢(Mimosa)香型	金合欢醇、甲基壬基乙醛、二苯甲酮、2,4-二甲基苯乙酮
香石竹(Carnation)香型	丁香酚、异丁香酚、甲基丁香酚、甲基异丁香酚、乙酸丁香酚酯、乙酸异丁香酚酯
素心兰(Chypre)香型	水杨酸异戊酯、乙酸芳樟酯、香豆素

续表

香气类别	代 表 性 香 料
三叶草(Clover)香型	水杨酸异丁酯、苯甲酸异丁酯、苯甲酸异戊酯
兔耳草(Gyclamen)香型	兔耳草醛、铃兰醛、羟基香茅醛
栀子花(Gardenia)香型	乙酸苯乙酯、乙酸苯基甲基原酯、邻氨基苯甲酸苯乙酯
晚香玉(Tuberose)香型	羟基香茅醛、甲酸大茴香酯、甲酸苄酯
玫瑰(Rose)香型	玫瑰醇、香茅醇、香叶醇、苯乙醇、结晶玫瑰(乙酸三氯甲基苯基原酯)
茉莉(Jasmin)香型	乙酸苄酯、芳樟醇、乙酸芳樟酯、茉莉酮、苄醇、吲哚、α-戊基桂醛、邻氨基苯甲酸甲酯
依兰依兰(Ylang Ylang)香型	香叶醇、芳樟醇、松油醇、乙酸苄酯、苯甲酸乙酯
香罗兰花(Wallflower)香型	大茴香醛、洋茉莉醛、对甲酚甲醚
风信子(Hyacinth)香型	桂醇、苯乙醛、龙葵醛、苯甲醛、铃兰醛、异丁酸苄酯
忍冬花(Honeysuckle)香型	洋茉莉醛、甲基-β-萘甲酮、邻氨基苯甲酸甲酯
葵花(Heliotrope)香型	香兰素、香豆素、大茴香醛、洋茉莉醛、桂酸苄酯
山楂花(Mey Blossom)香型	苯甲醛、苯乙醛、铃兰醛、大茴香醛
香豌豆花(Sweetpea)香型	苯乙醛、甲基壬基甲酮、庚炔羧酸甲酯、水杨酸异戊酯
山梅花(Syringa)香型	甲基-β-萘甲酮、甲基紫罗兰酮类、苯乙酮
橙花(Orange Flower)香型	橙花醇、橙花叔醇、橙花酮、β-萘甲醚、β-萘乙醚
苦橙花(Neroli)香型	辛醇、辛醛、β-萘甲醚、橙花醇、橙花酮
丁香(Lilac)香型	松油醇、大茴香醇、苯乙醇、羟基香茅醛、苯乙醛、乙酸大茴香酯、苯乙二甲缩醛
铃兰(Lily of the valley)香型	铃兰醛、兔耳草醛、羟基香茅醛、洋茉莉醛、金合欢醇
草兰(Orchid)香型	水杨酸异丁酯、水杨酸异戊酯、苯甲酸乙酯、苯甲酸异戊酯、壬醛
水仙花(Narcissus)香型	丙酸桂酯、桂酸乙酯、乙酸对甲酚酯、苯乙酸对甲酚酯、桂醇
长寿花(Jonquil)香型	乙酸苄酯、苯甲酸苯乙酯、羟基香茅醛、龙葵醛、桂醇
薰衣草(Lavender)香型	乙酸芳樟酯、甲酸香茅酯、芳樟醇、乙基戊基甲酮
木樨草花(Mignonette)香型	紫罗兰酮类、金合欢醇、水杨酸苄酯、庚炔羧酸甲酯
菩提花(Linden)香型	芳樟醇、松油醇、金合欢醇、大茴香酸乙酯
广玉兰花(Magnolia)香型	玫瑰醇、羟基香茅醛、α-戊基桂醛、洋茉莉醛
紫罗兰(Violet) 香型	紫罗兰酮类、甲基紫罗兰酮类、鸢尾酮类、苄基异丁香酚
香叶(Geranium) 香型	香茅醇、香叶醇、二苯醚
馥奇(Fougère) 香型	甲基乙基甲酮、苯乙酮、水杨酸异戊酯、香豆素
新刈草(Newmown Hay)香型	苯乙酮、对甲氧基苯乙酮、乙酰基异丁香酚
蜜香(Honey)香型	苯乙酸乙酯、苯乙酸香叶酯、苯乙酸苄酯、苯乙酸
鸢尾(Orris)香型	鸢尾酮、紫罗兰酮、十四酸乙酯、莳萝醛
马鞭草(Verbena)香型	柠檬醛、羟基香茅醛、苯甲酸异丁酯
松木(Pine)香型	乙酸龙脑酯、甲酸龙脑酯、龙脑
琥珀(Amber)香型	黄葵内酯、葵子麝香、酮麝香
灵猫(Civet)香型	甲基吲哚、吲哚、水杨酸异戊酯

六、我国调香专家的香气分类法

我国调香专家叶心农等人经过长期的调香实践，对香料的香气进行了分类。这种分类方法在我国是实用的。即从调香应用入手，结合各类香气间的区别和联系，将香料的香气划分为花香和非花香两大类，并分别依次排列出花香型辅成环和非花香型辅成环(图 2－6)，用以说明它们之间的前后联系和环渡的意义。

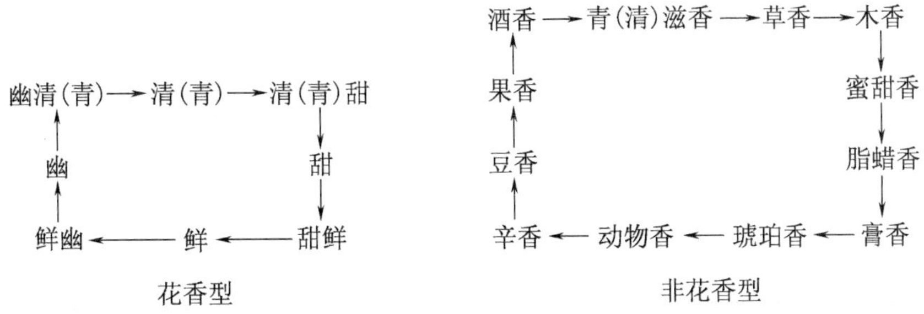

图 2－6　香韵辅成环示意图

1. 花香香气分类

常见的 35 种花香可分为四个正韵(清、甜、鲜、幽)和四个双韵(清甜、甜鲜、鲜幽、幽清)共八类，见表 2－7。

表 2－7　花香类别

香气类别	代表香气	属于同类香气香料
清韵	梅花	薰衣草花、山楂花、洋甘菊
清甜香韵	香石竹花	丁香花、豆蔻花
甜韵	玫瑰	月季花、蔷薇花
甜鲜香韵	风信子	栀子花、金银花
鲜韵	茉莉	玳玳花、橙花、白兰花、依兰、树兰
鲜幽香韵	紫丁香花	铃兰、兔耳草花、广玉兰、荷花
幽韵	水仙花	黄水仙、晚香玉
幽清香韵	金合欢花	紫罗兰花、桂花、刺槐花、含羞花、甜豌豆花、葵花

2. 非花香香气分类

非花香香气又可分成十二小类，分别是青(清)滋香、草香、木香、蜜甜香、脂蜡香、膏香、琥珀香、动物香、辛香、豆香、果香和酒香。

(1)青(清)滋香：植物的青绿色彩，常常有清凉爽快的青滋气息，犹如人们在青色草原旷野间，阵风吹来，吸嗅到的一种新鲜清爽的绿叶气息。这种绿叶的青气，统称为“青滋香”。青滋香是非花香韵辅成环中的一个起点，因为千万种绿色植物的气息为人们日常相处之香气。

常用的天然青(清)滋香有：紫罗兰叶净油及浸膏、橡苔浸膏、橙叶油、白兰叶油、玫瑰木油、松针油、芳樟油、薄荷油、桉叶油、杜松子油、玳玳叶油、柏叶油、留兰香油等。

常用的合成青(清)滋香有：大茴香醛、大茴香醇、松油醇、乙酸松油酯、乙酸二甲基苄基原酯、二甲基苄基原醇、芳樟醇、乙酸芳樟酯、甲酸香叶酯、乙酸香叶酯、羟基香茅醛、苯乙醛、苯乙醇、乙酸甲基苯基原酯、庚炔羧酸甲酯、辛炔羧酸甲酯、二氢茉莉酮、甲酸香茅酯、乙酸香茅酯、乙酸苯乙酯、苯乙二甲缩醛、兔耳草醛、桉叶素、乙酸龙脑酯、龙脑、薄荷脑、α-戊基桂醛、α-己基桂醛、乙酸苄酯、二氢茉莉酮酸甲酯、甲酸苄酯、α-戊基桂醛、叶醇、四氢芳樟醇、2,6-壬二烯醛、苯甲酸芳樟酯、邻氨基苯甲酸芳樟酯、丙酸苯乙酯、乙酸大茴香酯、甲基壬基甲酮、甲酸己酯、甲酸庚酯、乙酸己酯、乙酸庚酯、甲酸芳樟酯、甲基己基甲酮、薄荷酮、丁酸苯乙酯、异戊酸苯乙酯、蒎烯、甲酸玫瑰酯、乙酸二甲基苯乙基原酯、四氢香叶醇、女贞醛等。

(2)草香(包括芳草香和药草香)：植物绿色部分的香气，除具有上述清爽的青滋香外，尚有一类带有青涩草香，其中芳草香多半是指茎叶在青鲜时的草香，药草香多半是指茎叶在干枯时的草香。这类草香香气，在调香配方中如果使用得当，可以取得犹如在旷野间嗅到的大自然的气息。

常用的天然草香有：香茅油、柠檬桉油、迷迭香油、甘松油、缬草油、鼠尾草油、乌药叶油、百里香油、苍术硬脂、菖蒲油、姜黄油、冬青油、地塘香油、白樟油等。(香茅油——→鼠尾草油为芳草香，乌药叶油——→白樟油为药草香。)

常用的合成草香有：香茅醛、苯乙酮、二苯醚、二苯甲烷、β-萘乙醚、β-萘甲醚、水杨酸异戊酯、水杨酸丁酯、异薄荷醇、香荆芥酚、百里香酚、水杨酸甲酯、水杨酸乙酯、苯甲酸乙酯、苯甲酸甲酯等。(香茅醛——→异薄荷酮为芳草香，香荆芥酚——→苯甲酸甲酯为药草香。)

有些草本植物在枯干之后，其叶茎或茎根中却带有干的或干甜的木香，如甘松等，这种由草香渐渐转变有木香的风趣，成为草香能环渡到木香之说。

(3)木香：植物青绿时的香气，在青色变黄枯后，会转为带有干或干甜之气，有木香格调。木香一般都是淳厚浓郁，所以常用于重香型或重调香型中，且多作为体香用之。木香中也可区别为：干甜木香，如檀香木、赤柏木、岩兰草(根)等；干枯甜木香，如香苦木、香附子等和苦焦木香，如桦焦(干馏树皮)。

常用的天然木香有：檀香油、柏木油、楠木油、愈创木油、岩兰草油、广藿香油、桦焦油、香苦木皮油、香附子油等。

常用的合成木香有：檀香醇、柏木醇、乙酸柏木酯、人造檀香、乙酸檀香酯、岩兰草醇、乙酸岩兰草酯等。

木香干而甜的本质可视为由木香环渡至蜜甜香的理由。

(4)蜜甜香：甜香之美，除花香之外，干草香中有甜、木香中有甜，但木香及干草香中之甜香均是附属香气，更有以甜香为主的蜜甜香应成为环中的单独一类。在调香上，蜜甜香是最重要的香气，可广泛地作为蜜甜香韵用于许多香型中。

常用的天然蜜甜香有：香叶油、玫瑰草油、鸢尾凝脂、姜草油等。

常用的合成蜜甜香有：甲基紫罗兰酮类、紫罗兰酮类、桂醇、苯丙醇、橙花醇、香叶醇、香茅醇、玫瑰醇、乙酸桂酯、乙酸苯丙酯、苯乙酸、苯乙酸乙酯、苄醇、丙酸苄酯、结晶玫瑰(乙酸三氯甲基苯基原酯)、鸢尾酮、金合欢醇、二甲基苯乙基原醇、十四酸乙酯、丙酸香叶酯、丁酸香叶酯、苯乙酸香叶酯、苯乙酸苯乙酯、苯乙酸丁酯、苯乙酸异丁酯、乙酸玫瑰酯、丙酸玫瑰酯、丁酸玫瑰酯、苯甲酸苯乙酯等。

(5)脂蜡香(包括醛香):长青树木的枝叶中常含有蜡质,这有助于其御寒越冬或减少水分蒸发。籽实、坚果皮壳上也往往含有脂蜡。这些物质常是高碳烷烃或高碳酸及其酯类,有时也含有酸或酮类。脂蜡香包括醛香香气,多半来自脂肪族醛类,例如,橙、柑、橘、柚、柠檬、香柠檬、白柠檬的果皮精油中,就含有辛醛、壬醛、癸醛、十二醛等的脂蜡香气。脂蜡香是近代"醛香型"中的重要香韵。

常用的脂蜡香有:楠叶油、辛醛、壬醛、癸醛、十一醛、十二烯醛、十二醛、甲基壬基乙醛、辛醇、壬醇、癸醇、十一醇、十二醇、乙酸辛酯、乙酸壬酯、乙酸癸酯、庚醇、庚醛、甲酸辛酯、甲酸癸酯、丁二酮等。

(6)膏香:有些草木不但有来自萜、酸、醛类等的脂蜡香,而又有膏香。这类膏香是来自草木在生长期间因生理原因或因人工引变所生成的分泌物(其中有些是花类或醛的聚合物)。它们的形式有的是树胶,有的是树脂,有的是树胶树脂或油树胶树脂,有的是香膏。

常用的天然膏香(包括树脂香)有:吐鲁香树脂、秘鲁香树脂、安息香香树脂、苏合香香树脂、乳香香树脂、没药香树脂、格蓬香树脂、芸香香树脂等。

常用的合成膏香有:苯甲酸、苯甲酸苄酯、桂酸、桂酸苄酯、桂酸苯乙酯、桂酸甲酯、桂酸乙酯、桂酸桂酯、苯丙醛、溴代苯乙烯、水杨酸苯乙酯等。

(7)琥珀香:琥珀原是树脂年久历变而成为凝固之体,香气极弱,但难散失。在调香术中,所谓琥珀香时常与龙涎香相混用。欲加区别,主要是将兼以木香及烟熏气与龙涎香为主者称为琥珀香,故又可称为木质龙涎香;而不带木香者称为龙涎香。

常用的天然琥珀香有:岩蔷薇浸膏、麝葵籽油、香紫苏油、圆叶当归根油、防风根香树脂等。

常用的合成琥珀香有:水杨酸苄酯、苯甲酸异戊酯、苯甲酸异丁酯、α-柏木醚(Andrane)、降龙涎香醚等。这些香料在调香中的用量一般均宜少,多用反而不好。

(8)动物香:是属于有浊气的香料。动物分泌出的香泽,即温暖又氤氲而有浊气,似有情感,这是动物香的主要特点,如天然品中的麝香、龙涎香、灵猫香与海狸香等,多用于高档加香产品。

化学合成的"单体"有:麝香酮、麝葵内酯、十六内酯、灵猫酮、十五酮、十六酮、十五内酯、葵子麝香、酮麝香、二甲苯麝香、佳乐麝香、麝香105、昆仑麝香、粉檀麝香、吲哚、甲基吲哚、对甲基喹啉、对甲基四氢喹啉、对甲酚甲醚、乙酸对甲酚酯、苯乙酸对甲酚酯等。

(9)辛香:是来自辛香料(Spices)。天然辛香料可从有关香料植物的叶、枝、茎、花、果、籽、树皮、木、根等中提取。辛香料一般都有一种辛暖气味,既可祛腥气,又可引起食欲和开胃。辛香原多作食用加香,但在日用化学品香精中,适当选用,可取得独特风格。

常用的天然辛香有:八角茴香油、茴香油、小茴香油、丁香油、丁香罗勒油、黄樟油、姬茴香油、月桂油、月桂叶油、肉桂油、肉豆蔻油、葛缕籽油、芹菜籽油、芫荽籽油、姜油、茴香罗勒油、众香子油、小豆蔻油、豆蔻衣油、桂皮油、月桂皮油、斯里兰卡桂叶油、花椒油、菊苣浸膏、咖啡浸膏、桦焦油等。

常用的合成辛香有:丁香酚、异丁香酚、大茴香脑、黄樟素、桂醛、对苯二酚二甲醚、乙酰基异丁香酚、丁香醚甲醚、异丁香酚甲醚、莳萝醛、对异丁基喹啉等。

辛香香料有较重的豆香而带温辛气者,如香荚兰豆、香兰素、香豆素等,因其用途特殊,故另列为一类,称为豆香,编排于辛香之后。

(10)豆香:豆香(包括粉香)在调香上早就有应用。常用的天然豆香有:香荚兰豆浸膏(酊)、黑香豆浸膏(酊)、茅香浸膏、可可酊等。

常用的合成豆香有:香兰素、香豆素、对甲基苯乙酮、苯乙酮、苯甲烯丙酮、洋茉莉醛、乙基香兰素、水杨醛、异丁香酚、苄醚等。

豆香香料中有的兼有果香,如香豆素兼有坚果样香气。在调香中豆香与果香常常相辅并用,为此,豆香过渡到果香亦属合适。

(11)果香:其中包括类别较多,可大体区分为坚果香、浆果香、鲜果香和瓜香。

常用的天然果香有:苦杏仁油、甜橙油、柠檬油、柚皮油、香柠檬油、柠檬草油、山苍籽油、防臭木油、山胡椒油、橘子油、柚子油、白柠檬油、山楂浸膏等。

常用的合成果香有:桃醛、杨梅醛、椰子醛、凤梨醛、悬钩子酮(Raspberry Ketone)、苯甲醛、柠檬醛、乙酸异戊酯、甲基-β-萘基甲酮、 烯、丁酸苄酯、邻氨基苯甲酸甲酯、N-甲基邻氨基苯甲酸甲酯、丁酸异戊酯、甲酸异戊酯、异戊酸异戊酯、丁酸乙酯、异戊酸乙酯、环己基丙酸烯丙酯、2,6-二甲基-5-庚烯醛(甜瓜醛,Melonal)等。

有不少果实在成熟、过熟后有熟果气,如经发酵处理,可产生酒香,这是由果香环渡至酒香的理由。

(12)酒香:可简单概括为果酒香、糖蜜酒香(Rum)和谷物酒香等。在日用化学品香精中,多用前两者。酒香在日用化学品香精中,虽然用量较小,在许多花香型香精(如玫瑰、桂花、紫罗兰、苹果花等)中,能取得新奇的效果。

常用的酒香有:康酿克油、庚酸乙酯、壬酸乙酯、壬酸苯乙酯、异戊醇、乙酸乙酯、甲酸乙酯、丙酸乙酯、己酸乙酯等。

酒香是清灵、轻扬、飘逸、新鲜的气息,故回棹而渡入青滋香,实属合适。

对重要的青滋香、蜜甜香和果香可再分作比较细一点的小类,以便进一步理解和更好地运用。如青(清)滋香可进一步分为叶青(以紫罗兰叶油、叶醇或女贞醛为代表)、苔青(以橡苔为代表)、茉莉青(清)(以茉莉酮或茉莉酮酸甲酯或二氢茉莉酮酸甲酯为代表)、梧青(以松油醇为代表)、茴青(以大茴香醛为代表)、萼青(以苯乙醇为代表)、木青(以芳樟醇为代表)、梅青(以苯甲醛为代表)和凉青(以薄荷脑为代表)等。

蜜甜香可进一步分为醇甜或玫瑰甜（以玫瑰醇为代表）、柔甜或蜜甜（以鸢尾酮为代表）、辛甜或焦甜（以丁香酚为代表）、膏甜或桂甜（以桂醇为代表）、蜡甜或蜜蜡甜（以壬醛为代表）、酿甜（以康酿克油为代表）、青甜或橙花甜（以橙花醇、香茅醇、苯乙醇为代表）、盛甜或金合欢甜（以金合欢醇、紫罗兰酮为代表）、果甜（以桃醛为代表）、豆甜（以乙基香兰素为代表）和木甜（以愈创木油、岩兰草油为代表）等。

第三章　天然香料化学

第一节　天然香料制品中的化学成分

一、动物性香料

动物性香料只有少数几种，如麝香、灵猫香、海狸香、龙涎香和麝鼠香等，但在香料中占有重要地位。它们均为动物体内的分泌物，香气各有特色，且留香长久，特别是在香水、香粉香精中，是日用香精最理想的定香剂。由于资源稀少，故价格昂贵，在调香中通常使用人工合成品来代替。

1. 麝香(Musk)

麝香又称当门子、脐香、麝脐香、四味臭、腊子、香脐子，是我国特产香料之一。

(1)来源：雄麝鹿香腺囊中的分泌物。

麝鹿，亦称麝獐，虽然属于鹿科，但其体型很小，高度和长度都在1m以内，体重也只有几十斤，头顶没有角，雄兽还长有獠牙(图3-1)。主要品种学名为*Maschus moschiferus L.*，也有其他品种，如林麝、马麝等，分布于海拔3000m以上的中亚细亚山区，从喜马拉雅山到阿尔泰山，除越南、印度、尼泊尔、蒙古、西伯利亚南部稍有生产外，我国产量最大，占世界的70%～80%，主要产于西藏、四川、云南、青海等地。

(2)加工：过去是猎捕后杀麝取香，为了每年获得0.5～1.5 t麝香，需杀死七万头以上的雄麝。现在已能人工驯养及活麝取香。麝香囊呈棕黄色至深黑褐色，麝香经干燥后是红棕色到暗棕色粒状物质(图3-2)。通常是制成酊剂后使用，酊剂为浅棕或深琥珀色液体。

图3-1　麝鹿

图3-2　麝香子

(3)香气：麝香具有清灵而温存的动物样香气，甜而不浊，有些皮革香。香气的扩散力最强，留香也极持久。

(4)主要成分：包括左旋麝香酮(0.5%～4%)、麝香吡啶、胆酸、胆固醇衍生物等。其中，麝香酮(Muscone)化学名称为3-甲基环十五酮，分子式为$C_{16}H_{30}O$，相对分子质量为238.42，具有强烈的麝香香气。

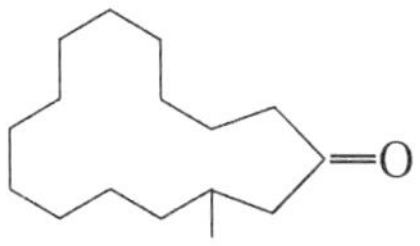

麝香酮

(5)应用：广泛用于高档香水、化妆品香精配方中，是优秀的定香剂，并能提扬、生动及圆和香精的香气，赋予特殊的动物香。国际市场上畅销的香水，如“珞利亚”、“如意花”、“香奈儿”、“夜巴黎”等，都是以麝香香气为基调配以名花而成的。亦可用于坚果、焦糖、果香等食用香精及烟草香精中，有圆和作用。在国内主要用于医药，作兴奋剂及伤科外用药。

2. 灵猫香(Civet)

(1)来源：雌雄灵猫的香腺分泌物。

灵猫，别名九节狸、灵狸、麝香猫，品种较多，主要是大灵猫(*Viverra zibetha*)和小灵猫(*Viverra civetta*)两种。非洲大灵猫(图3-3)早就闻名于世，主要产于埃塞俄比亚、几内亚和塞内加尔等国。小灵猫产于印度、爪哇、孟加拉、苏门答腊等地。我国秦岭和淮河以南各省均有小灵猫分布，大灵猫则主要分布在云南、广西、浙江和华中地区。杭州等地已实行人工驯养和繁殖大、小灵猫。

(2)加工：目前普遍采用人工活兽取香，或刮取其自然泌香于笼舍壁，称为灵猫香膏。我国人工饲养的灵猫，雄性大灵猫每星期可取香1g左右，而雌猫则只能取到0.3～0.5g。新鲜的灵猫香膏为淡黄色黏稠液体，很像蜂蜜，久之会被氧化成棕褐色膏状半固体。灵猫香膏通常是制成酊剂(3%～6%)来使用，也有用溶剂浸提后再制成净油的，净油呈暗棕色黏稠状物。

图3-3　大灵猫

(3)香气：带有腥臭的动物香，甲基吲哚气息，浓时不愉快，稀释后有温暖的动物浊鲜和强烈而令人愉快的麝香香气。

(4)主要成分：大、小灵猫香中均含有灵猫酮、环十五酮、吲哚、甲基吲哚等。其中灵猫酮(Civetone)为其主香成分，分子式为$C_{17}H_{30}O$，相对分子质量为250.43，以顺式体形式存在于天然灵猫中。其香气比麝香更优雅，但不能完全替代天然灵猫香。

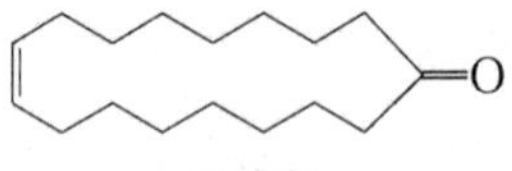

灵猫酮

(5)应用:广泛用于高档日用香精配方中,如白兰、铃兰、茉莉、玫瑰、东方、百花等香型,对香精有圆和、生动、增鲜和定香的作用,是重要的动物香料。

3. 龙涎香(Ambergris)

(1)来源:浮于海面上的白色、灰色或褐色蜡状固体,是在抹香鲸胃肠内形成的结石状病态产物,自体内排出后在海上漂流或被冲上海岸,经长期风吹、雨淋、日晒发酵而成。也可从捕获的抹香鲸体内经解剖而取得,其大小不一,大的达数百公斤。

图 3-4　抹香鲸

抹香鲸(Cachalot whale)又名真甲鲸、巨头鲸,品种来自 *Physeter catodon L.* 或 *P. macrocephalus*,为齿鲸类中最大的一种(图 3-4)。以深海产的乌贼为主要食物,亦吃多种小鱼。主要活动于热带、亚热带的温暖海洋中,常为一雄多雌的群居生活。分布遍及各大洋,我国东海、南海均有。

抹香鲸排泄出的天然龙涎,是龙涎中的佳品,但来源极少。近年来由于世界各国对鲸不加保护地乱捕,使鲸以每年 10%的速度急剧减少,造成龙涎香价格昂贵。1982 年,国际捕鲸会议规定从 1984 年起全面禁止商业性捕鲸。20 世纪 70 年代起,美国法律禁止龙涎香和任何鲸制品进入美国,因此美国香水中已不使用龙涎香,取而代之的为合成的龙涎香料。

(2)加工:龙涎香块为蜡状固体,色泽不一,有白、银灰、淡金、深灰、棕和黑色,以白色者香气最优,颜色越深,香气越差。获得后首先要置放数月,使色泽变浅而香气成熟,然后再制成酊剂(通常为 3%),或用乙醇浸提后再浓缩为浸膏。

(3)香气:具有动情性的温暖氤氲香气,清灵而温雅,既有麝香气息,又微带壤香、海藻、木香和苔香的气息,有极其持久的留香底韵。气势虽不强,但微妙柔润,能提扬而又凝聚不散,并能圆和其他气息,是动物香中带有最少动物腥臭气的香料,也是最名贵的动物香料。麝香有最强的扩散力,而龙涎香则有最长的持久性,其留香能力比麝香强 20~30 倍,可达数月之久。

(4)主要成分:包括降龙涎香醚、α-龙涎醇、γ-二氢紫罗兰酮、γ-可拉醛、γ-环高香叶基氯、甾醇等。最能体现龙涎香魂的降龙涎香醚是龙涎香的代表,其余组分有不同强度的龙涎香气。

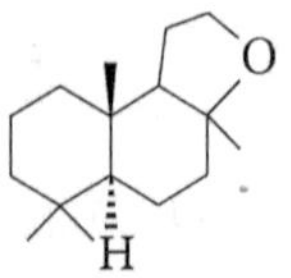

降龙涎香醚
(有丝绒般柔感的持久的龙涎芳香)

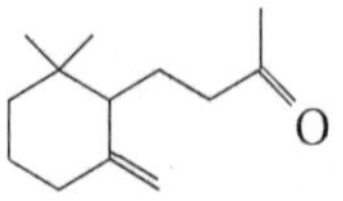

γ-二氢紫罗兰酮
(弱的香烟气)

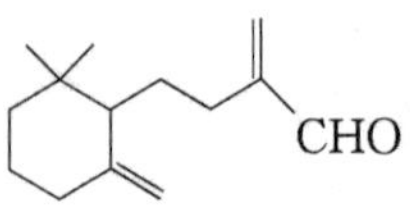

γ-可拉醛
(海水气)

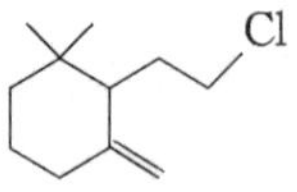

γ-环高香叶基氯
(臭氧—海水气)

(5)应用：龙涎香的应用由来已久，古人用之入药或熏香。因物稀价昂，限制了其应用范围。可用于高级香水香精，如醛香、花香及幻想型，与麝香、灵猫香同用，有增强香气的作用。亦可用于果香、酒香等食用香精及烟草香精中，以圆和人造气息。

4. 海狸香(Castoreum)

(1)来源：雌雄海狸的香腺囊中的分泌物。

海狸(*Castor fiber L.*)也称河狸(图 3－5)，产于加拿大、俄罗斯，其香腺囊的分泌物质量，以加拿大产的为佳。我国新疆、东北地区也有分布，但未提香。

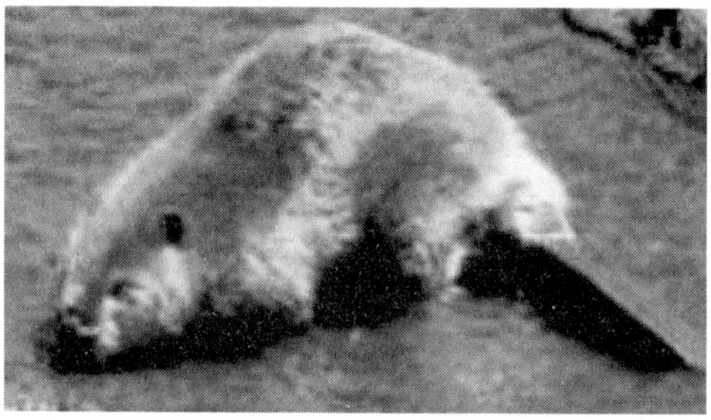

图 3－5　海狸

(2)加工：捕获后，取下雌雄海狸生殖器旁的梨状腺囊。自香囊中取出的分泌物，新鲜时为乳白色，经日晒或干燥后呈红棕色树脂状物质。常制成酊剂(5%～6%)来使用，也有用溶剂浸提制成浸膏后再制成净油的。次等浸剂是用其空香囊浸制的。

(3)香气：具有强烈腥臭的动物香气，但逊于灵猫，介于灵猫与麝香之间，也有些"俄国皮革"样、格蓬样与成熟的无花果气息。稀释后有龙涎香样温暖香气，浓烈而持久。

(4)主要成分：包括海狸香素(Castofin)、苯甲酸、苄醇、苯乙酮、左旋龙脑、对甲氧基苯乙酮、对乙基苯酚、十多种含氮化合物(如喹啉类化合物、吡嗪类化合物)和内酯类等。

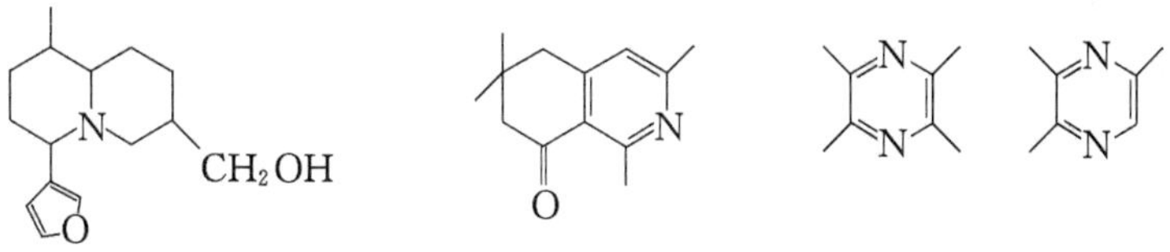

海狸胺　　　　喹啉化合物　　　　吡嗪化合物

(5)应用：海狸香是四种动物香中最价廉的一种，由于受产量、质量等影响，其应用不及其他几种动物性香料广泛，但必要时可用它来替代。可用于香水(特别是男用)、香粉、香皂等日用香精中，用以调配琥珀香、皮革香、百花、檀香、东方、馥奇、素心兰等香型，有协调及定香的作用。亦可用于香荚兰豆、覆盆子、朗姆酒等食用香精及烟草香精中。

5. 麝鼠香

(1)来源：麝鼠香腺囊中的脂肪性液状物质。

麝鼠原产于北美洲，是一种小型珍贵毛皮兽（图3－6），体型像个大老鼠，体重0.8～1.2kg。雄性麝鼠在4～9月繁殖期间能分泌出麝鼠香，具有浓烈的芳香味。

图3－6　麝鼠

(2)加工：活体取香，每只麝鼠每年通过活体取香可得麝鼠香5g左右。同麝香一样，麝鼠香也要先制成“麝鼠香酊”再使用。

(3)香气：强烈的类似于麝香的动物香气，留香持久。

(4)主要成分：大环酮及醇类、酯类及脂肪酸类等多种成分，如环十五酮、环十七酮、顺－5－环十五烯酮、顺－5－环十七烯酮、顺－7－环十七烯酮、环十九酮等。其中，环十五酮和环十七酮是其特征香气成分，具有麝香香气。

(5)应用：可用于香水与化妆品香精中，是麝香的天然替代品。

二、植物性香料

植物性香料是由芳香植物的花、叶、枝、干、根、茎、皮、果实等部分或其分泌物制得，大多呈油状或膏状。按照其形态和制法，可分别称为精油、酊剂、净油、浸膏、香脂及香树脂。其主要成分都是具有挥发性和芳香气味的油状物，它们是植物芳香的精华，因此也把植物性香料统称为精油。精油通常以游离态或苷的形式积聚于细胞或细胞组织间隙中。它们的含量不仅和植物的种类有关，也会随气候条件、生长年龄、土壤成分、收割时间、生长季节和储运情况等的不同而异。

植物性香料都是由数十种甚至数百种化合物所组成的一个复杂的混合物，例如，玫瑰精油中有近三百种芳香成分。这些有机化合物的分子结构、种类均很复杂，从化学结构上大体可分为如下四大类：萜类化合物、芳香族化合物、脂肪族化合物和含氮、含硫化合物。

1. 萜类化合物

萜类化合物广泛存在于天然植物中，是各种精油的主体香成分，如下页表所示。萜类香料是香料中极为重要的一类，含有碳、氢或碳、氢、氧元素，包括：烃类、醇类、醛类、酮类、酯类、醚类及氧化物。

精油中的萜类化合物

精　油	萜类化合物	质量分数/%
松节油	蒎烯	80～90
黄柏果油	月桂烯	>90
柑橘油	烯	>90
芳樟油	芳樟醇	70～80
山苍籽油	柠檬醛	60～80
香茅油	香茅醛	>35
薰衣草油	乙酸芳樟酯	35～60

萜类分子是由 n 个异戊二烯(C_5H_8)的单元组成,其中多数为头尾相接,但也有例外。萜类的分类是按分子中含有的异戊二烯的单元数来划分的,$n=2$ 的化合物称为单萜,$n=3$ 的化合物称为倍半萜,并依此类推有二萜、三萜直至多萜。

例如,天然精油中经常含有的月桂烯($C_{10}H_{16}$)和　烯($C_{10}H_{16}$),就是由两个异戊二烯以不同方式连接而成的无环单萜和单环单萜化合物。而在鼠尾草油和侧柏木油中发现的侧柏酮($C_{10}H_{16}O$)就是一种双环单萜类香料。

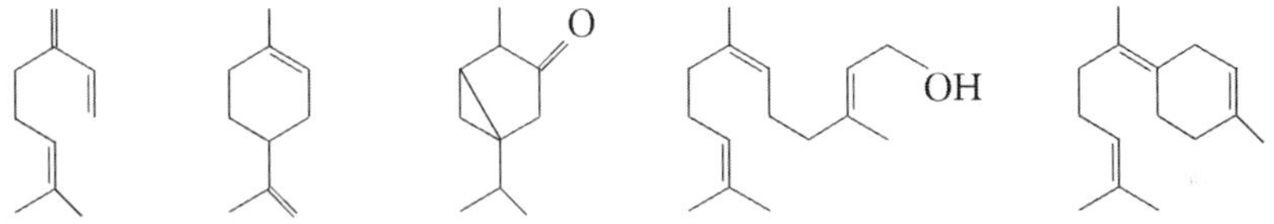

月桂烯　　苧烯　　侧柏酮　　金合欢醇　　甜没药烯

在萜类香料中,倍半萜类亦有其重要的地位。例如,在许多香花精油中,特别在玫瑰花、金合欢花和兔耳草花挥发油中含有的金合欢醇($C_{15}H_{26}O$)就是一种无环倍半萜化合物。另外,在香柠檬油、没药油及其他许多精油中发现的甜没药烯($C_{15}H_{24}$)就属于单环倍半萜类,是重要的化妆品抗氧剂。

由于香料均有一定的挥发性,因此萜类香料以单萜类和倍半萜类为主,属二萜类的是极个别的,如植醇、异植醇以及茉莉精油中的香叶基芳樟醇等,它们的香气淡弱,有良好的定香作用。

2. 芳香族化合物

在植物性香料中,芳香族化合物(苯的衍生物)的存在也相当广泛,仅次于萜类。例如,苦杏仁油中苯甲醛的质量分数为 90%左右,肉桂油中肉桂醛的质量分数为 95%左右,百里香油中百里香酚的质量分数为 50%左右,八角茴香油中大茴香脑的质量分数大于 80%,丁香油中丁香酚的质量分数大于 95%,黄樟油中黄樟油素的质量分数大于 95%等。它们都是芳香族化合物。

3. 脂肪族化合物

脂肪族化合物也广泛存在于天然植物性香料中,但含量和作用不及萜类化合物和芳香族化合物。例如,鸢尾油中十四酸(肉豆蔻酸)的质量分数就高达 85%,可从中提取高级脂肪酸;

2,6－壬二烯醛(紫罗兰叶醛)存在于紫罗兰叶中,在水仙、玉兰、紫罗兰、金合欢香精配方中起重要作用;2－己烯醛(叶醛)是构成黄瓜青香的天然醛类;在茶叶及其他绿色植物中含有少量的叶醇(顺－3－己烯醇),它有青草的青香,在香精中能起青香香韵修饰剂的作用。

4. 含氮和含硫化合物

含氮和含硫化合物在天然植物香料中存在及含量很少,但气味一般很强,不可忽视。如在肉类、烘烤家禽、菜肴、果蔬等香味物质中,就发现越来越多的含氮和含硫化合物,它们对特征香气或香味作出了贡献,有的甚至是关键性的香味成分。

在这一类香料中具有代表性的就是吲哚及其衍生物。吲哚广泛存在于多种香花中,如茉莉、橙花和紫丁香等;在我国的小灵猫香膏中,也发现有少量的吲哚和甲基吲哚存在。纯的吲哚具有不愉快的臭气,但当极度稀释时,却会散发出幽雅的花香。因而可广泛地应用于茉莉、紫丁香、橙花、栀子、水仙、依兰、白兰等花香型的香精中。吲哚和3－甲基吲哚也微量地应用于巧克力、悬钩子、草莓、苦橙、咖啡、坚果、乳酪等食品及果香复方等香精中。

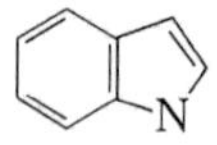

吲哚

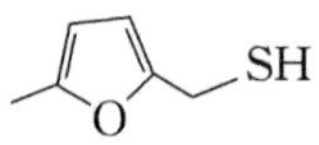

5－甲基糠硫醇

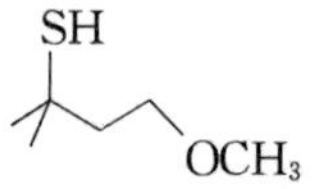

4－甲氧基－2－甲基－2－丁硫醇

又如,在5－甲基糠硫醇>1.0 μg/kg时,即具有硫黄样气息,但当进一步稀释至0.5～1.0μg/kg时,就变成肉香;而4－甲氧基－2－甲基－2－丁硫醇是黑加仑花蕾香气中的关键成分。

第二节　天然植物性香料的加工

一、天然植物香料制品的名词

(1)精油(Essential Oil):从广义上说,精油是指从香料植物或泌香动物中加工提取所得到的挥发性含香物质制品的总称。从狭义上讲,精油通常是指用水蒸气蒸馏法和压榨法从香料植物中提取所得的芳香挥发性油状物。

(2)除萜精油(Terpeneless Oil):为了提高或改进某些精油在低浓度乙醇或某些食用有机溶剂中的溶解度,防止产生混浊;或者为了提高或改进某些精油的香气,防止产生酸败气息,通常采用减压分馏法,或选择性溶剂萃取法,或分馏—萃取联用法将精油中所含的单萜类化合物或倍半萜类化合物全部除去或除去其中的一部分。经过这种处理后的精油,习称为除萜精油。

(3)浸膏(Concrete):通常是指用有机溶剂浸提香料植物组织(如花、叶、枝、茎、干、树皮、根、果实等),然后除去溶剂而得到的香料制品。成品中不含有水,但含有相当数量的植物蜡和色素等,不会完全溶于乙醇中,如小花茉莉浸膏。

(4)香膏(Balsam):是香料植物由于生理或病理的原因而渗出带有香成分的树脂样物质。

香膏大多呈半固态或黏稠液体，不溶于水，而全溶或几乎全溶于乙醇中，在烃类溶剂中部分溶解。

(5)香树脂(Resinoid)：是指用有机溶剂浸提香料植物渗出的树脂样物质所得的香料制品，其中也不含有机溶剂和水分。

(6)香脂(Pomade)：用脂肪(或油脂)冷吸法将某些鲜花中的香成分吸收在纯净无臭的脂肪(或油脂)内，这种含有香成分的脂肪(或油脂)称为香脂。

(7)净油(Absolute)：用乙醇萃取浸膏或香树脂或香脂后的萃取液，经冷冻处理，滤去乙醇中的不溶物，然后在低温下减压蒸去乙醇后所得的产物统称为净油。在绝大多数情况下，净油是液态，完全溶于乙醇中。

(8)冷法酊剂(Tincture)：用一定浓度的乙醇，在室温下(不加热)浸提天然香料所得的乙醇浸出液，经过澄清过滤后的制品，统称为冷法酊剂。

(9)热法酊剂(Infusion)：用一定浓度的乙醇，在加热(一般高于 60℃)或加热回流的条件下，浸提天然香料或香脂，所得的乙醇浸出液，经冷却、澄清过滤的制品，统称为热法酊剂。

(10)单离品(Isolate)：用物理或化学方法从天然精油中分离出来的某种香成分的化合物，如从薄荷油中分离出薄荷脑。

(11)辛香料(Spice)：一般来说，辛香料是指专门作为调味用的香料植物(其枝、叶、果、籽、皮、茎、根、花蕾等)，有时也指从这些香料植物中制得的香料制品。

二、加工前原料的预处理

1. 预处理的目的和要求

加工前对原料进行预处理的目的，是为了在加工生产中得到高质量的产品和高收率，为了达到这一目的，预处理时必须做到以下三点：

(1)使未发香的原料通过处理后达到发香或香气变好。

(2)对已采集到的发香原料，应尽量保持干燥和透气，不使料层升温，不让原料有任何损伤或发酵，以保证原料在加工时仍然新鲜。

(3)对有些坚硬物、粗块、粗枝以及精油难以渗透扩散的原料应进行破碎处理，以便加速加工过程。

2. 鲜花和鲜叶的保养与保存

(1)鲜花的保养与保存：对于未发香的鲜花来说，在储存与运输过程中，要防止花蕾因过度受热而发酵变质。如大花茉莉、茉莉、晚香玉等都是采集即将开放的成熟花蕾，它们在未开放前是不发香的，只有经过一段时间的呼吸作用和代谢过程后，花蕾才会绽放与发香。在这段时间，花蕾会不断地放出一定的热量，所以应保持花层面上或周围的空气适当流通；花库中应具有合适的温度，通常以 28～32℃为宜；并且每隔一段时间，应轻轻地上下翻动花层。

对于已开放的鲜花来说，如栀子、玫瑰、白兰等都是采集当天刚开放的花，这些花均具有新鲜浓郁的花香，但其代谢过程仍未停止，还会继续放出热量，因此，采集后应松散地盛装在竹箩里，并立即送至工厂加工，以减少香气损失。若来不及加工，也应以薄层放置，保证鲜花不会因受热而发酵变质。

(2)鲜叶的保养与保存：鲜叶在储存和运输过程中，也应避免因发热和发酵而影响其出油率和质量。但是，鲜叶采集后一般不必立即加工，而应薄层放置一段时间，有时甚至可以放至半干后再进行加工，这时叶表面水分既均匀散失了一部分，而又不十分干枯，叶表面细胞孔扩大有利于精油扩散，出油率往往会高于鲜叶时的出油率。例如，玳玳叶、薄荷叶、橙叶和白兰叶等，放置一段时间后再加工，出油率可比鲜叶时高出 5%～20%(按鲜叶质量计)。而对于香叶天竺葵等娇嫩的鲜叶来说，采集后不需放置，应立即作加工处理。

3. 发酵处理

植物性香料采摘下来加工成产品后，其香气通常与原来所具有的香气有较大的差别，有时甚至会有所变化。造成这种差异的原因较多，植物体内的酶活动是主要原因之一。酶存在于植物细胞中，在适当的温度、水分和 pH 值条件下即可开始活动，从而使香料原有的香气发生改变。例如，香荚兰豆和鸢尾根茎在未发酵处理前是不发香的，经过一定时间发酵处理后，才开始发香。广藿香、树苔等植物发酵前香气较粗糙，而发酵后香气就会变得圆润丰满。当然，所有原料在加工前，都不能存在发霉和腐烂变质的现象，否则会大大影响精油的质量和出油率。

4. 破碎处理

为了充分利用植物组织中的有效成分，在加工前，对原料进行适当破碎处理是十分重要的。通常，原料粉碎得越细，越能增加水蒸气和溶剂与其接触的机会，能缩短蒸馏和浸提时间、提高收率。但若将原料粉碎得过细，在蒸馏和浸提中易产生冲料和结团现象，且精油的挥发损失也会增加，不需要的成分也会更多地被萃取出来。因此，依据各种原料的特点找出适当的粉碎度是非常重要的。

破碎处理又可分为磨碎(磨粉)、压碎和切断(切碎)三种方法。对于树干、树皮类原料，如柏木、桂皮、檀香等，往往采用磨碎(磨粉)预处理；某些果和籽(如黑加仑果、芫荽籽、肉豆蔻、芹菜籽等)一般采用压碎的方法；对岩兰草(香根草)、香茅等原料可将其切成大小不等的小段。通常，磨碎(磨粉)和压碎后的原料应立即加工，否则易造成精油的挥发损失。

5. 浸泡处理

(1)鲜花的浸泡处理：桂花花期很短，为了便于生产，常在采集后，用饱和食盐水加某种保存剂进行保存，这样保存期可达半年以上，且浸泡过的桂花在香气上会变得浓郁、甜醇。玫瑰花在采集后，用饱和食盐水处理，可在短时间内保存，并且经浸泡处理后再进行加工，能提高玫瑰精油的得率。

(2)柑橘类鲜果皮的浸泡处理：由于柑橘类果皮中含有大量水溶性果胶，不利于果皮的压榨和油水的分离，因而常采用一定浓度的石灰水浸泡，使果胶变为不溶于水的果胶酸盐类，这样就有利于油水的分离。当果皮浸泡到呈弹性而又不折断时，油囊易破裂，精油喷射力强，有利于压榨。干果皮在浸泡前，一般应先用清水把果皮泡至软化，然后再用石灰水浸泡剂处理。

6. 热烫处理

对于各种荚果原料，采摘下来后，需在热水或水蒸气中作短时间热处理，然后立即用冷水冷却。其目的是通过热烫排除荚果组织中的空气，破坏氧化酶系统，让荚果保持特定的颜色。例如，八角茴香果采摘后放入热水中浸泡 3～5 min，晒干后可保持八角茴香果特有的颜色。

热烫还可使果实细胞内的原生质凝固，使细胞内部发生质壁分离，从而使荚果在干燥过程中的水分易于排除蒸发，使干燥过程加速。更为重要的是热烫可起到一定的清除和杀灭荚果表面夹带的污物和微生物的作用。

三、常用加工方法

天然植物性香料常用的加工制作方法主要有四种：水蒸气蒸馏法、萃取法、压榨法和吸附法。一般可根据芳香植物的组织状况和所含芳香油成分的性质来选用不同的提取方法。

1. 水蒸气蒸馏法

水蒸气蒸馏法是最常用的提取方法，其特点是设备简单、操作容易、成本低、产量高。除在沸水中主香成分容易溶解、水解或分解的植物原料外（如茉莉、紫罗兰、金合欢、风信子等），绝大多数芳香植物都能采用水蒸气蒸馏的方法来提取精油。

(1)原理：水蒸气蒸馏法是利用互不相溶的两种混合液（水和精油）的蒸气压等于各组分蒸气压之和的原理，使沸点较高的精油（有机混合物），在低于 100℃的温度下随蒸汽一同蒸出，再经油水分离后，即得精油。防止精油因过热所发生的分解和变质现象。

(2)蒸馏方式：根据香料原料与水蒸气接触的方式不同，水蒸气蒸馏可分为水中蒸馏、水上蒸馏和水气蒸馏三种。

① 水中蒸馏：一般先将原料放入蒸馏釜内，然后加入清水或上一釜的馏出水，加水高度以刚好浸过料层为宜，如图 3－7(a)所示。蒸馏开始后，水和原料同时受热升温，在加热的过程中同时进行水散作用。当釜内水温达到沸腾时，在液面上方就不断形成油和水的混合蒸气，混合蒸气经冷却后进行油水分离，即得精油。

水中蒸馏时原料始终浸泡在水中，蒸馏较为均匀；不会产生黏结结团现象；水散效果较好。该法适宜于玫瑰花、橙花等鲜花类的蒸馏，此类原料若用直接水蒸气蒸馏则易黏结结团，从而阻碍水蒸气的透入。该法也适宜于破碎后果皮和易黏结原料（如柑橘类果皮和檀香粉等）的蒸馏。而对于薰衣草等含酯类的品种，因其易发生水解，不宜采用水中蒸馏。

②水上蒸馏：又称为隔水蒸馏，即在蒸馏釜底部有一多孔隔板，原料置于隔板上，隔板下能盛放一定量的水，水层高度以水沸腾时不溅湿隔板上的料层为原则，如图 3－7(b)所示。蒸馏开始后，釜底水层先加热升温，直至沸腾，产生的蒸汽通过多孔板由下至上加热原料，开始进行水散作用。当釜顶上方不断形成油水混合蒸汽后，经冷却和油水分离后即得精油。在蒸馏过程中，原料与沸水隔离，能减少水解作用；水受热产生的低压饱和蒸汽含湿量大，有利于水散的进

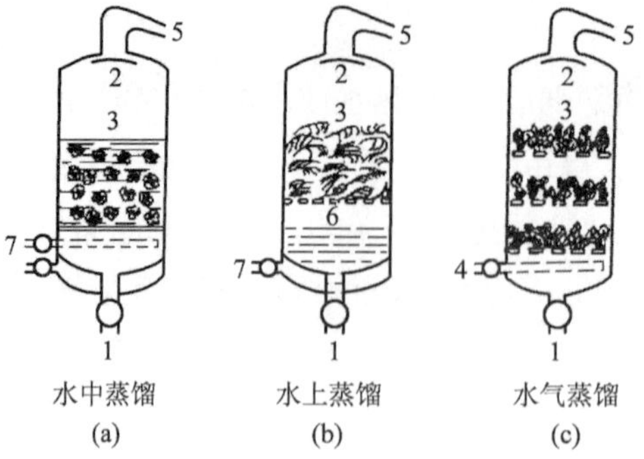

图 3－7　三种蒸馏方式的设备简图

1—出料口　2—挡板　3—植物原料　4—水蒸气入口　5—冷凝器　6—水　7—加热蒸汽

行。该法适合于破碎后干燥原料及某些干花(如树兰干花)的蒸馏。

③ 水气蒸馏：又称为直接水蒸气蒸馏，即用直接蒸气作为加热热源，如图 3－7(c)所示，蒸气通过釜底蒸气管均匀喷出，加热原料，蒸气与精油形成油水混合蒸气，经冷却和油水分离后可得精油。该法与水上蒸馏方式大致相同，不同的是需要附设锅炉。水汽蒸馏的原料量较多、水解作用小，且效率高，适宜于大规模生产，如鲜叶鲜料(如白兰叶、橙叶、薰衣草等)的蒸馏。

为了缩短蒸馏时间，也可采用加压蒸馏，此时高沸点的香料成分也容易馏出。也可将两只蒸馏釜串联起来，进行串联蒸馏，这是提高生产效率和得率的有效方法。

2. 萃取法(浸提法)

采用水蒸气蒸馏法从植物中提取精油，只含有挥发性成分的香气，而不易挥发的有香成分难以蒸出；另外，有些受热不稳定的芳香物质，在蒸馏中长时间与水蒸气接触，易发生分解、变质，从而破坏香气。为了避免上述蒸馏提油的缺点，可采用萃取法。主要包括溶剂萃取法、同时蒸馏—萃取法和超临界 CO_2 萃取法。

(1)溶剂萃取法：是用挥发性有机溶剂将原料中某些成分萃取出来的一种物质传递过程。一般是渗透、溶解、分配以及扩散等因素同时作用的结果。在所得的萃取液中，除含有芳香成分外，尚含有植物蜡、色素、脂肪、纤维、淀粉和糖类等杂质，通过蒸发、浓缩回收溶剂后，往往得到膏状物质，通常称为浸膏；将浸膏用乙醇溶解，冷却后滤去固体杂质，减压蒸馏回收乙醇后，即可得净油；若用乙醇浸提芳香物质，则所得产品为酊剂。

①对溶剂选择的要求：无色无味；不溶于水，否则会被含水分原料(如鲜花类)所稀释，从而影响溶剂的萃取效率；选择性要强，溶解芳香成分的能力要强，对植物蜡、色素、脂肪、纤维、淀粉、糖类等杂质的溶解能力要小；化学性质是惰性的，不与芳香成分及设备材料发生化学反应；在常温下不易大量挥发而又能在较低的加热温度下易于蒸发；不易燃烧和爆炸；沸点低且沸点范围要小，特别是蒸发后不得有任何残留物，否则会带入产品中，影响质量；对人体的危害性较小；价格便宜。

②溶剂的种类：根据选择溶剂的要求，我国目前用于萃取的挥发性有机溶剂有石油醚、乙醇、丙烷及丁烷等。其中，石油醚（60～70℃）是用来萃取香花类植物中有效成分的常见溶剂。

③萃取方式：挥发性溶剂萃取大致可分为以下六种方式，即固定浸提、转动浸提、搅拌浸提、逆流浸提、浮滤式浸提和加热回流浸提。其中，逆流浸提方式不仅适于产量大的多种原料，而且生产效率高、浸提较充分，效果好。下面就以逆流浸提为例，简单介绍逆流浸提器的设备及浸提过程。

逆流浸提是原料和溶剂互按逆流方向移动的连续性操作过程。这种逆流浸提，溶剂是连续的，而原料是间歇轮流出料和加料。一般新鲜或回收溶剂从出料端前加入，此处溶剂内含芳香物质的浓度为最低；浸提液从加料端后流出，此处溶剂中含芳香物质的浓度为最高。由于溶剂与原料在连续地进行逆流移动，各级原料含香浓度与溶剂含香浓度比率不一致，各级均具有较大的浓度差，并且在此过程中浸提与洗涤同时进行，因而其浸提效果与效率均较好，尤其是产品质量和香气较好。其主要设备有平转式逆流浸提器和泳浸式逆流浸提器两种。

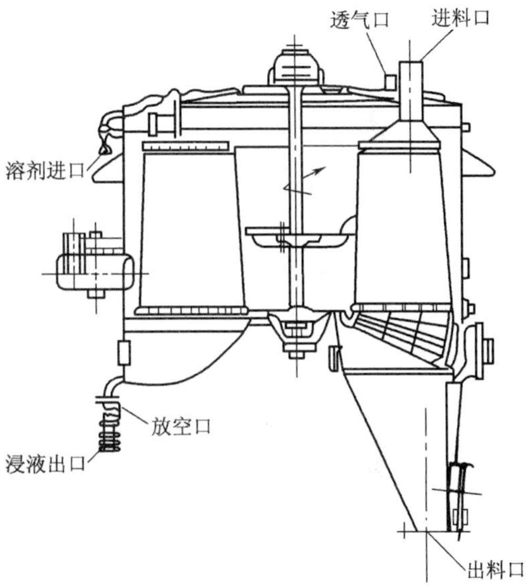

图 3－8　平转式逆流浸提器

平转式逆流浸提器（图 3－8）操作时气密性外壳固定不动，内有 15～18 个绕主轴缓慢转动的扇形料斗，溶剂喷淋在扇形料斗上，由上而下透过花层，把香成分从花中浸出。浸出液流入溶剂格中，再用泵进行循环喷淋，如此形成溶剂和花的多级逆流连续浸提过程。平转式逆流浸提适用于大花茉莉、白兰、黄兰、金合欢等鲜花的浸提，也适于茎、叶、根及粒状原料的加工。

泳浸式连续逆流浸提器（图 3－9）的主机是一卧式密封圆筒，呈 8°仰角。其原理是香花靠机内螺旋推进器和节距不同的桨叶的翻动，缓慢向上移动，而溶剂则由上而下逆流而过，如此形成逆流连续浸提过程。泳浸式逆流浸提适用于大批量加工玫瑰、墨红、栀子花等原料。

(2)同时蒸馏—萃取（SDE）法：溶剂萃取法的优点是操作简单，且可通过选择不同的萃取溶剂而有选择地提取致香成分。但从萃取液中有效地除去溶剂且尽量降低致香成分的损失是溶剂萃取法面临的重要问题。SDE 法将水蒸气蒸馏和馏出液的溶剂萃取两步合二为一，使萃取溶剂的用量大幅度降低，较好地解决了在除去溶剂的过程中损失致香成分的问题。

如图 3－10 所示，将样品的浆液置于一圆底烧瓶中，连接于仪器左侧，以另一烧瓶盛装溶剂，连接于仪器右侧，通过控温装置分别加热两边的烧瓶，使其共同沸腾，左边蒸发出的含有挥

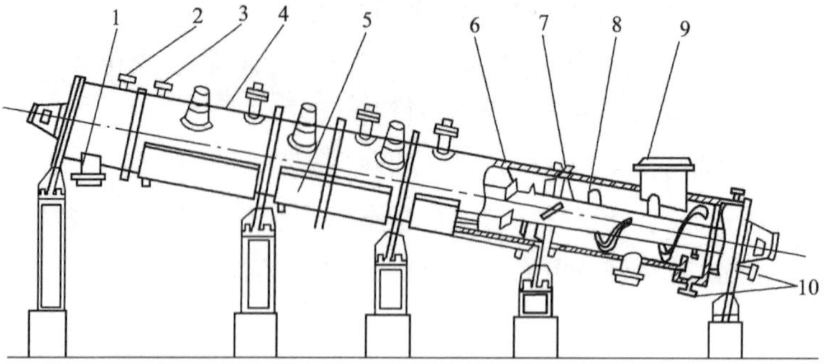

图 3－9　泳浸式逆流浸提器

1—废料出口　2—透气口　3—溶剂入口　4—上半圆筒　5—下半圆筒

6—桨叶　7—主轴　8—旋桨　9—进料口　10—浸液出口

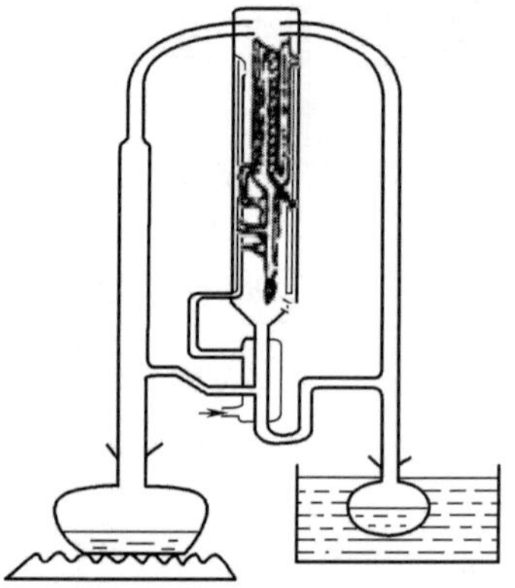

图 3－10　同时蒸馏—萃取装置示意图

发性成分的水蒸气和右边蒸发出的溶剂同时在仪器中被冷凝下来。在冷凝的过程中，水蒸气和溶剂的小液滴充分混合完成萃取过程，水相和有机相不相混溶，在仪器的 U 形管中被分开，分别流向两侧的烧瓶中继续分别回流，因此可以充分蒸馏萃取。

SDE 法只需少量溶剂就可提取大量样品，香气成分得到浓缩，能将 mg/L 级的挥发性有机成分从脂质或水介质中浓缩数千倍。有报道用 SDE 法提取茶叶香精油的香气总量、数量和回收率均优于普通溶剂萃取，特别是醇类和酯类的香气成分。

3. 压榨法

压榨法又名冷榨法，是指柑橘类果实或果皮通过磨皮或压榨而提取精油的一种方法。该法主要应用于柑橘类果皮和果实精油的提取，如柑橘油、甜橙油、柠檬油等。因为这类精油中含有　烯等萜类及其衍生物高达 90%以上，所以这些化合物在高温或长时间放置时，会因发生氧化、聚合等反应而导致精油变质。如用水蒸气蒸馏法，在 95～100℃高温下进行提取，生产出的精油产品香气失真，质量不好；如用溶剂萃取法，既不经济，同时在浓缩时仍然要受热，也会影响其香气质量。

(1)原理：柑橘类精油的油胞绝大部分存在于外果皮浅表处，所以用磨皮法或压榨手段将油囊刺破或压裂时，精油会立即喷射而出。因其生产过程在室温下进行，可以确保柑橘油中的萜烯化合物不发生化学反应，并能保持新鲜果实在刺破油胞后所散发出来的新鲜香气，保证精油质量。

(2)压榨方式：可分为手工操作法和机械压榨法两大类，手工操作法有海绵法和锉榨法，机械压榨法可分为整果磨皮法、螺旋压榨法等。

①手工操作法:其中海绵法是起源于意大利的传统方法,它是利用两个半圆形海绵压板,如图 3－11 所示,将新鲜果皮放在两块压板之间,用手压挤,压出的橘油吸附在海绵上,直至海绵吸油饱和,挤压海绵,海绵的一端和受器相接,其中的精油便被压入接收瓶中,经分离后可得橘类精油。而锉榨法是源于法国南部生产橘油的一种传统方法,利用具有突出针刺的黄铜制漏斗形锉榨器,如图 3－12 所示,将柑橘类果皮置于针刺上摩擦锉榨,油囊即被针刺破,精油和碎皮屑一起通过锉榨器手柄的内管流至盛油的接收器内,经分离后可得精油。

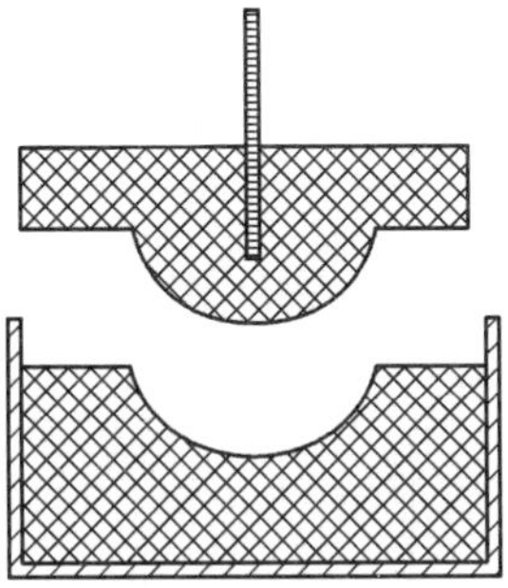

图 3－11　海绵吸收器

图 3－12　漏斗形锉榨器

手工操作法生产的精油香气较好,但是耗费人工较多、生产效率低,且价格较高。

②机械压榨法:无论整果、半果还是散皮,代替手工压榨选用机械压榨或磨皮提油的方法叫做机械压榨法。我国只采用机械压榨法生产柑橘油等天然香料,借机械压力将鲜植物原料所含芳香油连同水分一并挤出,再分取油层产品,其效率高,精油香气较好。现以螺旋压榨法为例,简单介绍其设备及原理。

螺旋压榨法是利用具有一定压缩体积比的螺旋压榨机进行压榨,来制备精油的一种方法,如图 3－13 所示。由于旋转着的螺旋体在榨笼内的推进作用,使原料连续向前移动,原料细胞中的精油即被压出,螺旋转速为 50r/min,最大处理量为 400～500kg/h。螺旋压榨机适用于对各种鲜果皮或干果皮的压榨来生产精油,也可用于压榨果肉生产果汁,是目前应用较广的现代化生产设备。

4. 吸附法

(1)概述:吸附法是在室温下用吸附剂或脂肪基来吸附各种香花中的香气,达到饱和后,再用溶剂进行多次解吸(脱附)而制得精油的生产方法。吸附法所加工的原料,大多数容易释放芳香化学成分,香气强的茉莉花、兰花、橙花、晚香玉、水仙等名贵花朵。由于在室温下操作,芳香成分不易破坏,产品香气质量好;但手工操作多、生产周期长、生产效率不高,因而不常采用。

(2)吸附方式:可分为脂肪冷吸法、油脂温浸法和吹气吸附法。

①脂肪冷吸法:脂肪基一般用一份高度精炼的牛油和两份精炼的猪油混合而成,软硬适中,

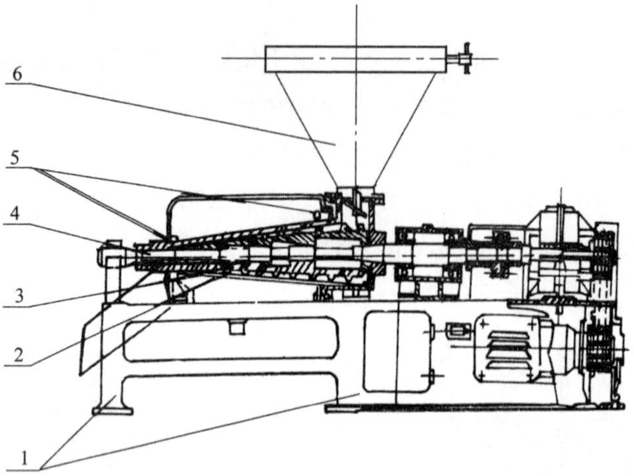

图 3-13　螺旋压榨机

1—支座　2—榨笼　3—螺旋　4—螺旋轴　5—喷淋水管　6—加料斗

吸收力强，非常适宜于茉莉、晚香玉等香花的冷吸，一般是采收成熟花蕾。利用的主要设备是 50cm×152cm×5cm 的木制花框，在花框中间夹入玻璃板。在玻璃板的两面涂上脂肪基，然后将花蕾铺满在脂肪基上，这样鲜花释放出来的芳香成分被脂肪基吸附，每天更换一次鲜花，直到脂肪基中吸附的鲜花芳香成分达到饱和。这时从玻璃板上刮下的、被香成分所饱和的脂肪基，即为产品香脂，可直接运用于高级化妆品中，或再进一步脱脂处理成香脂净油。大花茉莉的冷吸过程一般需要 70 天左右。

②油脂温浸法：是指用精制的动物油脂在 50～70℃下，对香花中的芳香物质进行浸提，直至油脂中的芳香物质达到饱和为止而制得香脂的一种方法。此法适宜于加工已开放的鲜香花，如玫瑰、橙花和金合欢等。

③吹气吸附法：将具有一定湿度的空气，均匀地鼓入一格格盛装鲜香花的花筛中，从花层中吹出的香气，进入固体吸附剂(如活性炭、硅胶等)吸附层，香气被吸附剂吸附达到饱和时，再用溶剂进行脱附并除去溶剂，即得吸附精油。其工艺流程，如图 3-14 所示。

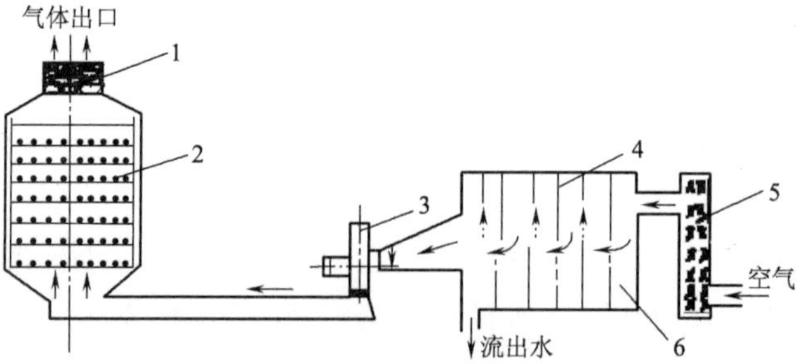

图 3-14　固体吸附剂吸附流程示意图

1—活性炭吸附层　2—花室　3—鼓风机　4—增湿室　5—空气过滤器　6—喷淋水

第三节　常用的天然香料

一、花香香韵

1. 薰衣草(Lavender)油

(1)概述:薰衣草(图 3－15)为唇形科薰衣草属,多年生常绿或半常绿的亚灌木芳香精物。主产于法国、保加利亚、澳大利亚、英国、意大利、西班牙、俄罗斯等国家,中国新疆地区也有种植。水蒸气蒸馏花序,可得薰衣草油,得油率为 0.5%～1.0%。精油为无色或浅黄色澄清液体。

图 3－15　薰衣草

(2)主要成分:包括乙酸芳樟酯(约 60%)、乙酸薰衣草酯、芳樟醇、薰衣草醇等。酯香的多寡是衡量该油香气质量的重要标准之一。法国产薰衣草含酯 50%以上,英国产薰衣草含酯 11%～25%,醇多酯少。

(3)香气:花香,清韵。清香带甜的花香,有清爽之感,香气透发且持久。它的清爽花香特征,是由其成分中薰衣草醇、香叶醇、橙花醇、庚酮和适量的桉叶素和龙脑衬于大量的芳樟醇、乙酸芳樟酯和乙酸薰衣草酯中而发出。仅有清香而无花香,呈果子气息者,并非上品;桉叶素和龙脑凉气息过重,香气则显得粗糙;有莳萝气息者为下品;有酸气者可能是加工时或久存后脱酸所致;有松油气息者为萜类变质。

(4)应用:是重要天然香料之一,广泛用于香水、薰衣草水、古龙水、花露水、爽身粉、头蜡、香皂等香精中。它与橙花、龙涎香搭配可得古龙(Cologne)型香气,芳香避秽;它和合以柑橘类果香,再加以丁香、肉桂、玫瑰、广藿香、檀香、岩兰草及麝香等香气,又可成为薰衣草、素心兰、馥奇、森林、松针、烟草等香型;在欧美国家,用薰衣草油加酒精配制而成的"薰衣草水"非常流行,相当于我国的"花露水"。

(5)安全管理情况:FEMA No. 2622;FDA 182.20;COE No. 257;GB 2760—1996 批准为允

许使用的食用香料。

2. 玫瑰(Rose)油

(1)概述:玫瑰(图3-16)为蔷薇科蔷薇属,主产于保加利亚、土耳其、摩洛哥、俄罗斯;我国的甘肃、山东、北京、四川、新疆等地。用水蒸气蒸馏鲜花及复馏法可得其精油(Rose Otto),保加利亚产的玫瑰得率为0.015%~0.040%。其精油为浅黄或微橄榄黄色澄清液体,在温度低于21℃时,有时会析出片状玫瑰蜡晶体。

图3-16 玫瑰

(2)主要成分:包括近300种成分,主要有香茅醇、香叶醇、橙花醇、乙酸香叶酯、乙酸香茅酯、金合欢醇、突厥酮、丁香酚、丁香酚甲醚、玫瑰醚、壬醛等。

(3)香气:花香,甜韵。甜香如蜜(含醇甜、酿甜、蜜蜡甜),三甜合一,芬芳四溢,属花油之冠,是最重要的鲜花精油之一。由于植物品种不同,其精油香气也有所差别。通常情况下,总的是含有蜜甜香(即三甜)的甜韵香气。紫红玫瑰香气多盛甜,红玫瑰香气多纯甜,粉红玫瑰多清甜,黄玫瑰多木甜,白玫瑰则多蜡甜,野蔷薇则多辛甜。

(4)应用:玫瑰油香气美好,但价格昂贵,实际使用受到限制,仅用于高档化妆品,如香水、冷霜、唇膏、香波等香精,如在百花型、玫瑰、香石竹、玫瑰檀香及许多非花型香精中,仅用少量即可起作用。它能与茉莉等其他香花很好地调和,是配制各类高档玫瑰等香精和配制精油的必用原料,也广泛应用于食用香精及饮料、烟草等加香,既赋天然花香感,又起圆和作用。

(5)安全管理情况:FEMA No.2989;FDA 182.20;COE No.405。

3. 茉莉(Jasmin)浸膏

(1)概述:茉莉为木樨科茉莉属,常绿小灌木。茉莉花有"大花"、"小花"之分,大花茉莉(图3-17)主产于法国、意大利、埃及、摩洛哥、叙利亚等国,小花茉莉(图3-18)主产于我国的中

图3-17 大花茉莉

图3-18 小花茉莉

南、华南地区。鲜花一般是用石油醚浸提，浸膏得率在0.20%～0.38%。大花茉莉浸膏为浅棕色或棕红色膏状物，小花茉莉浸膏为淡绿色至棕色黏稠膏状物。

(2)主要成分(大花茉莉浸膏)：包括乙酸苄酯、苯甲酸苄酯、苯甲酸叶醇酯、茉莉内酯、茉莉酮酸甲酯、顺式茉莉酮、芳樟醇、乙酸芳樟酯、苄醇、对甲酚、吲哚、邻氨基苯甲酸甲酯、丁香酚等。

(3)香气：花香，鲜韵。清鲜温浓的茉莉花香，香气细致而透发，有清新之感。茉莉花有清香成分，如茉莉酮、茉莉酮酸甲酯、芳樟醇、乙酸芳樟酯、乙酸苄酯等；又有动物浊香，如吲哚、对甲酚的衍生物等。少量的浊香在大量的清香中化淡为鲜，成为新鲜的花香。色皎白含苞待放的茉莉花清香多而浊香少，花朵色变其气息也变，清香失去而浊香暴露。品种不同，香气有异，大花茉莉香气较浓郁，相对偏浊，很持久。小花茉莉香气较清灵雅淡。

(4)应用：在茉莉香精中，有笼罩全局的作用，而用于其他花香香精中也有添鲜增清的效能。浸膏少量在香精配方中，能圆和来自乙酸苄酯、α-戊基桂醛、邻氨基苯甲酸甲酯等的化学气息，并赋予天然感及柔和的花香底韵。它也是素心兰、紫罗兰、含羞花及许多花香基的修饰剂。主要用于调配高档化妆品用香精，也可用于食用香精中。

(5)安全管理情况：FEMA No.2599；FDA 182.20；COE No.245；GB 2760—1996批准为允许使用的食用香料。

4. 白兰(Michelia)花油和浸膏

(1)概述：白兰花(图3-19)亦称玉兰花，为木兰科含笑属，多年生常绿乔木。主产于我国长江以南地区，在广东、海南、广西、福建、浙江、江苏均有栽培。用水蒸气蒸馏鲜花制取白兰花油，得率约0.20%，为浅黄色至浅棕色澄清液体；用石油醚浸提鲜花制取浸膏，得率约0.10%，为棕红色至深棕色膏状物。

(2)主要成分：乙酸甲酯、丙酸甲酯、丁酸甲酯、异丁酸甲酯、2-甲基丁酸甲酯、2-甲基丁酸乙酯、松油醇、氧化芳樟醇、丁香酚甲醚、异丁香酚甲醚、月桂烯、 烯、石竹烯等。

图3-19　白兰花

(3)香气：花香，鲜韵。清新鲜幽花香，香气透发。白兰花香气有似喹啉和对甲酚的浊香与邻氨基苯甲酸甲酯的鲜咸果香托于大量的清香(有似芳樟醇、苯乙醇、茉莉酮、乙酸苄酯等)而发出。清香少而浊香显著或清香失去而成为浊败而带豆香者为不良香气。浸膏香气较精油为鲜，但色泽较深。

(4)应用：白兰花油或浸膏是好的花香香料，为我国特产，可应用于各种高档香精配方中，仅用少量即起作用。在白兰花型香精中，有笼罩全局的作用；用于其他香型香精，如茉莉、依兰等也有添鲜增清香韵的效能。也可用于调配花香型食用香精和茶叶香精。

(5)安全管理情况:GB 2760—1996 批准为允许使用的食用香料。

5. 依兰依兰(Ylang Ylang)油与卡南加(Cananga)油

(1)概述:依兰依兰(图 3-20)与卡南加均为番荔枝科卡南加属,高大常绿乔木,但同品不同型,依兰依兰为 *Cananga odorata forma genuiua*,而卡南加则是 *Cananga odorata forma macrophylla*。一般来说,它们的精油香气是较为接近的,只是卡南加的香气较依兰粗糙一些。依兰依兰主产于科摩罗、马达加斯加等地,而卡南加产地主要在印度尼西亚,我国的云南、福建、广东、广西也有种植。水蒸气蒸馏依兰依兰鲜花,可制得依兰依兰油,得油率为 0.10%~1.0%,为淡黄色液体。依兰依兰油有时也简称依兰油。卡南加油为淡黄色至深黄色液体。

图 3-20　依兰依兰

(2)主要成分(依兰油):包括芳樟醇、香叶醇、橙花醇、橙花叔醇、金合欢醇、松油醇、苯乙醇、丁香酚、异丁香酚、丁香酚甲醚、对甲酚甲醚、乙酸对甲酚酯、邻氨基苯甲酸甲酯、乙酸苄酯、乙酸香叶酯、乙酸芳樟酯、水杨酸甲酯、苯甲酸甲酯、苯甲酸苄酯、石竹烯等。

(3)香气:花香,鲜韵。鲜清的花香,浓甜有力,颇似茉莉,但较茉莉粗强而留长。一般来说,依兰油较清鲜花香,而卡南加油花香不及依兰油而多茴青、辛香和木香,较持久,可当做低档的依兰油来使用。

(4)应用:依兰油广泛用于各种中、高档化妆品香精,如香水、香粉、膏霜等。它既可适当地用来代替茉莉,也可借其花香用于各种香精配方以改进香气。它特别适用于茉莉、白兰、栀子、晚香玉、橙花、铃兰、紫罗兰等花香香精;在素心兰、馥奇、檀香玫瑰、麝香玫瑰型和东方香型中亦常使用。也可用于调配花香型食用香精。卡南加油价格较依兰油低廉,可代替依兰油用于化妆品及香皂香精中。

(5)安全管理情况:FEMA No. 3119;FDA 182.20;COE No. 103;GB 2760—1996 批准为允许使用的食用香料。

6. 树兰(Aglaia)花油

(1)概述:树兰(图 3-21)亦称米兰,属楝科米仔兰属,常绿小乔木,主产于我国广西、广东、福建、四川、贵州及长江流域。用水蒸气蒸馏法从鲜花或干花提油,得率为 0.50%~0.80%,为淡黄色或琥珀色澄清液体。

(2)主要成分:包括芳樟醇、杜松醇、壬醛、依兰烯、石竹烯、香芹烯等。

(3)香气:花香,鲜韵。清甜的花香,有些似茉莉、依兰和茶叶之香韵,香气有力而留长。头香有木香,后转为似秘鲁香膏、岩兰草油、金合欢净油样花香和甜膏香。

(4)应用:树兰花油是具有独特风格的上品精油,可广泛用于高档化妆品及香皂香精中,如茉莉、桂花、兰花、晚香玉、素心兰、铃兰麝香、醛香等型。它能协调紫罗兰叶青气香料,如庚炔羧酸戊酯、2,6-壬二烯醛等;亦能与甲基紫罗兰酮、β-紫罗兰酮、桂醇、洋茉莉醛、乙酸大茴香酯、小豆蔻油、金合欢净油、香紫苏油等和合好。也可用于调配茉莉、桂花等花香型食用香精。

(5)安全管理情况:GB 2760—1996 批准为允许使用的食用香料。

图 3-21　树兰

7. 晚香玉(Tuberose)浸膏

(1)概述:晚香玉(图 3-22)亦称月下香、夜来香,为石蒜科晚香玉属,多年生草本植物。原产于中美洲和东印度。今法国、意大利、摩洛哥、埃及等国;我国的江苏、浙江、广东、河北、四川均有栽培。用石油醚浸提鲜花制得晚香玉浸膏,得率为 0.10%～0.14%,为棕色膏状物。

图 3-22　晚香玉

(2)主要成分:包括异丁香酚甲醚、苯甲酸苄酯、金合欢烯、香叶烯、丁香酚、茉莉内酯、金合欢醇、芳樟醇、松油醇、苯乙醇、叶醇、橙花醇、香叶醇、丁香酚、乙酸苄酯、乙酸苯乙酯、苯甲酸甲酯、邻氨基苯甲酸甲酯、吲哚、丙位壬内酯、丙位十一内酯、丁位十一内酯、丙位十二内酯、丁位十二内酯、丁位癸内酯、丁位十四内酯、香兰素等。

(3)香气:花香,幽韵。香气幽雅,有些橙花气息,略带药气。极浓甜蜜样花香,带油脂底香,是常用的鲜花香料之一。

(4)应用:晚香玉浸膏提取的净油可用于各类高档化妆品香精中,特别在清幽香型中,如百合花、葵花、栀子、紫罗兰及重东方型和幻想型等。亦可用于调配花香型食用香精。

(5)安全管理情况:GB 2760—1996 批准为允许使用的食用香料。

8. 桂花(Osmanthus)浸膏

(1)概述:桂花(图 3-23)为木樨科木樨属,常绿灌木或小乔木。主产于亚洲地区,我国的广西、安徽、湖南、贵州、福建、江苏、浙江均有栽培。用石油醚浸提桂花制取浸膏,得率为 0.15%～0.20%,为黄色或棕黄色膏状物。

(2)主要成分:包括紫罗兰酮、突厥酮、芳樟醇、橙花醇、香叶醇、金合欢醇、松油醇、丁香酚、水芹烯等。

(3)香气:花香,幽清韵。甜清花香,甜香以紫罗兰酮类的柔甜为主,兼以橙花醇与玫瑰醇的清甜与醇甜;鲜清似茉莉,带叶醇、辛炔羧酸甲酯等气息;甜中泛酸,似“桃醛”、脂肪族醛、酸的蜡香和果香气息。香气浓郁而留长。

(4)应用:桂花浸膏是一高档的天然花香香料,一般用于配制高档香水香精中。在桂花香精中,可增加天然感和像真性;也可广泛用于其他花香型香精,特别是高档香水香精,如紫罗兰、金合欢等。亦可用于食用香精,如桂花、蜜糖、桃、覆盆子、草莓、茶叶及酒用香精。

(5)安全管理情况:GB 2760—1996 批准为允许使用的食用香料。

图 3-23　桂花

二、非花香香韵

1. 橙叶(Petitgrain)油

(1)概述:橙树属芸香科,用于调香的橙叶油主要有两个品种:苦橙叶油和巴拉圭橙叶油。苦橙叶油的产地有法国、意大利、西班牙、阿尔及利亚、突尼斯、摩洛哥、几内亚等国,以法国产为佳;巴拉圭橙叶油主产于巴拉圭,巴西、海地、多米尼亚亦有。用水蒸气蒸馏法自叶枝(有时带有幼果)所得的油,得率为 0.20%~0.30%,苦橙叶油是浅黄或琥珀色液体,巴拉圭橙叶油是浅黄色或橄榄棕色液体。

(2)主要成分:乙酸芳樟酯、左旋芳樟醇、橙花醇、香叶醇、松油醇及其乙酸酯、 烯、糠醛、香叶醚、罗勒烯、橙花叔醇、金合欢醇等。

(3)香气:青滋香。是强烈的青香带甜的叶子香气。苦橙叶油带有类似苦橙花气息,兼有微弱的木香、草香底韵和干苦的味感。巴拉圭橙叶油香气更强烈,头香虽有些粗糙,随即变为干苦、花香而带有甜和轻微木香的典型橙叶气息,香气硬而有力,尚持久。

(4)应用:广泛用于化妆品、香皂香精。它们是配制橙花的重要香料,又可代替橙花醇及乙酸芳樟酯香气使用于调配茉莉、水仙、栀子、白兰、依兰、晚香玉、紫罗兰、桂花、铃兰、紫丁香等香精(高档的宜用苦橙叶油);与柠檬、甜橙等同用成为柑橘—古龙型的体香,在柑橘型、馥奇型、百花型、东方型中能起增强香气的效果;常与依兰油、紫罗兰酮、香豆素等同用于膏霜香精中。也可用于食用香精,在杏、桃、梨、苹果、香蕉、凤梨、酒及酒花香等用之甚好。

(5)安全管理情况:FEMA No. 2855;FDA 182. 20;GB 2760—1996 批准为允许使用的食用香料。

2. 玳玳叶(Petitgrain Dai - dai)油

(1)概述:玳玳属芸香科,为我国特产,主产于我国福建、浙江、四川等地。用水蒸气蒸馏法自叶提油,得率为 0.20%~0.50%,为浅黄色或浅绿黄色澄清液体。

(2)主要成分:包括芳樟醇、乙酸芳樟酯、松油醇、乙酸橙花酯、乙酸香叶酯、顺式芳樟醇氧化物与反式芳樟醇氧化物等。

(3)香气:青滋香。强烈透发的清香带甜的叶子香气,尚留长。有粗糙的橙花香气,比巴拉圭橙叶油更浓郁,近似苦橙叶油,但青香略逊。

(4)应用:玳玳叶油以其似粗糙的橙花香气和清强浓郁气息常用于代替橙叶油,用于配制橙花香精和橙叶油;也可广泛应用于高档的茉莉、古龙、薰衣草、馥奇等香型香精中。

(5)安全管理情况:可安全外用。

3. 橡苔(Oak Moss)和树苔(Tree Moss)浸膏

(1)概述:橡苔和树苔属松罗科,橡苔附生于桃树上,树苔附生于松、枞、云杉或冷杉的树干上。橡苔主产于南斯拉夫、法国、摩洛哥及阿尔及利亚等国,我国云南是用附生在栎树或麻栎树干上的丛生树花(俗称树花菜)为主的品种来提取树苔制品。用石油醚浸提可得浸膏,得率为1.5%～3.0%,橡苔浸膏是棕绿色稠厚液体,树苔浸膏是深棕色稠厚状物,云南橡苔浸膏呈黄绿色稠厚液体。

(2)主要成分:包括煤地衣酸甲酯、煤地衣酸乙酯、苔黑酚单甲醚、苔黑羧酸甲酯和乙酯、柔扁枝衣酸及其甲酯和乙酯、柔扁枝衣素单甲醚等。

(3)香气:青滋香中的苔青。橡苔香气以苔青兼有茴青、豆香,幽郁多韵者为正宗;青香不足,焦气重者为次;有泥青气者或有岩蔷薇气息者,可能有掺杂物。我国产的树苔制品香气虽佳,但较橡苔为逊。

(4)应用:广泛用于香水、化妆品和香皂香精,以其青香用入紫罗兰、金合欢、桂花型香精,有添青增韵效能;它与岩蔷薇是素心兰型香精的必要香气,与广藿香、香豆素是馥奇型香精的必要香气;麝香玫瑰型香精用了橡苔有协调香气之功效;在薰衣草型中用入橡苔,以青益清越加美好;它与茉莉、晚香玉、橙花等花香同用于香粉香精中甚好。

(5)安全管理情况:可安全外用。

4. 亚洲薄荷(Mint)油与椒样薄荷(Peppermint)油

(1)概述:薄荷为唇形科薄荷属,多年生宿根性草本。亚洲薄荷(图3-24)主产于中国、巴西、印度、巴拉圭、日本、朝鲜等国;椒样薄荷主产于美国、英国、法国、意大利等国。用水蒸气蒸馏法从新鲜的或阴干的薄荷全草(地上绿色部分)蒸馏得油,得油率为0.50%～0.80%,为淡黄色至草绿色液体。亚洲薄荷油经冷冻法取出45%～55%的薄荷脑后,其"脱脑油"称为薄荷素油(尚含有50%以上的薄荷脑)。

图3-24　亚洲薄荷

(2)主要成分(亚洲薄荷油):包括左旋薄荷脑、薄荷酮、胡薄荷酮、乙酸薄荷酯、丙酸乙酯、香叶醇、蒎烯、月桂烯、 烯、水芹烯等。

(3)香气:青滋香中的凉香,薄荷样香气,有凉感,醒脑。香气新鲜,强烈透发,凉气中带青气,留香不甚长。品种不同,香气稍有差别。椒样薄荷油含脑较低,香气则较亚洲薄荷油清甜优美。

(4)应用:这两种薄荷油是重要的香料,主要用于牙膏、口腔清洁剂、空气清新剂等日用香精中;也广泛用于食用、烟用、酒用香精中。薄荷油(脑)均有祛风、防腐、消炎、镇痛等药效,亦作为兴奋剂。

(5)安全管理情况:GB 2760—1996 批准薄荷素油为允许使用的食用香料。

5. 留兰香(Spearmint)油

(1)概述:留兰香亦称绿薄荷,为唇形科薄荷属,多年生宿根草本,主产地有美国、英国、荷兰、意大利、巴西、日本、法国、南非和中国。采用水蒸气蒸馏留兰香全草,可得留兰香油,得率为0.30%~0.40%,为淡黄色至淡黄绿色液体。

(2)主要成分:左旋葛缕酮、二氢葛缕酮、二氢葛缕醇、新二氢葛缕醇、乙酸二氢葛缕酯、3-辛醇、乙酸-3-辛醇酯、乙酸二氢莳萝酯、异戊酸叶酯、石竹烯、水芹烯、 烯等。

(3)香气:青滋香。清甜柔和、微凉,稍有青草气。香气透发有力,稳定,但留香不甚长。左旋葛缕酮是留兰香的主要成分和主要香气。头香中还有萜烯香气,其中以青甜的 烯香气多者为佳,香气显得较柔和新鲜,带青草气重而有苦药气者为差。薄荷酮与薄荷凉气重者不合格。

(4)应用:留兰香油与薄荷油相仿,用于牙膏、口腔用品及食用香精(特别是胶姆糖)最为合适,在牙膏香精中与薄荷油同用甚好。微量用于低档香皂香精,如紫罗兰、桂花、茉莉、薰衣草、馥奇等型,甚为生动;有时用于柑橘醛香型,赋予头香。

(5)安全管理情况:FEMA No. 2489;FDA 182. 20;COE No. 2014;GB 2760—1996 批准为允许使用的食用香料。

6. 蓝桉(Eucalyptus)油

(1)概述:蓝桉为桃金娘科桉树属,大乔木。原产于澳大利亚,现西班牙、葡萄牙、刚果、南非、我国的云南、广东、广西等地亦有生产。用水蒸气蒸馏法从枝叶中提油,为无色或浅黄色液体。蒸馏鲜枝叶,得油率为0.50%~1.5%;蒸馏干枝叶,得油率为1.5%~3.9%。

(2)主要成分:桉叶素、蒎烯、莰烯、水芹烯等。

(3)香气:青滋香。清凉尖刺的桉叶、樟脑气息,凉味掩青之气,带些药气,有清爽之感,香气强烈而不留长。桉叶素是其主要成分和特征香气。

(4)应用:多为药用,有杀菌防腐功用。也可用于口香糖、牙膏、含漱剂、爽身粉、咳嗽糖等香精中,可起到赋香和杀菌的作用。在喷雾剂、香皂香精中亦有使用,性质稳定,且能提调其他香气。蓝桉油可用于单离桉叶素。

(5)安全管理情况:FEMA No. 2466;FDA 172. 510;COE No. 185;GB 2760—1996 批准为允许使用的食用香料。

7. 香茅(Citronella)油

(1)概述:香茅(图3-25)为禾木科香茅属,多年生草本植物。作为提取香料用的主要有两个品种:爪哇种与斯里兰卡种。主产于斯里兰卡、阿根廷、印度、危地马拉、洪都拉斯和中国等地。用水蒸气蒸馏法从鲜草或干草蒸馏得油，得率为1.2%～1.4%，为苍黄色至棕黄色澄清液体。

图 3－25 香茅

(2)主要成分(爪哇种)：香茅醛、香叶醇、香茅醇、柠檬醛、丁香酚、丁香酚甲醚、香茅酸香茅酯、甲基庚烯酮、 烯、杜松醇、榄香醇等。

(3)香气：青涩的草香。具有以香茅醛为主的草青香，微有香叶醇的甜香，香气强烈而颇持久。香茅醛是香茅油的主要成分，也是其主要特征香气。

(4)应用：香茅油是一大宗香料，大量用作单离香叶醇、香茅醛和半合成香料的原料。也可直接用于洗衣皂、透明皂、洗涤剂、地蜡、清洁剂、杀虫剂、驱蚊剂等制品的加香，或用于低档的玫瑰型皂用、馥奇型皂用等香精中。还可微量用于调配食用香精。

(5)安全管理情况：FEMA No. 2308；FDA 182.20；COE No. 39；GB 2760—1996(1997 年增补)批准为允许使用的食用香料。

8. 迷迭香(Rosemary)油

(1)概述：迷迭香为唇形科迷迭香属，密集常绿乔木。主产于西班牙、摩洛哥、突尼斯、葡萄牙、土耳其、俄罗斯、印度，我国的江苏、浙江有少量栽培。水蒸气蒸馏迷迭香的花、穗、枝、叶，可得迷迭香油，得油率为 0.40%～1.5%，为无色至淡黄色液体。

(2)主要成分：龙脑、樟脑、马鞭草烯酮、乙酸龙脑酯、乙酸芳樟酯、桉叶油素、蒎烯、柠檬烯等。

(3)香气：清凉、尖辛的药草香。瞬间的清凉头香后显出木香、膏香和干苦药草气。有些像穗薰衣草、樟脑，又有些似豆蔻的香气，又有膏香、木香，给人以清爽之感。香气强烈、透发，而且留长。

(4)应用：常用于卫生医药用品的加香，如清肿膏、发散剂等。最早用作“匈牙利水”(Eau de Ia Reine de Hongrie)的主香，可少量用于香皂、化妆品和牙膏香精。它可和杂薰衣草油同配入薰衣草型、馥奇型、柑橘香古龙型、松针型、东方型等香精，也可用于防臭剂、除臭剂、杀虫剂和空气清洁喷雾剂中。国外在调味品中亦常使用，可用于调配蔬菜及辛香型食用香精。

(5)安全管理情况：FEMA No. 2992；FDA 182.20；COE No. 406；GB 2760—1996(1997 年增补)批准为允许使用的食用香料。

9. 广藿香(Patchouli)油

(1)概述：广藿香为唇形科刺蕊草属，多年生草本。主产于印度尼西亚、印度、马来西亚、新加坡、菲律宾、俄罗斯和我国的广东、四川、台湾等地。广藿香的叶片经过干燥后，水蒸气蒸馏可制得广藿香油，得油率为 2.0%～3.0%，为棕色或绿棕色液体，亦称派超力油。

(2)主要成分：广藿香醇、广藿香烯、石竹烯、愈创木烯、苯甲醛、桂醛、丁香酚、异丁香酚等。

(3)香气:木香。有些干药草香和辛香,又有些壤香。其香气极浓而持久,头香、体香、基香变化不大,可贯穿始终。由于来源广,因此有带壤香底韵者,也有稍带凉气者,或带酒香、果香头香者,但均不应带焦苦气。

(4)应用:广藿香油是很重要的天然香料,是很好的定香剂,用途极广。它是东方型、木香型、馥奇型、素心兰型、玫瑰麝香型、龙涎香型、白玫瑰型、檀香型、粉香型、革香型等香精中不可缺少的香料。用于香水、花露水、香粉、香皂及薰香的加香。也用于调配辛香型食用香料及茶叶香精。

(5)安全管理情况:FEMA No. 2838;FDA 172.510;COE No. 353;GB 2760—1996 批准为允许使用的食用香料。

10. 岩兰草(Vetiver)油

(1)概述:岩兰草(图 3-26)习称香根,属禾本科。主产于印度、斯里兰卡、印尼、缅甸、刚果、海地、留尼旺和我国的广东、浙江、福建、江苏等地。用水蒸气蒸馏法从干根提油,得率为1.0%~4.0%,为棕色至红棕色黏稠液体。

图 3-26　岩兰草

(2)主要成分:包括岩兰草醇及其酸酯、右旋 α-岩兰草酮及左旋 β-岩兰草酮等。

(3)香气:干甜木香,兼草香壤香。香气平和而持久,含醇量高者香气好。从鲜根或嫩须根提取的精油,常常带有青气,一般认为是质量差的。

(4)应用:广泛用于香水、化妆品和香皂香精,不仅作为定香剂,而且还可赋予干甜的木香。如馥奇、素心兰、现代醛香、木香或琥珀香基以及东方型、檀香型、苔香型、紫罗兰型、玫瑰型及幻想型配方中。常与檀香、广藿香、玫瑰等同用。

(5)安全管理情况:可安全外用。

11. 鸢尾(Orris 或 Iris)油(凝脂)

(1)概述:鸢尾(图 3-27)为鸢尾科鸢尾属,为多年生草本植物。品种较多,作为提取香料用的主要有三种:佛罗伦萨鸢尾(*Iris riorentina L.*)、香根鸢尾(*Iris pallfae Lam.*)和德国鸢尾(*Iris germanlea L.*)。主产于意大利、法国、德国、摩洛哥以及我国的浙江、云南、河北等地。把鸢尾根茎水洗、切片、晒干、打包,于通风处储存2~3年,用水蒸气蒸馏得鸢尾油,也叫鸢尾凝脂,得油率为0.20%~0.30%。在室温下,鸢尾油为浅黄色至棕黄色固体。

(2)主要成分:包括鸢尾酮、十四烷酸、苄醇、芳樟醇、香叶醇、癸醛、苯甲醛、糠醛、苯乙酮、丁二酮、丁香酚、苯甲酸等。

(3)香气:蜜甜香。鸢尾油的甜气,似紫罗兰花甜,而较之更甜厚,又有粉香、木香,微有油脂气,后稍带果香底韵。香气平和留长,是蜜甜香中的隽品。

(4)应用：鸢尾油价格昂贵，少量用于高档香水、香粉、膏霜香精中。它常与紫罗兰酮、甲基紫罗兰酮同用于桂花、紫罗兰、金合欢、含羞花等香型，也常用于玫瑰、紫丁香、晚香玉、铃兰、免耳草、刺槐花配方中，在素心兰、古龙、薰衣草、檀香及多种香水型中亦用之，有时微量用于覆盆子、草莓、桃等食用香精中。

(5)安全管理情况：FEMA No.2829；FDA 172.510；COE No.241；GB 2760—1996 批准为允许使用的食用香料。

图 3-27　鸢尾

12. 香叶(Geranium)油

(1)概述：香叶为⁻1牛儿苗科天竺葵属，多年生亚灌木。品种较多，作为提取香料用的多以香叶天竺葵(*Pelargoniuum graveolens L. Herit*)和玫瑰香叶(*Pelargoirm roseum willd*)为主。主产于南非、埃及、摩洛哥、留尼旺、阿尔及利亚和我国的云南、四川、江苏、浙江、福建等地。水蒸气蒸馏枝叶，得油率为 0.10%～0.30%，为淡黄色至深黄色液体。

(2)主要成分：包括玫瑰醇、香叶醇、芳樟醇、松油醇、薄荷醇、叶醇、柠檬醛、薄荷酮、异薄荷酮、月桂烯、水芹烯、蒎烯等。

(3)香气：香叶油为蜜甜香韵，微青，有玫瑰和青叶气息以及薄荷凉香，香气稳定持久。

(4)应用：香叶油是香料工业中最重要的精油之一，用途很广泛，可用于香水、香粉、膏霜和香皂香精及其他制品中。常作为配制玫瑰香精的重要原料，但因香气甜青，而其青如草香气息，应注意适量加入，倘若过量反而压倒花香，最好使用自香叶油中单离出的玫瑰醇或除萜香叶油，后者是玫瑰醇的香气。也可用于风信子、香石竹、紫丁香、晚香玉、铃兰、紫罗兰、含羞花等香精配方中，又是调配馥奇型、薰衣草型、玫瑰檀香型、东方型等所必需的香料。还可用于调配玫瑰、草莓、覆盆子、葡萄、樱桃等食用香精和烟用、酒用香精中。

(5)安全管理情况：FEMA No.2508；FDA 182.20；COE No.324；GB 2760—1996 批准为允许使用的食用香料。

13. 苏合香(Styrax)香树脂

(1)概述：苏合香亦称三角枫、五角枫、枫香，金缕梅科苏合香属，高大乔木。主产于土耳其、美国、洪都拉斯、危地马拉和中国的长江以南地区。苏合香香膏是苏合香树一种病理性的渗出物，为灰棕色黏稠半固体。天然粗品一般不作食用和日用，经过处理后可用；用乙醇或石油醚萃取香膏可得香树脂，为黄色至棕色黏稠液体。我国用乙醇从枫香香膏制取的香树脂，习称为芸香浸膏。

(2)主要成分：包括苯乙烯、桂醇、苯丙醇、桂酸、香兰素、桂酸乙酯、桂酸苄酯、桂酸桂酯、桂酸苯丙酯等。

(3)香气：甜的膏香。有轻微辛香，是桂甜香突出的一种。有极轻微的风信子、黄水仙、晚香玉香气，头香有时苯乙烯稍突出，底香有极微的动物香韵。总的香气温和而留长。

（4）应用：主要用于化妆品、香皂香精。用其桂甜香气于风信子、黄水仙、兔耳草花等香型甚相宜；作为定香剂也可用于香石竹、桂花、晚香玉、紫罗兰、薰衣草等香型配方，并能使香气圆和。食用上常作饮料、糖果和果酱的香味料。

（5）安全管理情况：FEMA No. 3036；FDA 172. 510；COE No. 265。

14. 格蓬（Galbanum）香树脂

（1）概述：格蓬属伞形科，原产于伊朗和黎巴嫩。用溶剂从植株分泌出的油树胶树脂浸提得香树脂，为深琥珀或棕色半液体，常有加入高沸点无臭溶剂（应标明溶剂名称及用量）使之在室温易于倾倒。

（2）主要成分：1，3，5－十二碳三烯、月桂烯、杜松烯、杜松醇、吡嗪类等。

（3）香气：青香带木香底韵的膏香，香气有力。头香是显著的像青椒和青苹果的青香，后有松柏木质香气，淡时有麝香格调，香气强烈而留长。

（4）应用：在近年来流行的青香型和柑橘古龙型等香精中，仅用少量即能产生天然感。可用于素心兰型、馥奇型、东方型、木香型、麝香型、森林型等非花香型；也可用于紫罗兰、木樨草、水仙、栀子、薰衣草等花香型，特别是在风信子香精中，可赋予带青叶香的天然花香风格，并能圆和香精气息。它与乙酸甲基苯基原酯、香柠檬油、薰衣草油、橡苔树苔制品等同用甚好。

（5）安全管理情况：可安全外用。

15. 岩蔷薇（Labdanum）浸膏

（1）概述：岩蔷薇习称赖百当，属半日花科，直立性常绿灌木。主产于西班牙、法国、摩洛哥、塞浦路斯和我国江苏、浙江等地。采用溶剂浸提方法（乙醇加热回流浸提和混合溶剂精制方法）从嫩枝叶及分泌出的树脂中浸提，制成岩蔷薇浸膏，俗称赖百当浸膏。浸膏得率为 4.5%～5.5%，为绿色至棕绿色膏状物。

（2）主要成分：蒎烯、莰烯、月桂烯、水芹烯、松油烯、 烯、松油醇、叶醇、芳樟醇、橙花醇、香叶醇、岩蔷薇醇、苯乙酮、异薄荷酮、丁香酚、乙酸龙脑酯、乙酸香叶酯、苯甲醛等。

（3）香气：温暖而甜的龙涎香—琥珀膏香香气，有些花香、药草香，柔甜，扩散力相当持久。

（4）应用：是膏香中极重要的品种。常用来配制人造琥珀、龙涎香。广泛用于各种香水、化妆品、香皂等香精中，用其美好膏香及定香功效。如紫罗兰、薰衣草和古龙型、森林型、东方型、素心兰等花香型和非花香型中都很适宜，也广泛用于熏香和烟用香精。

（5）安全管理情况：GB 2760—1996 批准为允许使用的食用香料。

16. 芹菜籽（Celery Seed）油

（1）概述：芹菜属伞形科芹属，一年生或两年生草本植物。主产于印度、埃及、法国、英国、美国、中国各地。采用水蒸气蒸馏成熟种子的方法，制得芹菜籽油，得油率为 1.5%～2.5%，为淡黄色液体。

(2)主要成分:右旋 烯、旱芹籽烯、旱芹籽内酯、旱芹籽酸酐、石竹烯、月桂烯等。

(3)香气:辛香,有特殊清香。温、甜、浓,有些药草香,易扩散而持久有力。香味温暖,辛香稍辣口。

(4)应用:主要用于调味及食用香精,赋予温和愉快的香味。化妆品及香水香精少量用于晚香玉、甜豆花等型,能给予花香;在东方香型、薰衣草百花型、近代幻想型、醛香型等中能获得温暖感;香水型香精亦可用少量以增青香头香。由于它的香气有强扩散力和持久力,用量要适中,如用得不当,会破坏香型。医药中亦用少量。

(5)安全管理情况:FEMA No. 2271;FDA 182. 20;COE No. 52;GB 2760—1996 批准为允许使用的食用香料。

17. 肉桂(Cassia)油

(1)概述:肉桂为樟科樟属,常绿乔木。主产于我国的广西、广东、云南、江西、福建、江苏、浙江、四川、贵州和越南、印度、印度尼西亚。水蒸气蒸馏树皮,得油率为 1.0%~2.5%;水蒸气蒸馏枝、叶,得油率为 0.30%~0.40%。肉桂油为淡黄色至红棕色液体。

(2)主要成分:桂醛、乙酸桂酯、香豆素、水杨醛、苯甲酸、水杨酸、桂酸、苯甲醛、邻甲氧基苯甲醛、邻甲氧基桂醛等。

(3)香气:辛烈而暖甜的香气,带焦、木、膏香。质量好的是从老树的厚皮中蒸馏出来的,带甜气,少辛烈气息,不仅有桂醛香气,还有桂醇及其酯类气息。一般品种多系枝叶油,气息辛烈,温暖辛香,微木香、膏香而浓甜。味感热辣。

(4)应用:肉桂皮作为中药和调味已有悠久的历史,主要是取其温暖的芳香和强心、健胃的性能。肉桂油在调香上常与丁香酚合用成为香石竹和风信子花的主要香气,并常使用于重型香精,如皂用馥奇型、薰衣草型、花露型、檀香玫瑰型等香精中;又可部分代替膏香及苯丙醛的气息,用于各种低档香精中。亦常用于食用、烟用、酒用、牙膏、牙粉漱口水等香精。肉桂油有变色因素,要防止其变质成桂酸(不应储在铅质容器中)。肉桂油可用于单离桂醛。

(5)安全管理情况:FEMA No. 2258;FDA 182. 20;COE No. 131;GB 2760—1996 批准中国肉桂油为允许使用的食用香料。

18. 香荚兰(Vanilla)豆酊剂

(1)概述:香荚兰为兰科香子兰属,为多年生攀藤植物,主产于墨西哥、马达加斯加,我国引种于海南、福建、云南。香荚兰豆发酵后,用乙醇浸提制成 10%~25%的酊剂,为浅棕色液体。

(2)主要成分:包括香兰素、大茴香醇、大茴香醛、大茴香酸、洋茉莉醛、香兰酸、丙烯醛、对羟基苯甲醛、3,4-二羟基苯甲醛、3,4-二羟基苯甲酸等。

(3)香气:青甜的豆香带有膏香、粉香和甜辛香,更有木香、烟草香和海狸香样香气,还有些花香似紫罗兰和金合欢。香气和善,浓郁多韵,相当持久,是最好的豆香。香兰素是其主要成分,但不能代之。

(4)应用:主要用于各种食品,如冷饮、冰淇淋、巧克力、糖果、糕饼等的加香,在烟、酒用香精和药用上也习惯使用。在日用高档香精尤其是香水香精中,也可广为使用,如东方型、百花型、重花香型香精等能赋予优美而浓郁之感。它可与檀香油、岩兰草油、辛香油等较好的协调和合。为了衬托和修饰香荚兰豆香,可用海狸香酊、香兰素、乙基香兰素、邻二乙氧基苯、大茴香醇、甲酸大茴香酯等;如用洋茉莉醛、异黄樟素、麦芽酚、乙基麦芽酚、甲基环戊烯醇酮为修饰剂时,会改变天然香荚兰豆的典型香气。

(5)安全管理情况:FEMA No. 3105;FDA 182. 20;COE No. 474;GB 2760—1996 批准为允许使用的食用香料。

19. 香柠檬 (Bergamote)油

(1)概述:亦称巴柑檬,为芸香料柑橘属,常绿小乔木。主产于意大利、象牙海岸、几内亚、西班牙、俄罗斯、印度和我国南方地区。采用冷榨果皮的方法可得香柠檬油,得油率为 0.40%~0.50%,呈黄绿色至草绿色液体。

(2)主要成分:包括乙酸芳樟酯、乙酸香叶酯、乙酸橙花酯、乙酸松油酯、乙酸辛酯、柠檬醛、香柠檬酚、橙花醛、茉莉酮、柠檬烯、月桂烯、松油烯、罗勒烯等。

(3)香气:青香带甜的果香,头香似柠檬,质量好的产品有弱的橙花和橙叶香,稍带肉豆蔻和香紫苏气息,有清灵新鲜之感,后有油脂、药草和膏香的体香和基香,它的甜香像烟草香。香气透发,留香力则一般。

(4)应用:香柠檬油是主要的天然精油之一,在调香上应用面甚广。可用于化妆品及香皂等香精,是调配柑橘古龙型香水、薰衣草型香水和花露水型香精的重要香料,也是其他香水类型香精,如素心兰、馥奇、防风根及现代幻想型等香精的必用之料。它的无萜油可用于配制茉莉、橙花、铃兰、栀子、薰衣草、素心兰、紫罗兰及其他甜花香或幻想型等香型中,也用于高档香水香精。还可用于调配柑橘、生梨等果香型食用香精和烟用香精。

(5)安全管理情况:FEMA No. 2153;FDA 182. 20;COE No. 180;GB 2760—1996 批准为允许使用的食用香料。

20. 柠檬(Lemon)油

(1)概述:柠檬为芸香科柑橘属,常绿小乔木。主产于意大利、美国、巴西、西班牙、塞浦路斯、几内亚等国和我国的四川、云南、广西等地。可采用冷磨整果和蒸馏果皮来制得柠檬油。冷磨法得油率为 0.20%~0.50%,为绿黄色或黄色澄清液体;蒸馏法得油率为 0.60%,为无色至苍黄色液体。

(2)主要成分:右旋 烯、柠檬醛、辛醛、壬醛、癸醛、十二醛、香茅醛、松油醇、芳樟醇、香叶醇、香茅醇、橙花醇和这些醇的乙酸酯类、莰烯、水芹烯、莰烯、杜松烯、乙酸、辛酸、癸酸、十二酸等。

(3)香气:青甜鲜的果香,柠檬样香气,有新鲜之感,惹人馋欲。香气飘逸,不甚留长。加工方法不同,所得油的香气也不同,其中以手榨法为最好,颜色虽深,香气还较完全;蒸馏油颜色虽浅，但香气较差，欠新鲜柠檬果香感；除萜油则甜而有玫瑰果香。　烯和柠檬醛遇空气和阳光日久易氧化聚合，精油香气可变成不良气息，应注意保藏或加入抗氧剂。

(4)应用：柠檬油是一种应用广泛的重要果香香料，大量用于食用香精，如柠檬、可乐、香蕉、菠萝、樱桃、甜瓜等香型；牙膏、烟用香精亦用之；亦赋香于鱼类及水产食品。在化妆、皂用香精中也广为应用，但在皂中不稳定。在花香香精，如玉兰、紫罗兰、桂花、金合欢、玫瑰等，需要柠檬醛香气者都可以代用而更好，主要是增添鲜的头香；在非花型，如素心兰、馥奇、古龙、花露等处方中也适合应用。

(5)安全管理情况：冷磨油 FEMA No. 2625；FDA 182. 20；COE No. 139。蒸馏油 FDA 182. 20。GB 2760—1996 批准柠檬油(冷磨、冷榨、蒸馏)为允许使用的食用香料。

21. 甜橙(Sweet Orange)油

(1)概述：甜橙为芸香科柑橘属，常绿小乔木。主产于巴西、美国、以色列、意大利、西班牙、葡萄牙、几内亚和我国的华南、华东地区。将新鲜整果或鲜果皮采用压榨法提油，得冷榨油，得油率为 0. 30%～0. 50%；鲜果皮或鲜果皮经压榨后的残渣，用水蒸气蒸馏法提油，得蒸馏油，得油率为 0. 40%～0. 70%。冷榨油为黄色至红黄色澄清液体，而蒸馏油为无色至苍黄色液体。

(2)主要成分：　烯、柠檬醛、甜橙醛、辛醛、癸醛、芳樟醇、橙花醇、松油醇、香叶醇、乙酸辛酯、乙酸癸酯、邻氨基苯甲酸甲酯、月桂烯等。

(3)香气：甜青果香，柑香香气，带有脂蜡醛香，有新鲜甜美之感，惹人馋欲。香气飘逸，留香不长。

(4)应用：甜橙油是最常用的三种果香香料之一，是食用香精的主要香料之一，酒用和烟用香精也有使用。同样广泛应用于香水、古龙水、盥用水、膏霜、香粉、唇膏、牙膏、香皂等日用品香精中；它是配制香柠檬油的香料，又是柠檬和其他果香型的重要配料；在素心兰型、薰衣草型、青香型、醛香型、果香型、花露型中也常用之。除单萜油广泛用于高档香水、水溶性果香精中，可与除萜橙叶油同用于古龙水中，效果好。

(5)安全管理情况：冷磨油 FEMA No. 2825；FDA 182. 20；COE No. 143。蒸馏油 FEMA No. 2821；FDA 182. 20；COE No. 143。GB 2760—1996 批准为允许使用的食用香料。

22. 康酿克(Cognac)油

(1)概述：康酿克油是制造葡萄酒时，在酒泥或压榨渣中提取出的副产品。用水蒸气蒸馏法从葡萄酒泥或压榨渣中蒸馏可得精油，前者得率为 0. 036%～0. 066%，后者得率为 0. 070%～0. 12%，为黄色液体。

(2)主要成分：包括庚酸乙酯、异戊醇酯类、乙醇酯类、乙醛、莳萝醛、丙酮、有机酸和醇类等。

(3)香气：蜜甜带清，似葡萄酒香，甜似玫瑰、桂花(酿甜)，清似紫罗兰、茉莉、苹果花、更有油脂和草青气息。精馏品有轻扬、新鲜的天然气息，香气强烈，扩散性强烈持久。

(4)应用：其精馏油主要用于酒用香精和酒的配制中，赋予天然酒香的风味；微量用于食用香精和化妆用香精，可给予鲜果香及提调作用；在花香香精，如玫瑰、桂花中用之能有天然的酿甜香气。在处方中与芳樟醇、水杨酸、异戊酯、麝葵籽油、香柠檬油、芫荽籽油、格蓬油、薰衣草油、香紫苏油、苏合香膏、依兰油等能协调和合好。也可用于烟用香精。

(5)安全管理情况：康酿克绿油 FEMA No. 2331；FDA 182.50。康酿克白油 FEMA No. 2332；FDA 182.50。GB 2760—1996 批准为允许使用的食用香料。

第四章　合成香料化学

第一节　香料的合成

由于天然香料易受自然条件及加工等因素的影响，造成产量和质量不稳定、不易降低生产成本的弊端，因而促进了合成香料的发展。据统计，在20世纪60年代中期，世界上常用合成香料的品种大约有800余种，到70年代中期已猛增到3000余种，到80年代中期，已达5000余种，而现今已超过8000种，并且每年都有不少新的合成香料问世。与天然香料相比，合成香料的价格低廉、货源充沛、品质稳定。如今世界上合成香料的年产量已达10万吨以上，而且还以年增长率5%～7%的速度递增。合成香料工业现已成为现代精细化工领域的一个重要组成部分。

随着近代科学的发展，合成香料化学的发展也越来越快，运用色谱和光谱技术，能很快将天然香料的芳香成分分离，并鉴定其结构，再用相应的化学方法生产出具有相同结构的化合物，如从突厥玫瑰精油中发现并合成了玫瑰香气的关键组分玫瑰醚、玫瑰呋喃、突厥酮等。这类合成香料也称为“天然等同物”，多借用所模拟的天然香料的名称来命名。还有许多天然化合物的结构过于复杂，合成代价过高，则代之以结构完全不同而香气基本相似的化合物。这类合成香料在天然香料成分中还尚未被发现，属于人造香料，如各种合成麝香、洋茉莉醛等。

合成香料刺激了香精的发展，19世纪应用合成的香豆素与薰衣草油等调和创造了馥奇香型；1993年用柠檬醛合成紫罗兰酮使得紫罗兰香气广为流传；叶醇的合成促使了青香—花香型、青香—醛香型的流行。新的香型需要新香料的支持。因而，许多发达国家如美国、法国、德国、瑞士、英国、荷兰、日本等都十分重视对合成香料工业的投资、科研和开发，出现了激烈竞争的局面。

合成香料的生产，是利用煤化工产品或石油化工产品或单离香料为原料，通过有机合成的方法来制备香料。同有机合成一样，香料合成也有氧化、还原、水解、缩合、酯化、卤化、硝化、环化、加成等单元操作。这里按原料来源的不同，将合成香料的生产简单介绍如下。

一、用天然植物精油生产合成香料

首先通过物理或化学的方法从天然精油中分离出单离香料，然后用有机合成的方法，合成出一系列香料化合物。如松节油、香茅油、山苍籽油等。

松节油中的主要成分是萜类化合物，其中α-蒎烯约占60%，β-蒎烯约占30%。α-蒎烯可以直接作为合成芳樟醇和香茅醇等香料的原料，产量很大的l-薄荷醇也可以α-蒎烯为原料进行合成，反应式如下。

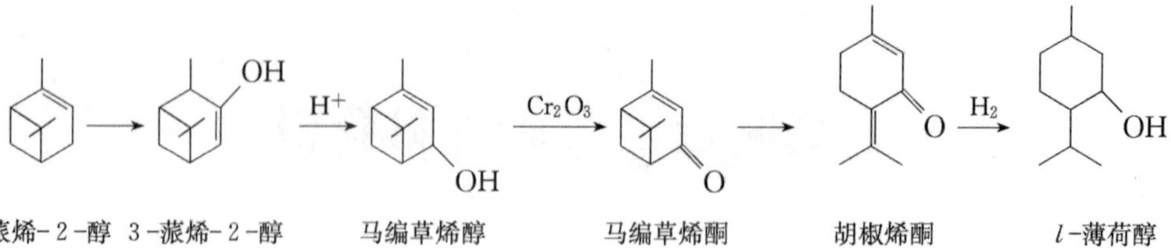

樟脑一般采用如下所示的路线合成。

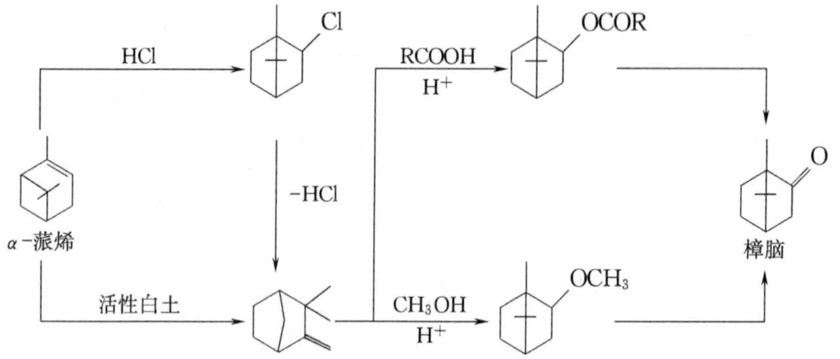

随着香料合成技术的长足进步，α-蒎烯也可采用转位反应制成β-蒎烯，然后由β-蒎烯出发合成各种香料，反应式如下所示。β-蒎烯热解后制得月桂烯，该化合物是香料合成中最重要的中间体之一，通过氯化氢加成反应可以合成出香叶基氯代物、橙花基氯代物和其他各种萜类氯代化合物，经缩合可制得香叶醇、芳樟醇、橙花醇等各种萜类醇的乙酸酯类香料。而以这些醇类化合物为原料还可以合成出柠檬醛、香茅醇、羟基香茅醛、α-紫罗兰酮、β-紫罗兰酮和异紫罗兰酮等许多重要香料化合物。另外，从柠檬醛出发也可合成芳樟醇和香叶醇。

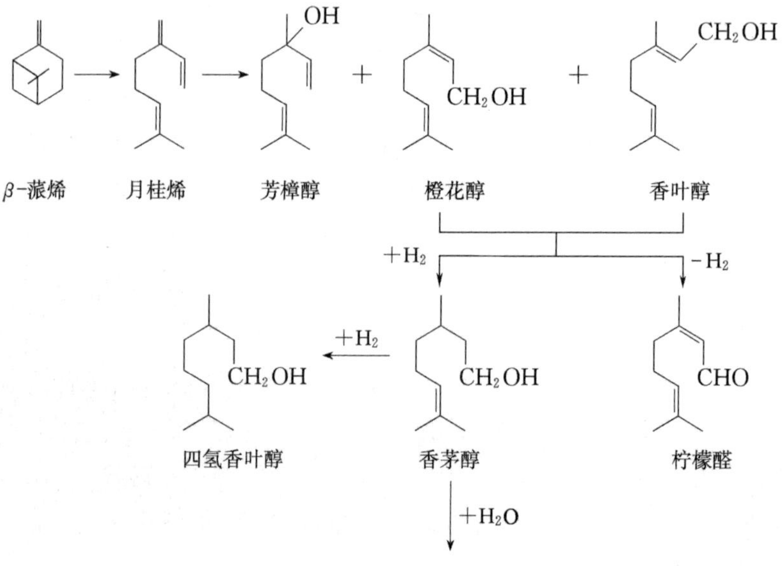

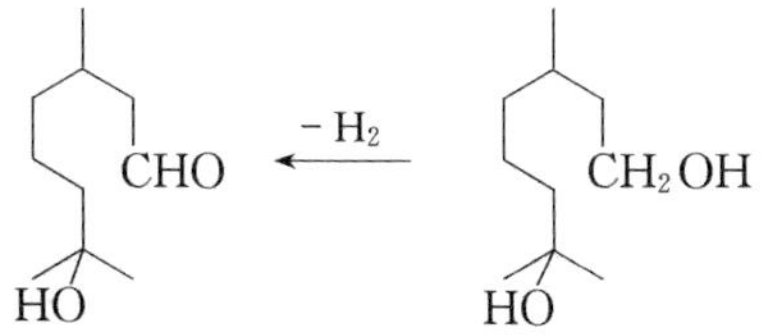

羟基香茅醛　　　　羟基香茅醇

在香茅油和柠檬桉油中，分别含有约40%和80%的香茅醛。从精油中分离出来的香茅醛，用亚硫酸氢钠或乙二胺保护醛基，然后再进行水合反应，可以合成具有百合香气的羟基香茅醛和具有西瓜香气的甲氧基香茅醛，如下所示。

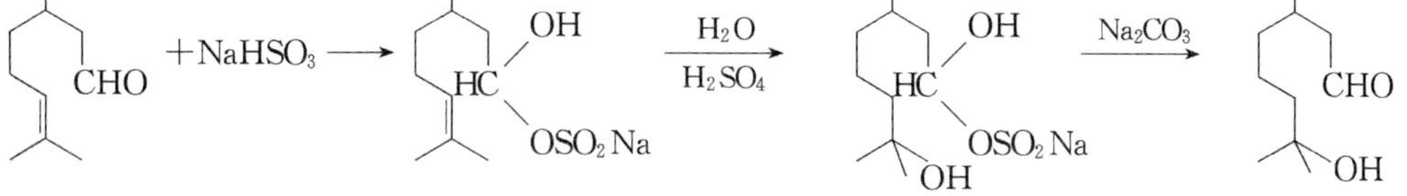

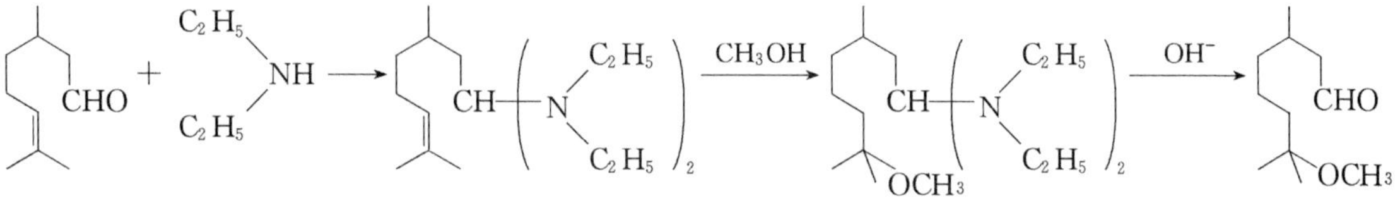

香茅醛还可用来合成 *l*-薄荷醇，合成路线如下所示。

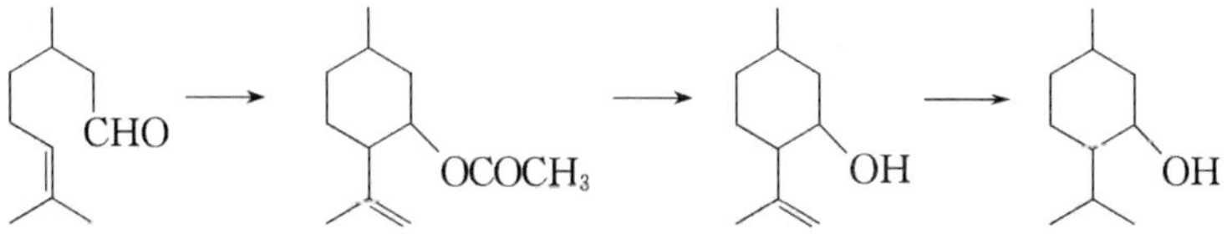

d-香茅醛　　　　异胡薄荷醇　　*l*-薄荷醇

山苍籽树的果实经水蒸气蒸馏可得山苍籽油。它的主要成分是柠檬醛，含量为60%～80%。从山苍籽油中单离出来的柠檬醛是一种很重要的香料原料。如果将柠檬醛与丙酮作用，可得假性紫罗兰酮，在浓硫酸存在下经环合可得具有优美紫罗兰香气的 α-紫罗兰酮、β-紫罗兰酮和甲基紫罗兰酮等，如下所示。

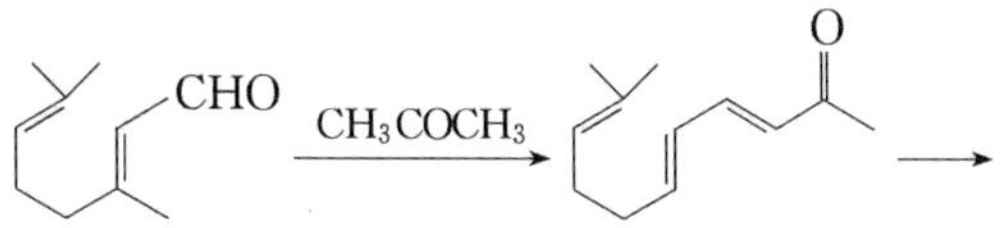

柠檬醛　　　　假性紫罗兰酮

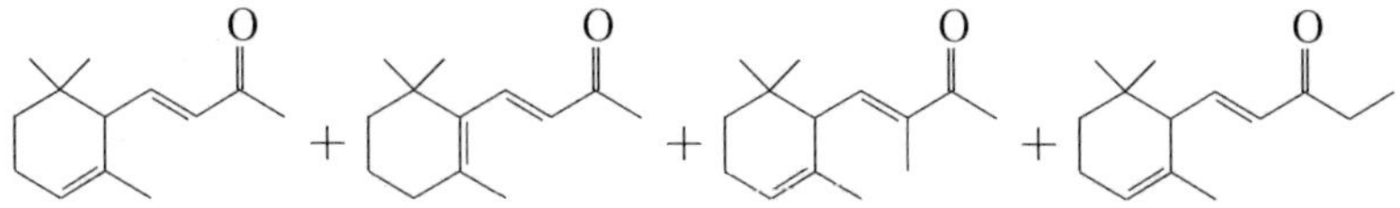

α-紫罗兰酮　　β-紫罗兰酮　　α-异甲基紫罗兰酮　　α-正甲基紫罗兰酮

二、用煤炭化工产品合成香料

我国煤的资源非常丰富，其储量和产量均名列世界前茅，煤炭化工产品的开发和利用具有广阔的前景。煤在炼焦炉炭化室中受高温作用发生热分解反应，除生产炼铁用的焦炭外，尚可得到煤焦油和煤气等副产品。这些焦化副产品经进一步分馏和纯化，可得到酚、萘、苯、甲苯、二甲苯等基本有机化工原料。

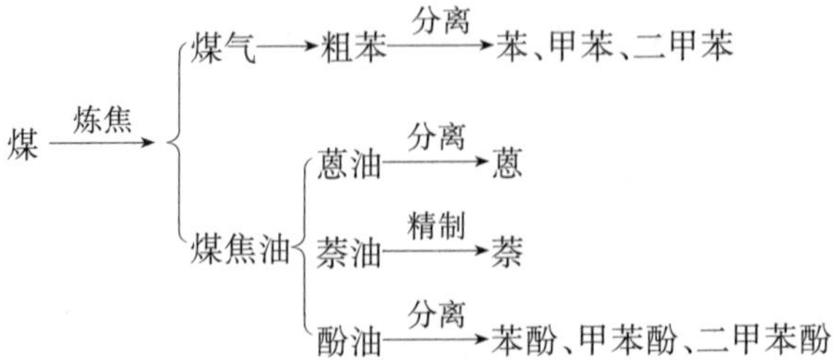

利用这些基本有机化工原料，可以合成出大量芳香族香料和硝基麝香等极有价值的常用香料化合物。

1. 苯

苯是香料工业中最常用的基本原料之一。它除作溶剂外，还可合成出许多种芳香族香料。如苯与甲醛在浓硫酸存在下发生缩合反应生成的二苯甲烷（反应式如下），具有香叶似的香气，可广泛用于皂用香精中。

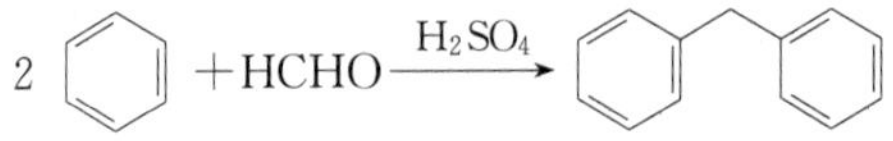

苯也可转化为邻苯二酚，在氧化铝存在下，于 300℃时与甲醇进行甲基化反应生成愈创木酚，而愈创木酚与三氯甲烷反应最终可制得香兰素，反应式如下所示。

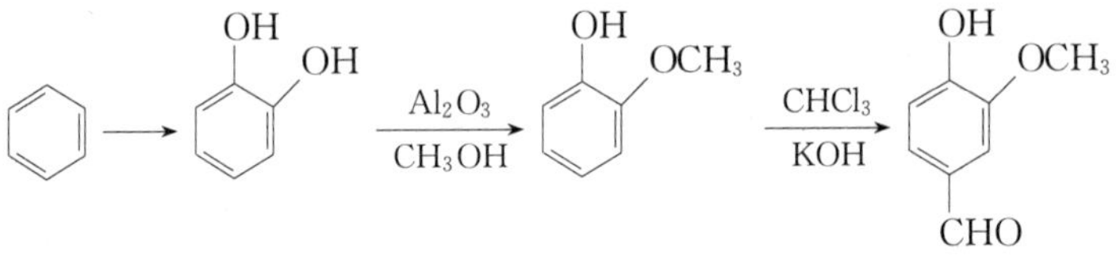

愈创木酚　　香兰素

2. 甲苯

甲苯也是合成香料工业中最常用的有机溶剂之一，同时也是合成芳香族香料和合成麝香的重要原料。反应式如下所示，利用甲苯可制得苯甲醇、苯甲醛和肉桂醛等常用香料。

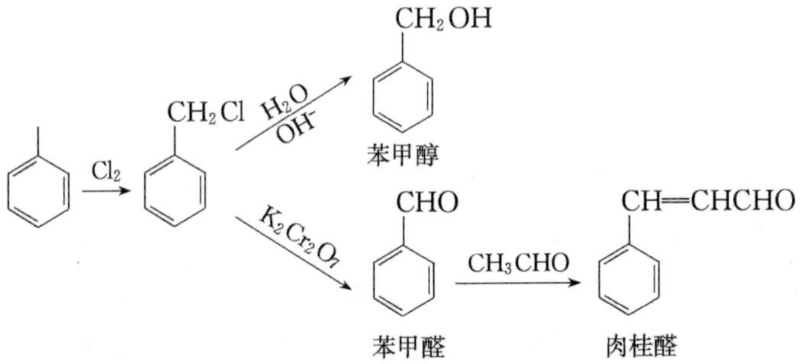

3. 二甲苯

二甲苯是合成硝基麝香的主要原料。以间二甲苯和异丁烯为原料，在三氯化铝存在下进行叔丁基化反应，然后可以由此合成出酮麝香、二甲苯麝香和西藏麝香，合成路线如下所示。

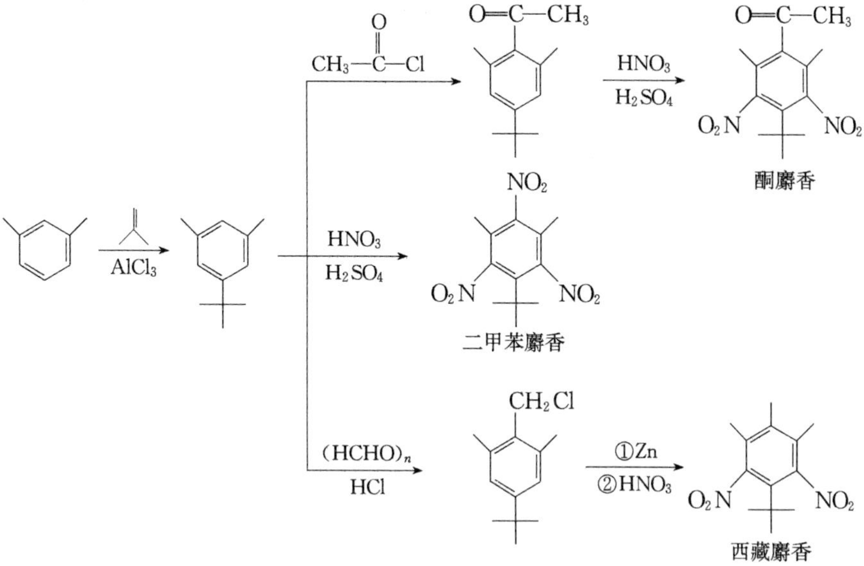

三、用石油化工产品生产合成香料

随着石油化工的发展，以廉价石油化工品为基本原料的香料化合物全合成，已成为国内外香料工业界开发的重要领域。

从炼油和天然气化工中，可以直接或间接地得到，如苯、甲苯、乙烯、丁二烯、异戊二烯、环氧乙烷等有机化工原料。利用这些石油化工原料，除了可以合成脂肪族醇、醛、酮、酯等香料之外，还可以合成芳香族香料、萜类香料、合成麝香等重要的香料产品。

1. 乙炔

以乙炔和丙酮为基本原料，按如下所示的合成路线，经炔化反应生成甲基丁炔醇，经还原生成甲基丁烯醇，然后与乙酰乙酸乙酯缩合，即可得到甲基庚烯酮。

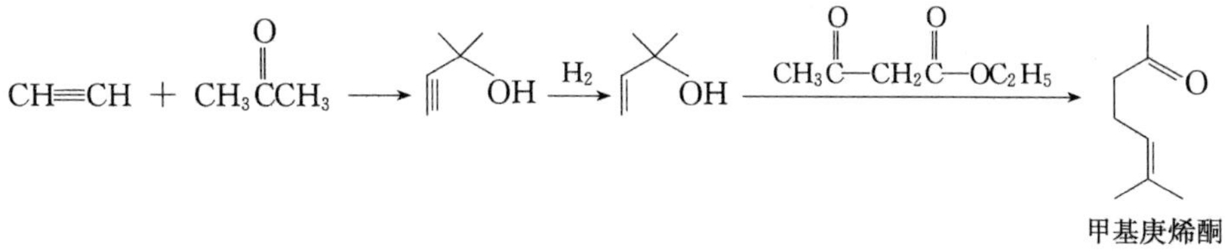

乙炔与甲基庚烯酮反应生成脱氢芳樟醇，经氢化可制得芳樟醇。芳樟醇经氢化可制得香茅醇。芳樟醇与乙酰乙酸乙酯缩合生成香叶基丙酮，再与乙炔反应生成脱氢橙花叔醇，然后氢化可得到橙花叔醇。如果将脱氢芳樟醇异构化，可制取柠檬醛。柠檬醛与硫酸羟胺发生肟化反应，可制得柠檬腈。柠檬醛与丙酮发生缩合反应生成假性紫罗兰酮，在浓硫酸存在下，假性紫罗

兰酮经环化可制得 α-紫罗兰酮和 β-紫罗兰酮。

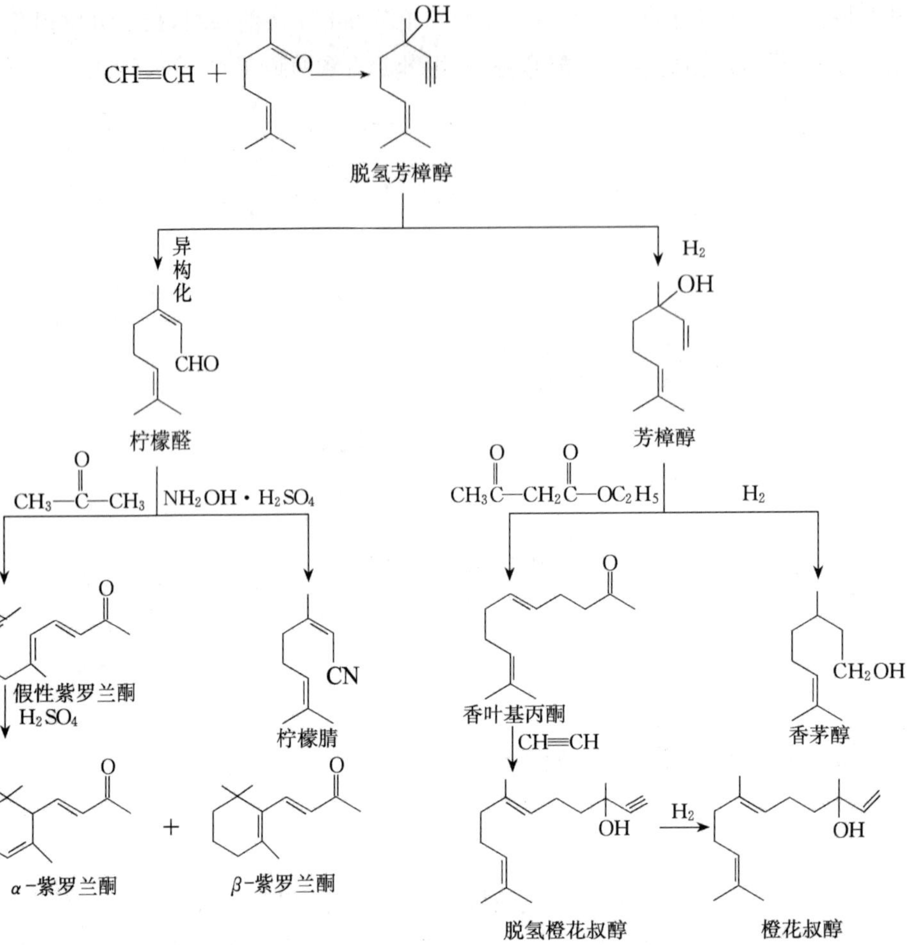

2. 乙烯

乙烯是石油裂解的主要产物之一，它不但是生产聚乙烯的单体，也是生产乙醇、环氧乙烷的重要原料。乙醇与羧酸发生酯化反应，可以合成一系列乙醇酯类香料化合物。在250℃下，以银为催化剂，乙烯可以氧化成环氧乙烷。环氧乙烷与苯发生傅—克反应，可以制取 β-苯乙醇。β-苯乙醇不但是玫瑰香精的主香剂，由它又可以合成苯乙醇酯类香料、苯乙醛、苯乙缩醛等香料化合物。合成路线如下所示。

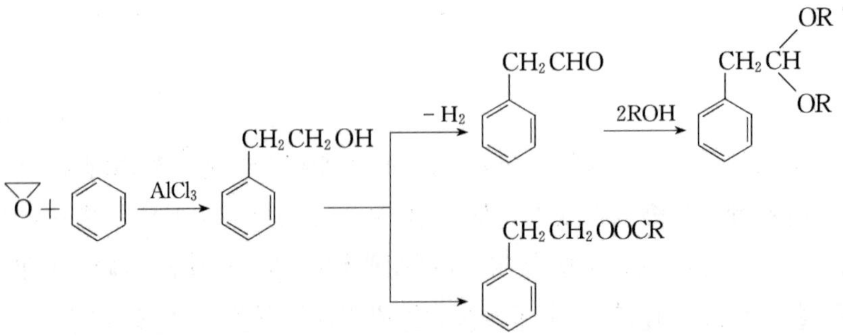

3. 异戊二烯

异戊二烯是一种很受香料制造者关注的石油化工原料，其来源不仅十分丰富，而且价格也较低廉。用于香料的萜类化合物大多数属于单萜和倍半萜，而异戊二烯是合成这些萜类化合物的重要原料之一。

异戊二烯与氯化氢发生加成反应，可以生成异戊烯氯，然后与丙酮反应也可以生成甲基庚烯酮；如果异戊烯氯与异戊二烯反应，则可制备香叶醇和薰衣草醇，反应式如下所示。

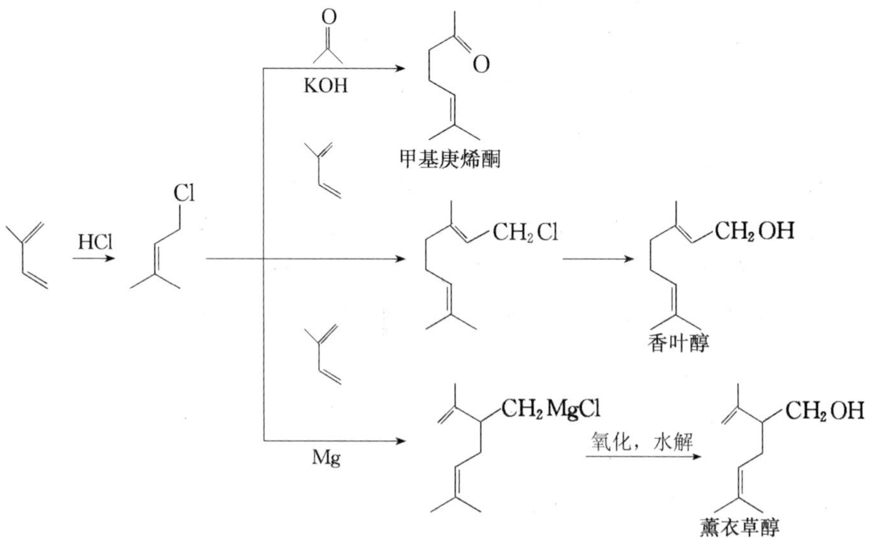

以异戊二烯为原料，经二聚，与甲醛环合，再经氧化和加氢反应生成玫瑰醚酮，然后经格利雅反应，脱水后得到保加利亚玫瑰油中的微量香成分——氧化玫瑰，反应式如下所示。

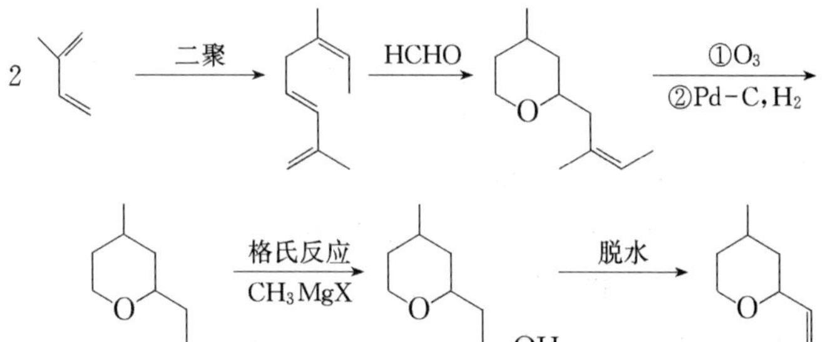

第二节　常用的合成香料

根据香气分类中拟定的十二种非花香香韵分类法，本节选择了近百种常用的合成香料进行重点介绍。对于每一种合成香料，都分别列出了其化学结构式、相对分子质量、理化常数和性质、香气及应用范围。在理化常数中，除另有注明外，相对密度和折光率均为 20℃时的测量值。

一、青滋香

1. 乙酸苄酯(Benzyl Acetate)

乙酸苄酯亦称醋酸苄酯、乙酸苯甲酯，分子式 $C_9H_{10}O_2$，相对分子质量 150.18。

(1)结构式：

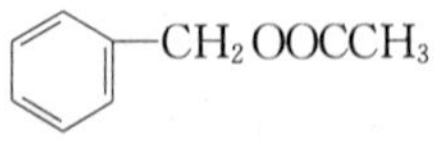

(2)理化性质：无色液体(必须无氯)，沸点 215～216℃，相对密度 1.052～1.056，折光率 1.501～1.503。不溶于水和甘油，微溶于丙二醇，溶于乙醇。

(3)天然存在：存在于茉莉、风信子、栀子花、依兰、橙花、晚香玉等净油中，也存在于苹果、覆盆子、红茶中。

(4)香气：清甜、强烈茉莉、铃兰花香气息，并带有些似香蕉的果香香气，但薄弱不持久。

(5)应用：广泛应用于各种档次的化妆品和香皂香精中。价虽廉，但香气较好，且清灵透发。在花香型、幻想型中能使香气格外清新，在东方香型等重香型香精中有提调香气的作用。它是茉莉、白兰等香型香精中的主香料；也可作为修饰剂或和合剂用于玫瑰、橙花、铃兰等香型香精中；还可用于苹果、葡萄、香蕉、覆盆子等食用香精中。

(6)安全管理情况：GRAS；FEMA No.2135；FDA 172.515；COE No.204；GB 2760—1996 批准为暂时允许使用的食用香料。

2. 二氢茉莉酮(Dihydro Jasmonate)

二氢茉莉酮的化学名称为 2-戊基-3-甲基-2-环戊烯酮，分子式 $C_{11}H_{18}O$，相对分子质量 166.27。

(1)结构式：

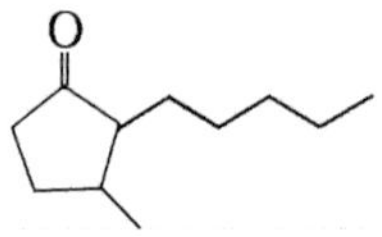

(2)理化性质：无色至浅黄色液体，沸点 230℃，相对密度 0.915～0.919，折光率 1.475～1.482。微溶于水，稍溶于丙二醇，溶于乙醇等有机溶剂。

(3)天然存在：存在于大花茉莉净油中。

(4)香气：清鲜花香，有较强青气并带果香和没药样气息。浓时青气较为突出并带苦涩气，稀释后方显出茉莉花清香。

(5)应用：是茉莉酮的优良代用品，常用于花香型和果香型香精的调配。在茉莉、依兰、铃兰、晚香玉等花香型香精中能给予一些天然气息；在果香—花香复合型香精中，可以提调花香气势；若微量与果香同用，可产生愉快的头香，有增强香柠檬、薰衣草、香紫苏和其他药草香型香气的功能。在香精中一般建议用量范围在 0.1%～5%，使用时应注意其导致变色的性能。

(6)安全管理情况：FEMA No.3763；IFRA；RIFM；GB 2760—1996 批准为允许使用的食用香料。

3. 二氢茉莉酮酸甲酯(Methyl Dihydro Jasmonate)

二氢茉莉酮酸甲酯的化学名称为2-戊基环戊酮-3-乙酸甲酯，分子式 $C_{13}H_{22}O_3$，相对分子质量226.32。商品名为Hedione(Firm.)。

(1)结构式：

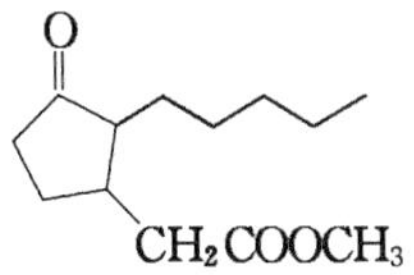

(2)理化性质：无色至浅黄色油状液体，沸点109～112℃(26.6 Pa)，相对密度0.998～1.006，折光率1.457～1.462。几乎不溶于水，溶于乙醇等有机溶剂。

(3)天然存在：存在于大花茉莉油中。

(4)香气：有力、优美，清鲜似茉莉香韵，又带有兰惠雅香，留香颇持久。

(5)应用：在著名香水Eau Sauvage和Diorissimo中首次使用，给予优雅、新鲜、柔和、温暖和华丽的特征。由于香气好且价廉，广泛用于香水香精、化妆品香精和香皂香精中。在配制茉莉、晚香玉、铃兰等花香型香精中使用，能给予幽雅、圆润、逼真的天然花香感；用于非花型的素心兰、东方型、古龙香型中，效果很好。一般用量可在2%～15%，在花香的幻想型中，用量可加大至20%～25%。亦用于调配覆盆子、草莓、柠檬、圆柚、糖果等食用香精。

(6)安全管理情况：FEMA No. 3408；COE No. 10785；GB 2760—1996批准为暂时允许使用的食用香料。

4. α-戊基桂醛(α-Amyl Cinnamic Aldehyde)

α-戊基桂醛亦称甲位戊基桂醛，化学名称为α-戊基-β-苯基丙烯醛，分子式 $C_{14}H_{18}O$，相对分子质量202.29。

(1)结构式：

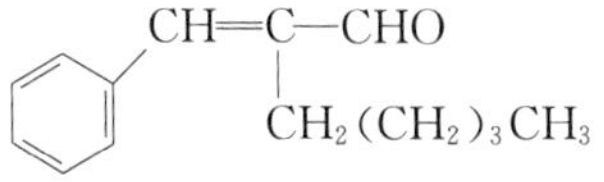

(2)理化性质：浅黄色透明液体，沸点153～154℃(1.33kPa)，相对密度0.964～0.972，折光率1.555～1.559。不溶于水，溶于乙醇等有机溶剂。

(3)天然存在：存在于大豆、红茶中。

(4)香气：清甜柔和、带油脂药草的茉莉样花香。香气较强而透发，留长。

(5)应用：是一应用较广的重要香料，与苯乙醇同用可比拟茉莉酮用入各种花香型配方，特别是茉莉、铃兰、紫丁香等香精的配制。因其香气较生硬，在细腻的香型中用量不宜过多。多用于皂用香精中，一般用量为2%～10%，最高可达35%。也可微量用于苹果、杏、桃、草莓、胡桃以及辛香味等食用香精中。化学性质不够稳定，易被氧化而带不愉快的酸败气息，会导致变色。

(6)安全管理情况：GRAS；FEMA No. 2061；FDA 172.515；COE No. 128；GB 2760—1996

批准为允许使用的食用香料。

5. α－己基桂醛（α－Hexyl Cinnamic Aldehyde）

α－己基桂醛亦称甲位己基桂醛，化学名称为α－己基－β－苯基丙烯醛，分子式 $C_{15}H_{20}O$，相对分子质量 216.33。

（1）结构式：

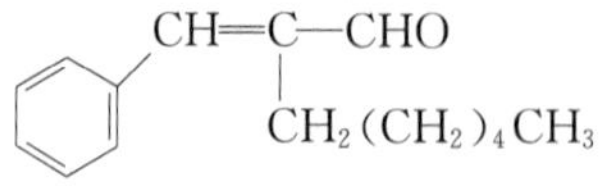

（2）理化性质：淡黄色液体，沸点 140～141.5℃（400Pa），相对密度 0.954～0.960，折光率 1.548～1.552。不溶于水，溶于乙醇等有机溶剂。

（3）天然存在：未见文献报道。

（4）香气：柔和青甜的茉莉、树兰、珠兰花气息，稍有油脂气，带极轻微的药草香底韵。香气飘逸，较持久。比α－戊基桂醛香气清灵尖锐、富有花香。

（5）应用：是合成香料中最富于花香的品种之一。与易挥发的花香香料同用，能使之更生动，用于树兰、茉莉、栀子、晚香玉等花香型香精中甚好；在其他香型中亦能赋予花香，用量可高达 30％。也可微量用于食用香精，如蜜香、各种果香型香精配方。

（6）安全管理情况：GRAS；FEMA No. 2569；FDA 172.515；COE No. 129；GB 2760—1996（2001 年增补）批准为允许使用的食用香料。

6. 茉莉酯（Jasmonyl）

茉莉酯为国内商品名，其化学名称为 1，3－壬二醇乙酸酯（1，3－Nonanediol acetate），分子式 $C_{13}H_{24}O_4$，相对分子质量 244.34，是以 1，3－壬二醇乙酸酯为主并含有 1，3－壬二醇单乙酸酯、2－甲基－1，3－辛二醇乙酸酯和单乙酸酯的混合物。其他商品名为 Jessmal（IFF）、Ysminia（Firm.）。

（1）结构式：

$$\begin{array}{l} CH_3COO(CH_2)_2\underset{\displaystyle OOCCH_3}{\underset{|}{CH}}(CH_2)_5CH_3 \end{array}$$

（2）理化性质：无色液体，相对密度 0.964～0.970，折光率 1.441～1.445。微溶于水，溶于乙醇等有机溶剂。

（3）天然存在：未见文献报道。

（4）香气：似茉莉花的浓的清新气息，略带油青药草香，香气有力，留香力一般。不同产品质量有出入，有的茉莉花香较显，有的重于蘑菇、薰衣草或有焦糖甜气。

（5）应用：广泛用作茉莉香的基体，可引入油脂药草底韵，是大花茉莉净油的特征香气。稳定而扩散力较强，非常适合于皂用香精，薰衣草型用之亦甚好，可用 1％～5％或更多。亦可用于瓜类、浆果和鲜果型食用香精配方。

（6）安全管理情况：GRAS；FEMA No. 2783。

7. 茉莉素(Jasmalique)

茉莉素为国内商品名,其化学名称为 α -戊基桂醛邻氨基苯甲酸甲酯泄馥基,分子式 $C_{22}H_{25}NO_2$,相对分子质量 335.42。

(1)结构式:

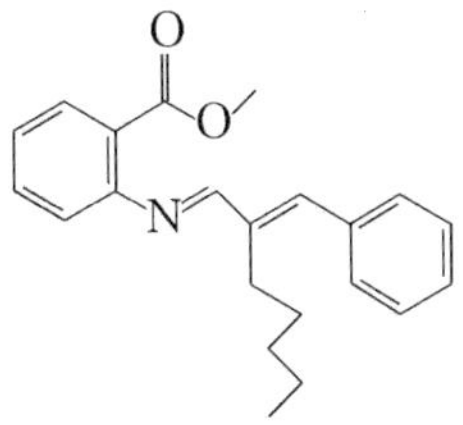

(2)理化性质:黄色液体,折光率 1.570～1.580。微溶于水,溶于乙醇等有机溶剂。

(3)天然存在:未见文献报道。

(4)香气:具有清新茉莉花蕾的香气。

(5)应用:主要用于化妆品、香皂等日用香精配方中,常用于茉莉、橙花、铃兰、紫丁香、水仙等花香型香精的调配。

(6)安全管理情况:认为可安全外用。

8. 羟基香茅醛(Hydroxycitronellal)

羟基香茅醛亦称羟基香草醛,化学名称为 3,7 -二甲基- 7 -羟基辛醛,分子式 $C_{10}H_{20}O_2$,相对分子质量 172.27。

(1)结构式:

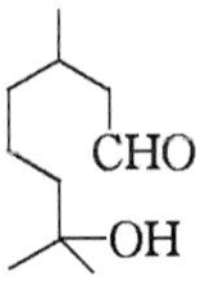

(2)理化性质:无色黏稠液体,沸点 241℃,相对密度 0.920～0.925,微溶于水,溶于乙醇等有机溶剂。

(3)天然存在:未见文献报道。

(4)香气:清甜有力,有似铃兰、百合花花香气息,香气平和而持久。

(5)应用:是铃兰类的重要香料,以皂用香精为首,现广泛用于各种日用香精中。在铃兰、紫丁香、晚香玉等花香型中,能使香气细腻;在香水香精中是很好的修饰剂,可赋花香头香。羟基香茅醛与邻氨基苯甲酸甲酯形成的泄馥基(Schiff Base),习称橙花素(Aurantiol),可用于橙花、白柠檬等香精。本品对有些人的皮肤易产生过敏作用,因此美国日用香料香精协会(IFRA)在 1987 年提出它在日用香精中的用量不得超过 5%。也可适量用于食用香精,如浆果、柑橘、西瓜、樱桃等型,能赋予花香,使香味圆和。

(6)安全管理情况:GRAS;FEMA No.2583;FDA 172.515;COE No.100;GB 2760—1996 批准为允许使用的食用香料。

9. 兔耳草醛(Cyclamen Aldehyde)

兔耳草醛亦称仙客来醛，化学名称为2-甲基-3-(*p*-异丙苯基)丙醛，分子式$C_{13}H_{18}O$，相对分子质量190.29。

(1)结构式：

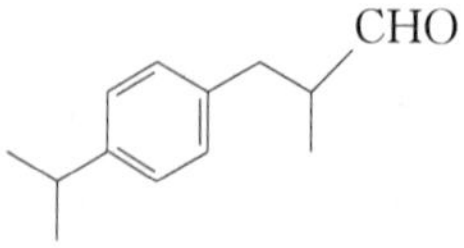

(2)理化性质：无色至淡黄色液体，沸点270℃，相对密度0.946～0.952，折光率1.503～1.508。微溶于水，溶于乙醇等有机溶剂。

(3)天然存在：未见文献报道。

(4)香气：有兔耳草花、铃兰花香气息，带蔬菜、黄瓜、甜瓜香，香气青甜纯厚、有滋润感，留香尚持久。

(5)应用：可用于许多花香型香精，如铃兰、紫丁香、橙花、紫罗兰等香精中，以增强青鲜花香头香以及和润持久之感。由于它对碱稳定，对皮肤又无刺激性，故广泛用于香皂和合成洗涤剂香精中。因兔耳草醇对人体有过敏作用，IFRA规定兔耳草醛中兔耳草醇的含量不得超过1.5%，逾量者禁止使用。本品亦可微量用于柑橘等果香型食用香精中。

(6)安全管理情况：GRAS；FEMA No.2743；FDA 172.515；COE No.133；GB 2760—1996批准为暂时允许使用的食用香料。

10. 铃兰醛(Lilial)

铃兰醛亦称百合醛，化学名称为α-甲基对叔丁基苯丙醛，分子式$C_{14}H_{20}O$，相对分子质量204.31。

(1)结构式：

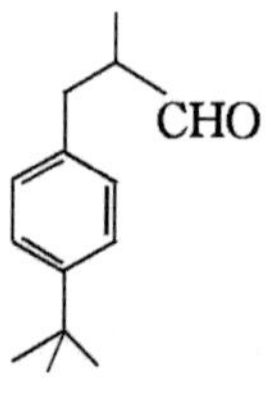

(2)理化性质：无色透明液体，沸点279℃，相对密度0.942～0.947，折光率1.504～1.507。不溶于水，溶于乙醇等有机溶剂。

(3)天然存在：未见文献报道。

(4)香气：清新透发的铃兰、百合样花香，比兔耳草醛香气更为温柔、细腻和优雅，富于花香。

(5)应用：广泛用于化妆品、香皂、洗涤剂香精等日用香精中，既可用于铃兰、紫丁香、橙花、玉兰等花香型香精，也可用于素心兰、东方型等非花香型香精，能赋予花香，又有很好的香气协调性。

(6)安全管理情况：认为可以安全外用。

11. 新铃兰醛(Lyral)

新铃兰醛的化学名称为 4-(4′-羟基-4′-甲基戊基)-3-环己烯-1-甲醛及 3-(4′-羟基-4′-甲基戊基)-3-环己烯-1-甲酸,分子式 $C_{13}H_{22}O_2$,相对分子质量 210.32,为两种异构体(Ⅰ)与(Ⅱ)的混合物。

(1)结构式:

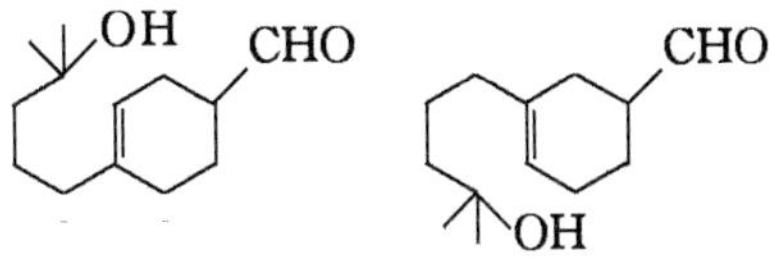

(Ⅰ)　　(Ⅱ)

(2)理化性质:无色稠厚液体,沸点 120～121℃(130 Pa),相对密度 0.990～0.998,折光率 1.486～1.493。不溶于水,溶于乙醇等有机溶剂。

(3)天然存在:未见文献报道。

(4)香气:清淡、甜润而持久的铃兰样花香。

(5)应用:在各种花香型的香皂、洗涤剂、化妆品、香水等日用香精中,可赋予不寻常的花香、粉香及尾韵。用量可达 20%。可代替或与羟基香茅醛同用,也可制成泄馥基应用。

(6)安全管理情况:认为可安全外用。

12. 叶醇(Leaf Alcohol)

叶醇的化学名称为顺-3-己烯醇,分子式 $C_6H_{12}O$,相对分子质量 100.16。

(1)结构式:

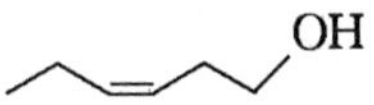

(2)理化性质:无色液体,沸点 156～157℃,相对密度 0.845～0.860,折光率 1.439～1.443。微溶于水,溶于乙醇等有机溶剂。

(3)天然存在:存在于薄荷、绿茶、大花茉莉、香叶、紫罗兰叶及其他花油和叶油中,也存在于悬钩子、葡萄、草莓、圆柚等中。

(4)香气:强烈的新鲜青叶香气,不持久。

(5)应用:常微量用于各类配方,如花香、草香型等来提调头香,使之新鲜飘逸。食用香精,如薄荷及各类有瓜果香味的复方中用微量即有功效。

(6)安全管理情况:GRAS;FEMA No.2563;FDA 172.515;COE No.750;GB 2760—1996 批准为允许使用的食用香料。

13. 辛炔羧酸甲酯(Methyl Octin Carbonate)

辛炔羧酸甲酯的化学名称为 2-辛炔酸甲酯,分子式 $C_9H_{14}O_2$,相对分子质量 154.21。

(1)结构式:

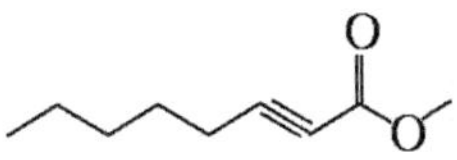

(2)理化性质:无色或淡黄色油状液体,相对密度 0.914～0.918,沸点 122℃(2.7kPa),折光率 1.447～1.450,几乎不溶于水,溶于乙醇等有机溶剂。

(3)天然存在:未见文献报道。

(4)香气:尖锐的青香,稀释后有紫罗兰叶和含羞花样香气。香气比庚炔羧酸甲酯细致、稳定。有愉快的青果、蔬菜味觉,像未成熟的香蕉、鲜桃及黄瓜皮气息。

(5)应用:对赋予香精新鲜青秀有显著效果,常用于栀子、晚香玉、紫罗兰、素心兰等香型香精中,与果香、花香、膏香有良好的协调圆和作用。也可用于黄瓜、桃、香蕉、荔枝、酒类等食用香精配方中,用量极微。

(6)安全管理情况:GRAS;FEMA No.2726;FDA 172.515;COE No.481;GB 2760—1996 批准为暂时允许使用的食用香料。

14. 女贞醛(Ligustral)

女贞醛的化学名称为 2,4-二甲基-3-环己烯甲醛(Ⅰ),分子式 $C_9H_{14}O$,相对分子质量 138.21。为两种异构体(Ⅰ)与(Ⅱ)的混合物(4∶1)。

(1)结构式:

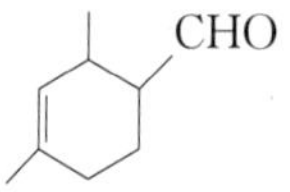

(Ⅰ)

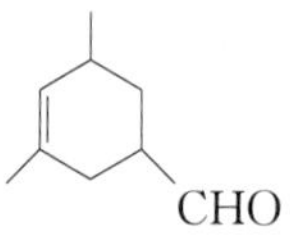

(Ⅱ)

(2)理化性质:无色或淡黄色油状液体,相对密度 0.926～0.941,沸点 94～96℃(4kPa),折光率 1.469～1.475,不溶于水,溶于乙醇等有机溶剂。

(3)天然存在:未见文献报道。

(4)香气:鲜青强的叶青气,带柑橘香韵。

(5)应用:可用于日用香精配方,如香水、香波、香皂、洗涤剂等香精配方中,与花香、木香和草香气息能很好和谐,能赋予天然感、增强扩散力。用量可达 2%。

(6)安全管理情况:认为可安全外用。

15. 二氢月桂烯醇(Dihydromyrcenol)

二氢月桂烯醇的化学名称为 2,6-二甲基-7-辛烯-2-醇,分子式 $C_{10}H_{20}O$,相对分子质量 156.27。

(1)结构式:

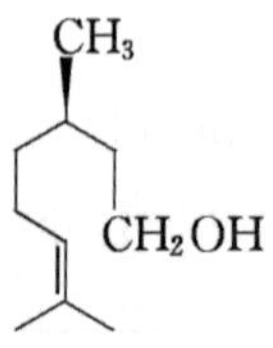

(2)理化性质:无色至淡黄色透明液体,相对密度 0.831～0.839,折光率 1.438～1.443,不溶于水,溶于乙醇等有机溶剂。

（3）天然存在：未见文献报道。

（4）香气：青甜而有力，新鲜的柑橘、白柠檬、花香气息。

（5）应用：二氢月桂烯醇现已成为大宗香料，广泛用于日用香精配方中，在香皂和洗涤剂香精中，用量可达20%。价虽廉，但香气较好，且气势强，在花香香精中能起有趣的作用；在古龙、柑橘、柠檬香型香精中，能使香气清鲜有力而飘逸。成品中宜加入0.02%的BHA稳定剂。

（6）安全管理情况：RIFM；认为可安全外用。

16. 芳樟醇(Linalool)

芳樟醇亦称里哪醇、沉香醇，化学名称为3,7－二甲基－1,6－辛二烯－3－醇，分子式$C_{10}H_{18}O$，相对分子质量154.24。

（1）结构式：

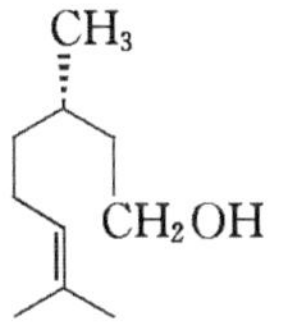

（2）理化性质：无色液体，相对密度0.858～0.875，沸点198℃，折光率1.460～1.464，几乎不溶于水和甘油，溶于乙醇、丙二醇和油类。

（3）天然存在：芳樟醇具有旋光异构体，左旋体存在于芳樟叶油、芳樟木油、黄樟油、香柠檬油、薰衣草油、玫瑰木油等精油中；右旋体存在于芫荽籽油、某些品种的香紫苏油等中；消旋体存在于香紫苏油、茉莉油中。

（4）香气：浓青香带甜的木青气息，有铃兰花香香气，又兼木香、果香。香气柔和，轻扬透发，但不甚持久。不同的旋光异构体香气微有差别，右旋体较青香透发，且多玫瑰气息；左旋体相对偏甜。

（5）应用：广泛用于各种日用香精的调配，不仅能用于所有的花香型，如茉莉、铃兰、水仙、晚香玉、玫瑰等，也可用于果香、青香、木香、醛香、东方、素心兰等非花香香型中。因在皂中较稳定，在皂用香精中多用之。在食用香精中，可用于调配茶叶、桃、杏、柑橘、热带芒果、奶油等香精，与香兰素协调能加强奶香、减少木香。

（6）安全管理情况：GRAS；FEMA No.2635；FDA 182.60；COE No.61；GB 2760—1996批准为暂时允许使用的食品香料。

17. 乙酸芳樟酯(Linalyl Acetate)

乙酸芳樟酯的化学名称为3,7－二甲基－1,6－辛二烯－3－醇乙酸酯，分子式为$C_{12}H_{20}O_2$，相对分子质量196.29。

（1）结构式：

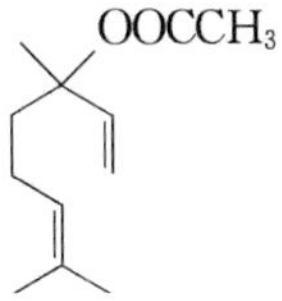

(2)理化性质:无色液体,相对密度 0.898～0.903,沸点 220℃,折光率 1.449～1.452,微溶于水,溶于乙醇,不溶于甘油。

(3)天然存在:存在于薰衣草、香柠檬、橙叶、芳樟、罗勒、茉莉、橙花、栀子、依兰、玫瑰等精油中,也存在于桃、芹菜、西红柿中。

(4)香气:青香带甜,似橙叶、香柠檬香气,又有似薰衣草花香气息。香气较透发,但不够持久。香气较芳樟醇青香。

(5)应用:广泛用于香水、化妆品、香皂等日用香精的调配,是香柠檬、橙叶、薰衣草、茉莉、橙花等香型香精中的主香剂,用于依兰、紫丁香和东方香型可作为修饰剂。亦可用于调配茶叶、苹果、香柠檬、柑橘、桃等食用香精。

(6)安全管理情况:GRAS;FEMA No.2636;FDA 182.60;COE No.203;GB 2760—1996 批准为暂时允许使用的食用香料。

18. 乙酸苏合香酯(Methyl Phenyl Carbinyl Acetate)

乙酸苏合香酯亦称乙酸甲基苯基原酯,分子式 $C_{10}H_{12}O_2$,相对分子质量 164.21。

(1)结构式:

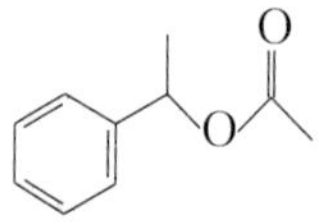

(2)理化性质:无色液体,相对密度 1.023～1.031,沸点 213～214℃(72～73℃/ 530 Pa),折光率 1.492～1.497,不溶于水,微溶于甘油,溶于乙醇等有机溶剂。

(3)天然存在:未见文献报道。

(4)香气:具有强烈的青香香气,似栀子花的清香,并有青果气息。香气生硬,不甚持久。

(5)应用:主要应用于栀子、晚香玉、茉莉、风信子、铃兰等日用香精中,与橡苔浸膏、格蓬油、紫罗兰酮类、羟基香茅醛等能很好地协调。用量在 5 %以内,IFRA 没有限制规定。广泛应用于食用香精,尤适于苹果、杏、梅子、桃等果香型香精。

(6)安全管理情况:GRAS;FEMA No.2684;FDA 172.515;COE No.573;GB 2760—1996 批准为允许使用的食用香料。

19. 乙酸香茅酯(Citronellyl Acetate)

乙酸香茅酯的化学名称为 3,7－二甲基－6－辛烯醇乙酸酯,分子式 $C_{12}H_{22}O_2$,相对分子质量 198.31。

(1)结构式:

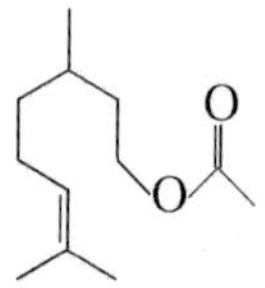

(2)理化性质:无色液体,相对密度 0.884～0.892,沸点 119～121℃(2kPa),折光率1.440～

1.446，几乎不溶于水，溶于乙醇等有机溶剂。

（3）天然存在：存在于香茅油、香叶油、柠檬桉油、圆柚、柠檬、橙等中。

（4）香气：具有新鲜的玫瑰、薰衣草样花香和清甜的水果样香气。储存不当容易分解带有乙酸气息。

（5）应用：可用于日用香精配方中，在玫瑰、香石竹、薰衣草、铃兰等花香型香精中可协调清甜香气；在素心兰、香柠檬、古龙、醛香等非花香型香精中，可赋予新鲜的甜香和果香香韵。在配方中的用量在15%以内，IFRA没有限制规定。亦可微量用于柠檬、生梨、苹果、杏、香蕉、葡萄、玫瑰等食用香精。

（6）安全管理情况：GRAS；FEMA No. 2311；FDA 172.515；COE No. 202；GB 2760—1996批准为允许使用的食用香料。

20. 乙酸香叶酯(Geranyl Acetate)

乙酸香叶酯的化学名称为3,7-二甲基-2,6-辛二烯醇乙酸酯，分子式 $C_{12}H_{20}O_2$，相对分子质量196.29。

（1）结构式：

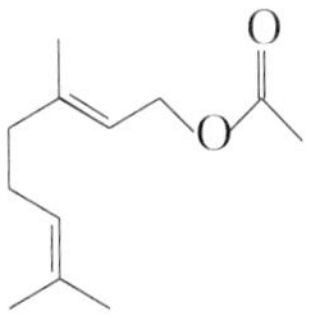

（2）理化性质：无色液体，相对密度0.902～0.910，沸点245℃，130～132℃(2.9kPa)，折光率1.454～1.460，极微溶于水，溶于乙醇、丙二醇和油类。

（3）天然存在：存在于柠檬油、橙花油、香茅油、柠檬草油、玫瑰草油、香叶油、薰衣草油、橙叶油等多种精油以及西红柿、杏仁、白葡萄酒、生姜等中。

（4）香气：青甜的香柠檬样果香，有令人愉快的玫瑰、薰衣草样香气，带些生梨气息。香气比香叶醇青而强，留香一般。储存不当容易分解，会有乙酸气息。

（5）应用：广泛用于香水、化妆品和香皂香精中，花香、果香和药草香型配方都用之，有协调增甜的作用。用量在1%～5%，最高可达30%，IFRA没有限制规定。亦可用于食用香精，如柠檬、生梨、苹果、杏、香蕉、葡萄、玫瑰等香精的调配。

（6）安全管理情况：GRAS；FEMA No. 2509；FDA 182.60；COE No. 201；GB 2760—1996批准为允许使用的食用香料。

21. 乙酸苯乙酯(Phenylethyl Acetate)

乙酸苯乙酯亦称乙酸苄基甲酯，分子式 $C_{10}H_{12}O_2$，相对分子质量164.21。

（1）结构式：

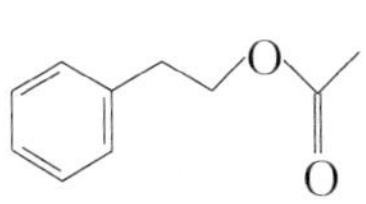

(2)理化性质：无色液体，沸点 232℃，118～120℃(1.7kPa)，相对密度 1.029～1.037，折光率 1.496～1.501，微溶于水，能溶于乙醇、丙二醇和油类。

(3)天然存在：存在于黄兰油、玫瑰油等精油和甜瓜、葡萄、橄榄、白兰地等中。

(4)香气：青甜蜜香，有玫瑰、栀子似的花香香气，兼有桃样果香和叶青气。香气较轻飘，不够持久。

(5)应用：广泛用于香皂、洗涤剂、化妆品、防臭剂等日用香精配方中，适宜玫瑰、栀子、紫罗兰、茉莉、香石竹等花香型，以及东方香型、柑橘型等非花香型香精的调配，既能充实体香，也可用作修饰剂。用量在 1%～10%，最高可达 50%，IFRA 没有限制规定。亦可用于食用香精，如桃、杏、草莓、奶油、蜜香、玫瑰等香型中。

(6)安全管理情况：GRAS；FEMA No. 2857；FDA 172.515；COE No. 221；GB 2760—1996 批准为暂时允许使用的食用香料。

22. β-苯乙醇(β-Phenylethyl Alcohol)

β-苯乙醇亦称乙位苯乙醇、2-苯基乙醇，分子式 $C_8H_{10}O$，相对分子质量 122.17。

(1)结构式：

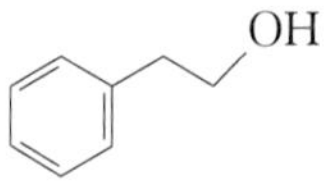

(2)理化性质：无色黏稠液体，相对密度 1.018～1.021，沸点 220℃，折光率 1.531～1.534，微溶于水，能与乙醇和油混合。

(3)天然存在：大量存在于玫瑰精油和玫瑰水中，少量存在于香叶、橙花、依兰、香石竹、黄兰、茶叶等精油中。

(4)香气：弱的玫瑰样香气，柔和但不持久。

(5)应用：苯乙醇是应用最为广泛的大宗香料之一，价格虽廉但能与各类香气都有良好的协调性。主要用于玫瑰香精，也用于茉莉、橙花、铃兰等花香型以及东方、草香、醛香等非花香型香精。在日用香精配方中用量为 5%～20%，最高可达 40%。IFRA 没有限制规定。在食用香精中，常用于玫瑰、奶油、草莓、焦糖、蜂蜜等香型配方中。烟用香精中亦用之。

(6)安全管理情况：GRAS；FEMA No. 2858；FDA 172.515；COE No. 68；GB 2760—1996 批准为允许使用的食用香料。

23. 苯乙醛(Phenylacetaldehyde)

苯乙醛的分子式 C_8H_8O，相对分子质量 120.15。

(1)结构式：

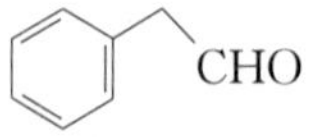

(2)理化性质：无色或浅黄色油状液体，相对密度 1.023～1.035，沸点 195℃，86℃(1.3kPa)，折光率 1.524～1.532，不溶于水，溶于乙醇等有机溶剂。

(3)天然存在:存在于橙花、玫瑰、柑橘等精油中。

(4)香气:具有强烈的似风信子、紫丁香花香气息,有杏仁、玫瑰底韵。香气有力,但留香较差。香气比苯乙醇增青增强。

(5)应用:广泛用于花香型香精,能赋予青的头香、提调香气。一般用量为1%~2%,风信子型中可多用。因久储后易聚合,通常配制成50%的邻苯二甲酸二乙酯或苄醇溶液使用,或可制成缩醛应用。亦可用于调配苦杏仁、草莓、樱桃、蜜香等食用香精。

(6)安全管理情况:GRAS;FEMA No.2874;FCC;IFRA(1975年10月)认为苯乙醛对人体皮肤有过敏作用,应与同质量的防过敏化作用的香料或原料,如苯乙醇或二丙二醇醚合用于日用品香精中。

24. 苯乙二甲缩醛(Phenylacetaldehyde Dimethylacetal)

苯乙二甲缩醛的化学名称为1,1-二甲氧基-2-苯基乙烷,分子式 $C_{10}H_{14}O_2$,相对分子质量166.22。

(1)结构式:

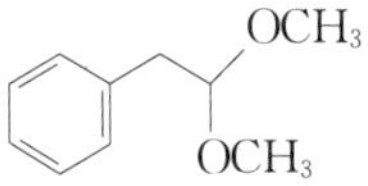

(2)理化性质:无色液体,相对密度1.002~1.006,沸点194~195℃,99~101℃(1.6 kPa),折光率1.493~1.496,微溶于水,能溶于乙醇等有机溶剂。

(3)天然存在:存在于可可(Cocoa)中。

(4)香气:强烈的青香,有似玫瑰、风信子和紫丁香样花香,并有酿香、苦杏仁气息。香气相当透发,也较持久。香气比苯乙醛增青、增强、柔和。

(5)应用:可用于香水、香皂和洗涤剂香精,是最常用的缩醛。宜用于玫瑰、风信子、紫丁香、栀子、香石竹等花香型,也可用于东方、木香、辛香等非花香型香精中;用代苯乙醛,可赋予香精新鲜气息,得青香、酿香和辛香。在日用香精配方中用量在5%以内,IFRA没有限制规定。亦可微量用于食用香精,如李子、杏、樱桃、蜜香等。

(6)安全管理情况:GRAS;FEMA No.2876;FDA 172.515;COE No.40;GB 2760—1996批准为允许使用的食用香料。

25. 松油醇(Terpineol)

松油醇的分子式 $C_{10}H_{18}O$,相对分子质量154.25。

(1)结构式:

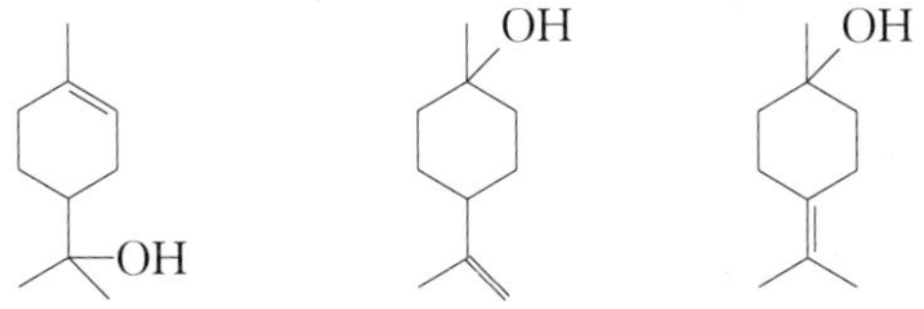

α-松油醇　　β-松油醇　　γ-松油醇

(2)理化性质:一般为几个异构体的混合物,以 α-异构体为主。无色黏稠液体,相对密度 0.934～0.941,沸点 218～219℃,85℃/400 Pa,折光率 1.480～1.483,微溶于水,能溶于乙醇、丙二醇和油。

(3)天然存在:α-松油醇有旋光异构体,左旋体存在于松针、桂叶、柠檬、白柠檬、玫瑰木等精油中;右旋体存在于松节、甜橙、橙花、茉莉、肉豆蔻油等精油中;消旋体存在于香叶、玉树等精油中。

(4)香气:具有紫丁香香气,气势淡弱,不够留长。纯度不同时,其香气会有差异。不同异构体间香气也有差别,α-松油醇青香似紫丁香气息,香气最好;β-松油醇青香带木香,似干紫丁香气息;γ-松油醇青香微甜,似风信子气息。其中 α-松油醇的左旋体香气相对偏凉,右旋体相对偏青,香气以右旋者为佳。

(5)应用:松油醇是最为广用的大宗香料之一,价廉,且有较好的香气适应性及稳定性。广泛用于各种日用香精配方中,尤其是皂用、洗涤剂用香精,一般用量为 5%～20%,最高可达 40%。IFRA 没有限制规定。亦可用于调配柠檬、甜橙、桃、柑橘、肉豆蔻等食用香精。

(6)安全管理情况:GRAS;FEMA No. 3045;FDA 172.515;COE No. 62;GB 2760—1996 批准为允许使用的食用香料。

26. 乙酸松油酯(Terpinyl Acetate)

乙酸松油酯的分子式 $C_{12}H_{20}O_2$,相对分子质量 196.29。

(1)结构式:

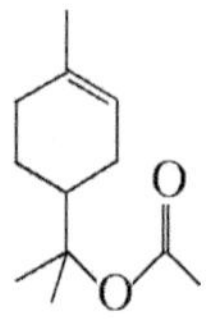

(2)理化性质:无色液体,一般均含有异构体化合物。相对密度 0.959～0.964,沸点 220℃,折光率 1.464～1.466,不溶于水,能溶于乙醇等有机溶剂。

(3)天然存在:存在于薰衣草、松针、柏木、苦橙等 40 多种天然精油中。

(4)香气:具有似香柠檬、薰衣草的香气,清香带甜、硬而不飘。与乙酸芳樟酯相比,香气要弱得多,但留香略长。

(5)应用:大量广泛用于各种日用香精配方中,尤其是皂用香精,常用于薰衣草、古龙、馥奇、松针、柑橘等香型香精中,用量可达 30%。IFRA 没有限制规定。亦可用于调配柠檬、柑橘、橙子、樱桃等果香型以及辛香、肉香等食用香精。

(6)安全管理情况:GRAS;FEMA No. 3407;FDA 172.515;COE No. 205;GB 2760—1996 批准为允许使用的食用香料。

27. 大茴香醛(Anisic Aldehyde)

大茴香醛的化学名称为对甲氧基苯甲醛,分子式 $C_8H_8O_2$,相对分子质量 136.15。

(1)结构式:

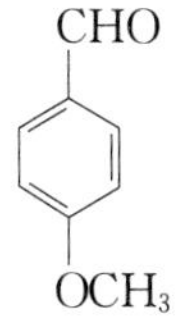

(2)理化性质:无色或浅黄色液体,相对密度 1.120～1.124,沸点 247～248℃,91℃(530Pa),折光率 1.571～1.574,不溶于水,微溶于丙二醇和甘油,能溶于乙醇和油。

(3)天然存在:存在于八角茴香油、小茴香油、香荚兰豆、金合欢油和含羞花油等中。

(4)香气:具有似山楂花的香气,带豆香、药草、辛甜香韵。香气强烈、留长。与大茴香醇同为茴青香气,但较之清强而粗糙。

(5)应用:主要用于皂用香精中,是调配山楂花型的主体香料,也可用于紫丁香、兰花、玉兰等花香型和草香、馥奇、醛香等非花型中。一般用量在 5%以内,IFRA 没有限制规定。亦可用于调配茴香、杏仁、樱桃、巧克力、胡桃、香荚兰豆等食用香精。

(6)安全管理情况:GRAS;FEMA No. 2670;FDA 172.515;COE No. 103;GB 2760—1996 批准为暂时允许使用的食用香料。

28. 大茴香醇(Anisyl Alcohol)

大茴香醇的化学名称为 4-甲氧基苯甲醇,分子式 $C_8H_{10}O_2$,相对分子质量 138.16。

(1)结构式:

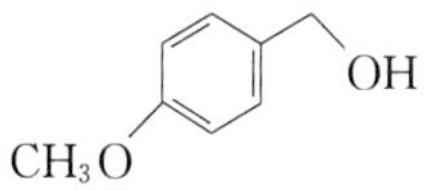

(2)理化性质:无色至浅黄色液体,易趋于结晶,相对密度 1.109～1.117,沸点 259℃,折光率 1.542～1.546,不溶于水,能溶于乙醇和油。

(3)天然存在:存在于香荚兰豆、茴香油中。

(4)香气:淡雅的紫丁香、山楂花似的花香,兼有豆香,微有膏香、粉香底韵。香气平和、留长。

(5)应用:可用于日用香精中,类同于大茴香醛。一般用量在 10%以内,IFRA 没有限制规定。亦可用于巧克力、可可、香荚兰、甘草、樱桃等食用香精。

(6)安全管理情况:GRAS;FEMA No. 2099;FDA 172.515;COE No. 66;GB 2760—1996 批准为允许使用的食用香料。

29. 薄荷醇(Menthol)

薄荷醇亦称薄荷脑,化学名称为 1-甲基-4-异丙基-3-环己醇,分子式 $C_{10}H_{20}O$,相对分子质量 156.27。

(1)结构式:

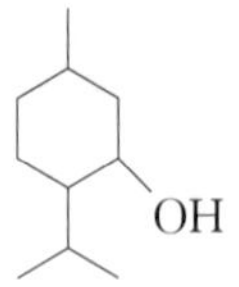

(2)理化性质:薄荷脑有左旋、右旋及消旋三个异构体,还与异薄荷脑、新薄荷脑、异新薄荷脑互为立体异构体。自然界存在的大多为左旋体,常用的商品主要是天然的左旋体或合成的消旋体。无色针状或棱柱状结晶,熔点 42~43℃,沸点 216℃,折光率 1.460~1.462,微溶于水,溶于乙醇等有机溶剂。

(3)天然存在:左旋体大量存在于薄荷油中,少量在香叶油、留兰香油等精油中。

(4)香气:具有清凉、愉快的薄荷香气,带甜的尖刺气。香气透发,但不够持久。不同异构体的香气和清凉度是不同的,左旋薄荷脑的香气凉而清醒,是纯的薄荷香气;右旋薄荷脑凉气带清,略带樟脑香气;而消旋薄荷脑多木香,凉气不及左旋体;其他异构体的香气则较差。

(5)应用:薄荷脑是一种用途广、用量大的香料,可用于牙膏、漱口水、剃须用品等日用香精中;也可用于食品香精,尤其是糖果、饮料用香精;此外,在烟草、医药工业都有广泛应用。IFRA 没有限制规定。

(6)安全管理情况:GRAS;FEMA No. 2665;FDA 172.515;COE No. 63;RIFM;GB 2760—1996 批准天然薄荷脑为允许使用的食用香料,2002 年增补批准消旋薄荷脑为允许使用的食用香料。

30. 龙脑(Borneol)

龙脑亦称冰片,2-莰醇,化学名称为 1,7,7-三甲基二环[2.2.1]-2-庚醇,分子式 $C_{10}H_{18}O$,相对分子质量 154.24。

(1)结构式:

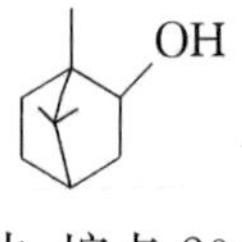

(2)理化性质:具有旋光异构体,左旋体:熔点 204℃,沸点 210℃,$[\alpha]_D^{20}$ -37.7°(C=5,乙醇溶液);右旋体:熔点 208℃,沸点 212℃,$[\alpha]_D^{20}$ +37.7°(C=5,乙醇溶液);消旋体:熔点 206~207℃。无色片状晶体,相对密度 1.011,不溶于水,溶于乙醇等有机溶剂。

(3)天然存在:左旋体存在于香茅、芫荽籽、松针等精油中,右旋体存在于杂薰衣草、穗薰衣草、肉豆蔻、小豆蔻、生姜等精油中,消旋体存在于樟脑、迷迭香油、百里香油等中。

(4)香气:清凉尖刺的樟脑样气息,微带药香、木香、胡椒香。香气飘逸,不够留长。

(5)应用:主要用于化妆品、洗涤剂、喷雾剂等日用香精配方中,如薰衣草、馥奇、古龙、松针等香型。熏香香精中亦用之,常与乳香同用,极协调。IFRA 没有限制规定。食用方面可极微量用于坚果和辛香型香精。

(6)安全管理情况：GRAS；FEMA No. 2157；FDA 172.515；COE No. 64；GB 2760—1996 批准为允许使用的食用香料。

31. 橙花素(Aurantiol)

橙花素是国内的商品名，亦称羟基香茅醛邻氨基苯甲酸甲酯泄馥基，化学名称为 *N*-(3，7-二甲基-7-羟基亚辛基)-邻苯基苯甲酸甲酯，分子式 $C_{18}H_{27}NO_3$，相对分子质量 305.43。

(1)结构式：

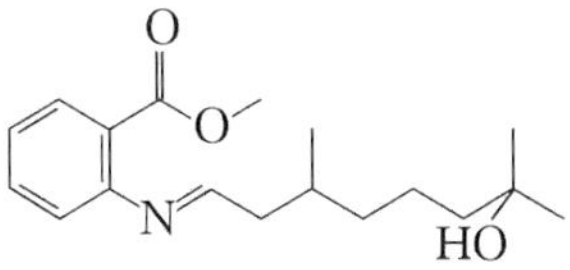

(2)理化性质：橙黄色黏稠液体，相对密度 1.020～1.080，沸点约 300℃，折光率 1.530～1.550，不溶于水，溶于乙醇等有机溶剂。

(3)天然存在：未见文献报道。

(4)香气：具有强烈的橙花似花香，香气甜润、较留长。

(5)应用：主要用于香水、化妆品、香皂、洗涤剂等日用香精的调配，可用于橙花、柑橘、素心兰、东方等香型香精中。用量在 10%以内，IFRA 没有限制规定。

(6)安全管理情况：IFRA；RIFM。

32. 风信子素(Hyacinth)

风信子素是国内商品名，化学名称是乙醛乙醇苯乙醇缩醛或 1-苯乙氧基-1-乙氧基乙烷。分子式 $C_{12}H_{18}O_2$，相对分子质量 194.27。

(1)结构式：

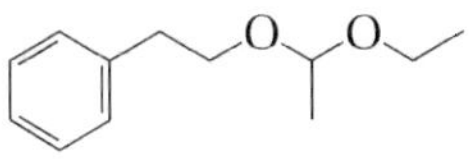

(2)理化性质：无色至淡黄色液体，相对密度 0.954～0.962，沸点 110℃(670Pa)，折光率 1.478～1.483，不溶于水，溶于乙醇等有机溶剂。

(3)天然存在：未见文献报道。

(4)香气：具有强烈的风信子、铃兰似清甜花香，微带膏香。

(5)应用：可用于日用香精配方中，尤宜用于香皂、洗涤剂和化妆品香精中，用量在 6%以内。IFRA 没有限制规定。

(6)安全管理情况：认为可安全外用。

二、草香(包括芳草香和药草香)

1. 水杨酸甲酯(Methyl Salicylate)

水杨酸甲酯亦称柳酸甲酯，化学名称为邻羟基苯甲酸甲酯，分子式 $C_8H_8O_3$，相对分子质量 152.14。

(1)结构式:

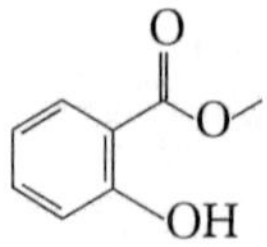

(2)理化性质:无色液体,相对密度 1.174,沸点 222～223℃,101℃(1.6kPa),折光率 1.535～1.538,几乎不溶于水,溶于乙醇等有机溶剂。

(3)天然存在:大量存在于冬青油中,也存在于甜桦木、金合欢、晚香玉、依兰、香石竹等精油,以及黑加仑、葡萄、樱桃、苹果、桃、西红柿等中。

(4)香气:冬青样特有香气,青香带焦的药草香。香气粗发,不甚留长。

(5)应用:多用作牙膏等口腔清洗剂的加香,可适量用于日用香精配方中,如依兰、晚香玉、栀子、素心兰、馥奇等香型的调配。IFRA 没有限制规定。也可用于草莓、葡萄、香荚兰豆、胶姆糖果等食用香精和啤酒香精。

(6)安全管理情况:FEMA No. 2745;COE No. 433;GB 2760—1996 批准为暂时允许使用的食用香料。

2. 水杨酸异戊酯(Isoamyl Salicylate)

水杨酸异戊酯亦称柳酸异戊酯,化学名称为邻羟基苯甲酸异戊酯,分子式 $C_{12}H_{16}O_3$,相对分子质量 208.25。

(1)结构式:

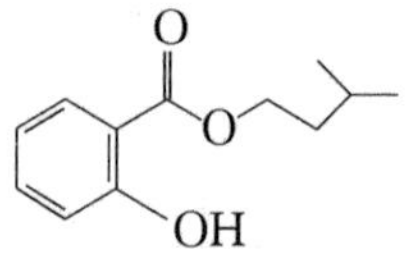

(2)理化性质:无色液体,相对密度 1.052,沸点 270℃,151℃(2kPa),折光率 1.506～1.508,不溶于水,溶于乙醇等有机溶剂。

(3)天然存在:未见文献报道。

(4)香气:具有草香和花香,微有些豆香与木香,似草兰样香韵,留香持久。

(5)应用:是较重要的水杨酸酯类之一,可用于许多日用香精配方中,如草兰、香石竹、紫罗兰、风信子等花香型以及木香、东方、馥奇、素心兰等非花香香型香精中。最高用量可达 40%,IFRA 没有限制规定。亦可微量用于果香型食用香精中。

(6)安全管理情况:GRAS; FEMA No. 2084;FDA;COE;GB 2760—1996 批准为允许使用的食用香料。

3. *β*-萘甲醚(*β*-Naphthol Methyl Ether)

β-萘甲醚亦称乙位萘甲醚,分子式 $C_{11}H_{10}O$,相对分子质量 158.20。

(1)结构式:

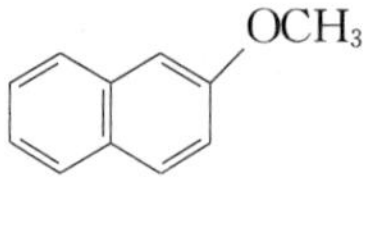

(2)理化性质:白色鳞片状晶体,熔点 72～73℃,沸点 274℃,138℃(1.3kPa),不溶于水,溶于乙醇等有机溶剂,易升华。

(3)天然存在:未见文献报道。

(4)香气:强烈、清涩的草香,稀释后有橙花、金合欢花似的香气。留香持久。

(5)应用:主要用于调配低档的洗涤剂、有色皂用香精中,如橙花、茉莉、古龙等香型,能赋予花香;也可用于需要耐碱耐热的塑料制品、合成橡胶制品和熏香等的加香。用量在 10%以内,IFRA 没有限制规定。

(6)安全管理情况:RIFM;IFRA。

4. 乙酸三环癸烯酯(Tricyclodecenyl Acetate)

乙酸三环癸烯酯的化学名称为乙酸 3a,4,5,6,7,7a-六氢-4,7-亚甲基-6-茚酯,分子式 $C_{12}H_{10}O_2$,相对分子质量 192.26。因乙酰氧基的位置不同,为异构体的混合物。国外商品名为 Jasmacyclene。

(1)结构式:

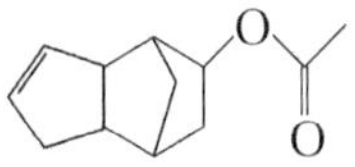

(2)理化性质:无色液体,相对密度 1.074,沸点 119～121℃(1kPa),折光率 1.496,不溶于水,溶于乙醇等有机溶剂。

(3)天然存在:未见文献报道。

(4)香气:强烈的草香、青香和果香,并伴有茴香及木香底韵。留香持久。

(5)应用:由于价廉且香气透发、持久,因而广泛用于皂用、洗涤剂、空气新鲜剂用等日用香精配方中。适用于栀子、铃兰、茉莉、薰衣草等花香型及素心兰、馥奇、醛香、木香、青香、果香等非花香型香精中。用量在 10%以内,IFRA 没有限制规定。

(6)安全管理情况:RIFM;IFRA。

三、木香

1. 檀香醇(Santalol)

檀香醇的分子式 $C_{15}H_{24}O$,相对分子质量 220.36。

(1)结构式:

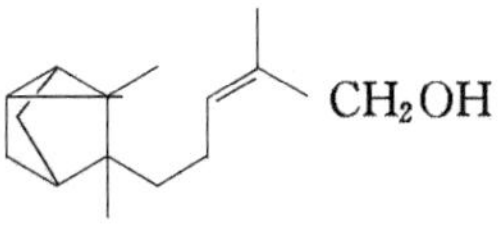

α-檀香醇

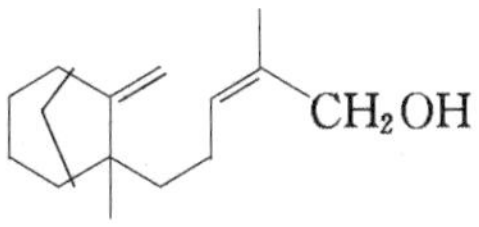

β-檀香醇

(2)理化性质:无色或淡黄色黏稠液体,相对密度 0.970,具有 α-异构体和β-异构体,α-异构体沸点 302℃,β-异构体沸点 309℃,市售商品一般为两种异构体的混合物,折光率 1.505～

1.508。不溶于水，溶于乙醇等有机溶剂。

(3)天然存在：存在于檀香油中。

(4)香气：温暖甜美的檀香香气。

(5)应用：作为优良的定香剂，主要用于高级日用香精配方中，如檀香、东方、素心兰、玫瑰等香型。用量在15%以内，IFRA没有限制规定。亦可微量用于果香型食用香精中。

(6)安全管理情况：GRAS；FEMA No. 3006；FDA 172.515；COE No. 74；RIFM。

2. 檀香803

檀香803为国内商品名，亦称人造檀香(及其类似物)，化学名称为3-(5,5,6-三甲基二环[2.2.1]庚基)环己醇，分子式$C_{16}H_{28}O$，相对分子质量236.40。是莰烯与愈创木酚或苯酚、邻苯二酚等的缩合物，经加氢后得到的以反-3-异莰基环己醇为基本发香体的混合物。GIV的商品名称为Sandela，Symrise的商品名称为Sandel 80。

(1)结构式：

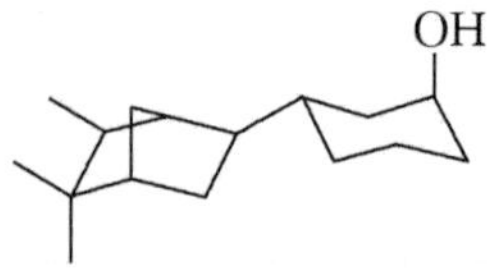

(2)理化性质：无色或淡黄色黏稠液体，相对密度0.996，沸点165～175℃(700Pa)，折光率1.489～1.499。不溶于水，溶于乙醇等有机溶剂。

(3)天然存在：未见文献报道。

(4)香气：淡甜的木香，似檀香香气，但不及天然檀香油透发和甜润，留香持久。

(5)应用：作为经典的檀香原料而广泛用于各种日用香精配方中。因价格低廉，常用以代替天然檀香油，适用于各种香型配方中。用量在20%以内，IFRA没有限制规定。

(6)安全管理情况：认为可安全外用。

3. 檀香208

檀香208是国内商品名，亦称2-亚龙脑烯基丁醇，化学名称为2-乙基-4-(2,2,3-三甲基-3-环戊烯基)-2-丁烯-1-醇，分子式$C_{14}H_{24}O$，相对分子质量208.34。IFF的商品名称为Bacdanol，Symrise的商品名称为Sandranol。

(1)结构式：

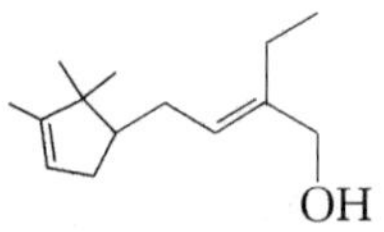

(2)理化性质：无色至浅黄色液体，沸点298℃，127～130℃(270Pa)，相对密度0.916～0.920，折光率1.486～1.490。不溶于水，溶于乙醇等有机溶剂。

(3)天然存在：未见文献报道。

(4)香气：强烈的天然檀香香气，暖香和木香，并伴有花香香调。留香持久。

(5)应用:可代替天然檀香油,用于香水、化妆品、香皂等日用香精配方中,给予透发的檀香香气以及丰厚幽雅的感觉。用量在5%以内,IFRA没有限制规定。

(6)安全管理情况:认为可安全外用。

4. 柏木醇(Cedrol)

柏木醇亦称柏木脑,分子式 $C_{15}H_{26}O$,相对分子质量222.38。

(1)结构式:

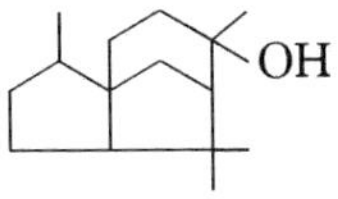

(2)理化性质:白色晶体,熔点86~90℃,沸点290~292℃,135℃(670Pa),相对密度0.970~0.990,折光率1.506~1.514。不溶于水,溶于乙醇等有机溶剂。

(3)天然存在:存在于柏木、雪松等精油中。

(4)香气:具有温和的柏木样香气,留香持久。

(5)应用:可用于许多日用香精配方中,用量随品种不同而异,最高可达50%。IFRA没有限制规定。

(6)安全管理情况:RIFM;FDA。

5. 乙酸柏木酯(Cedryl Acetate)

乙酸柏木酯的分子式 $C_{17}H_{28}O_2$,相对分子质量264.41。

(1)结构式:

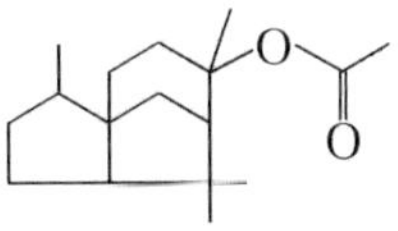

(2)理化性质:纯品为白色结晶,熔点80℃。不溶于水,溶于乙醇等有机溶剂。

(3)天然存在:柏木、杉木等精油中。

(4)香气:具有持久的柏木和岩兰草样香气。

(5)应用:作为定香剂,广泛用于日用香精配方中,主要用以配制木香型香精。用量在20%以内。IFRA没有限制规定。亦可用于烟草香精中。

(6)安全管理情况:GRAS;FDA;COE;RIFM。

6. 甲基柏木醚(Cedryl Methyl Ether)

甲基柏木醚的分子式 $C_{16}H_{28}O$,相对分子质量236.40。

(1)结构式:

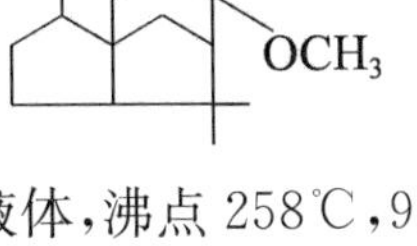

(2)理化性质:无色或淡黄色透明液体,沸点258℃,96℃(130Pa),相对密度0.972~0.980,折光率1.494~1.498。不溶于水,溶于乙醇等有机溶剂。

(3)天然存在:未见文献报道。

(4)香气:富有木香香气,并带有龙涎香香韵。留香持久。

(5)应用:广泛用于香水、化妆品、皂用等日用香精配方中,在木香、檀香、东方等香型香精中,可作为定香剂。用量在5%以内。IFRA没有限制规定。

(6)安全管理情况:认为可安全外用。

7. 甲基柏木酮(Methyl Cedryl ketone)

甲基柏木酮亦称乙酰基柏木烯,分子式 $C_{17}H_{26}O$,相对分子质量246.40,为异构体(Ⅰ)和(Ⅱ)的混合物。

(1)结构式:

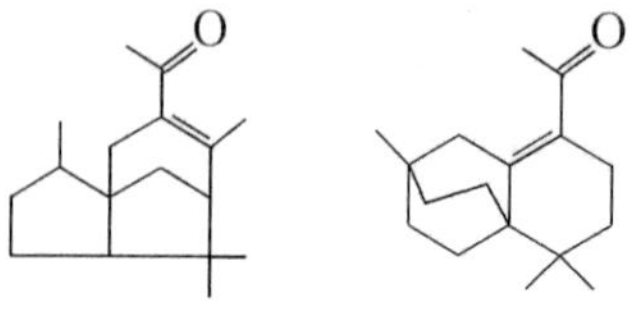

(Ⅰ)　　　　(Ⅱ)

(2)理化性质:淡黄色至棕黄色液体,沸点105~110℃(80Pa),相对密度0.997~1.008,折光率1.512~1.520。不溶于水,溶于乙醇等有机溶剂。

(3)天然存在:未见文献报道。

(4)香气:强烈而持久的木香香气,并带有龙涎香香韵。其中,异构体(Ⅰ)的香气较弱,而异构体(Ⅱ)的香气不仅强烈,而且有涎香的香气特征。因此甲基柏木酮产品质量的优劣,主要取决于异构体(Ⅱ)的含量。

(5)应用:广泛用于香水、化妆品、皂用等日用香精配方中。用量在20%以内,IFRA没有限制规定。

(6)安全管理情况:RIFM;IFRA。

8. 异长叶烷酮(Isolongifolanone)

异长叶烷酮的分子式 $C_{15}H_{24}O$,相对分子质量220.36。

(1)结构式:

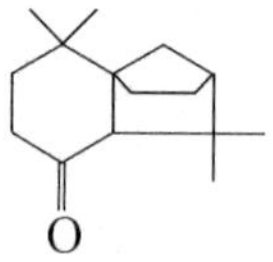

(2)理化性质:无色或黄色液体,沸点113~117℃(270Pa),相对密度0.998~1.006,折光率1.498~1.503。

(3)天然存在:未见文献报道。

(4)香气:有力、新鲜的木香香气,并有天然广藿香样木香及壤香;虽有些龙涎香样香气,但没有乙酰基柏木烯的显著。香气持久。

(5)应用:宜在木香香型中使用,可给以木香,并能与其他木香香料和合协调;用于香水香精中可赋予头香。用量在 15 %以内，IFRA 没有限制规定。

（6）安全管理情况：RIFM；IFRA。

四、蜜甜香

1. 紫罗兰酮（Ionone）

紫罗兰酮的分子式 $C_{13}H_{20}O$，相对分子质量 192.30。有三种异构体：α－紫罗兰酮（Ⅰ）、β－紫罗兰酮（Ⅱ）和 γ－紫罗兰酮（Ⅲ），但以 α－紫罗兰酮和 β－紫罗兰酮为常见。市售商品一般为 α－紫罗兰酮和 β－紫罗兰酮的混合物。

（1）结构式：

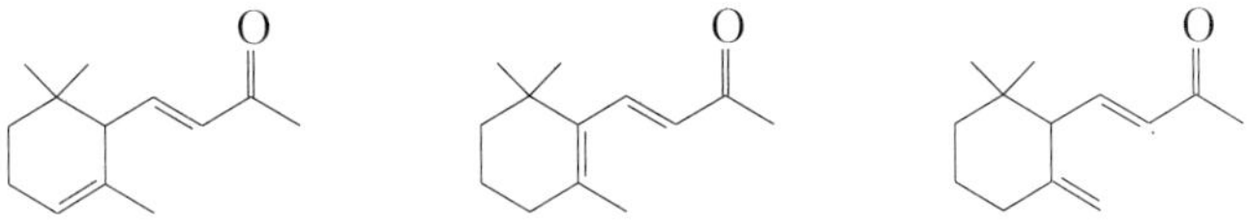

（Ⅰ）　　（Ⅱ）　　（Ⅲ）

（2）理化性质：无色或浅黄色液体，α－紫罗兰酮：沸点 237℃，121～122℃（1.3kPa）；β－紫罗兰酮：沸点 239℃，127～128℃（1.3kPa）。相对密度 0.931～0.938，折光率 1.502～1.507。微溶于水，溶于乙醇等有机溶剂中。

（3）天然存在：α－紫罗兰酮主要存在于金合欢净油、桂花浸膏等中，β－紫罗兰酮主要存在于覆盆子、西红柿、玫瑰精油等中。

（4）香气：具有甜花香兼木香，并带膏香和果香。α－紫罗兰酮有似紫罗兰花香和鸢尾的甜香；β－紫罗兰酮有似柏木和紫罗兰花香气，并有悬钩子样果香底韵，木香稍重；香气均淳厚而留长。

（5）应用：广泛用于香水、化妆品、洗涤剂等日用香精配方中，可用于各种香型，能起到修饰、和合、增甜、增花香、圆熟等作用。用量在 10%以内，IFRA 没有限制规定。亦可用于覆盆子、樱桃、草莓等食用香精配方中。

（6）安全管理情况：α－紫罗兰酮：GRAS；FEMA No. 2594；FDA 172.515；COE No. 141；GB 2760—1996 批准为暂时允许使用的食用香料。β－紫罗兰酮：GRAS；FEMA No. 2595；FDA 172.515；COE No. 142；GB 2760—1996 批准为暂时允许使用的食用香料。

2. 甲基紫罗兰酮（Methyl Ionone）

甲基紫罗兰酮的分子式 $C_{14}H_{22}O$，相对分子质量 206.33。有六种异构体：α－甲基紫罗兰酮（Ⅰ）、α－异甲基紫罗兰酮（Ⅱ）、β－甲基紫罗兰酮（Ⅲ）、β－异甲基紫罗兰酮（Ⅳ）、γ－甲基紫罗兰酮（Ⅴ）和 γ－异甲基紫罗兰酮（Ⅵ）。通常为四种异构体Ⅰ～Ⅳ之混合物。而异构体Ⅴ与Ⅵ很鲜见。

（1）结构式：

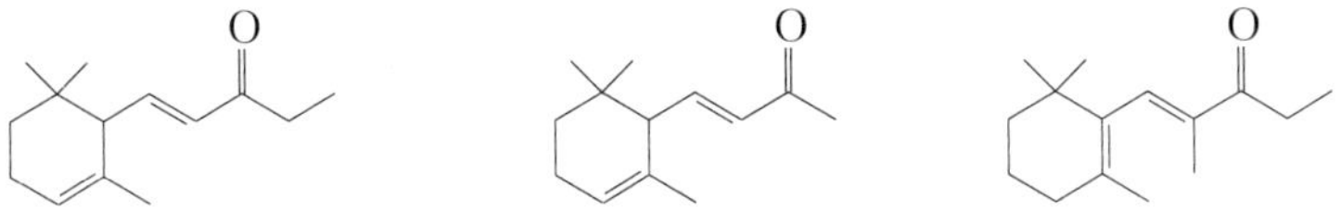

（Ⅰ）　　（Ⅱ）　　（Ⅲ）

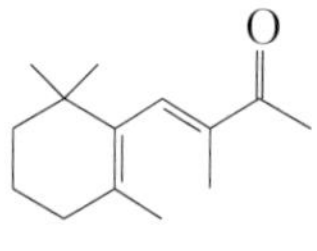

（Ⅳ）

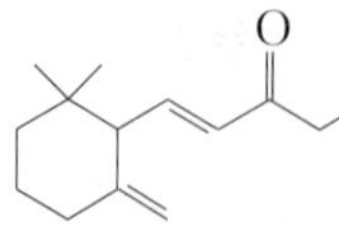

（Ⅴ）

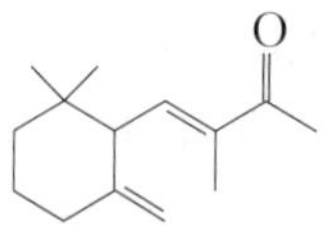

（Ⅵ）

（2）理化性质：浅黄色液体，相对密度 0.928～0.934，折光率 1.499～1.503；α－甲基紫罗兰酮：沸点 238℃，97℃（0.35kPa）；α－异甲基紫罗兰酮：沸点 230℃，93℃（0.41kPa）；β－甲基紫罗兰酮：沸点 242℃，102℃（0.35kPa）；β－异甲基紫罗兰酮：沸点 232℃，94℃（0.41kPa）。不溶于水，溶于乙醇等有机溶剂中。

（3）天然存在：未见文献报道。

（4）香气：细致而浓郁的紫罗兰花香和鸢尾样甜香，兼木香和果香。香气柔甜、持久，较紫罗兰酮类更似鸢尾的香气。不同的异构体间香气也有所差别，α－甲基紫罗兰酮的香气类似于α－紫罗兰酮，但香气较为柔甜；β－甲基紫罗兰酮的香气类似于β－紫罗兰酮，但微带皮革气，不常用；β－异甲基紫罗兰酮有粉香和鸢尾的甜香，兼带木香；γ－甲基紫罗兰酮有强烈的鸢尾甜香，并有柔和的木香、粉香底韵；而α－异甲基紫罗兰酮是六个异构体中香气最好的一个，其精制品最似紫罗兰花和鸢尾的甜香。

（5）应用：广泛用于香水、化妆品、皂用等日用香精配方中，常用于花香、木香、素心兰、东方等香型，能赋予良好花香、增木甜香和粉香，为配方带来厚实而透发的效果。用量可达 25%，IFRA 没有限制规定。亦可用于食用香精，如覆盆子、凤梨、草莓等配方中。

（6）安全管理情况：α－甲基紫罗兰酮：GRAS；FEMA No.2711；FDA 172.515；COE No.143；GB 2760—1996 批准为暂时允许使用的食用香料。α－异甲基紫罗兰酮：GRAS；FEMA No.2714；FDA 172.515；GB 2760—1996 批准为暂时允许使用的食用香料。

3. 香茅醇（Citronellol）

香茅醇过去习称香草醇，化学名称为 3，7－二甲基－6－辛烯醇，为右旋体。分子式 $C_{10}H_{20}O$，相对分子质量 156.27。

（1）结构式：

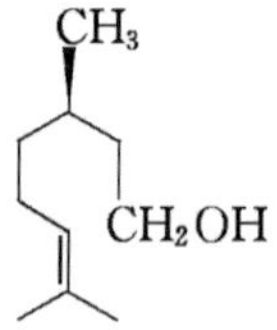

（2）理化性质：无色液体，沸点 225℃，相对密度 0.855～0.860，折光率 1.454～1.459。微溶于水，溶于乙醇等有机溶剂中。

（3）天然存在：存在于香茅油、非洲香叶油、玫瑰油、玫瑰草油等许多精油及橙子、苹果、黑加仑、肉豆蔻等植物中。

（4）香气：青甜轻的玫瑰花香及香叶气息。香气平和，留香力一般。

（5）应用：广泛用于香水、化妆品及皂用香精配方中，是玫瑰型香精的基体香气，也常用于铃兰、紫丁香等花香型香精中，以增甜鲜花香。用量可高达 50%，IFRA 没有限制规定。亦可用于调配玫瑰、草莓、柑橘、樱桃、桃、荔枝等食用香精。

(6)安全管理情况：GRAS；FEMA No. 2309；FDA 172.515；COE No. 59；GB 2760—1996 批准为允许使用的食用香料。

4. 玫瑰醇(Rhodinol)

玫瑰醇亦称左旋香茅醇(*l*-香茅醇)，化学名称为 3,7-二甲基-6-辛烯醇，分子式 $C_{10}H_{20}O$，相对分子质量 156.27。

(1)结构式：

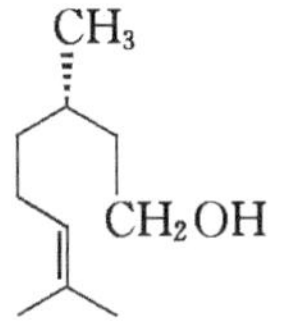

(2)理化性质：无色液体，沸点 225～230℃，相对密度 0.851～0.855，折光率 1.451～1.456，不溶于水，溶于乙醇等有机溶剂。

(3)天然存在：存在于波旁香叶油、玫瑰油、玫瑰木油等许多精油中。

(4)香气：醇甜温和的红玫瑰香气。自香叶油单离得到的产品香气较好。

(5)应用：是配制玫瑰型香精的主香剂，也适用于铃兰、紫丁香、晚香玉、紫罗兰、茉莉、香叶等香型中。用量在 10%以内，IFRA 没有限制规定。亦可用于调配草莓、覆盆子、葡萄、柑橘、樱桃、巧克力等食用香精。

(6)安全管理情况：GRAS；FEMA No. 2980；FDA 172.515；COE No. 76；GB 2760—1996 批准为允许使用的食用香料。

5. 香叶醇(Geraniol)

香叶醇亦称反-3,7-二甲基-2,6-辛二烯醇，分子式 $C_{10}H_{18}O$，相对分子质量 154.25。

(1)结构式：

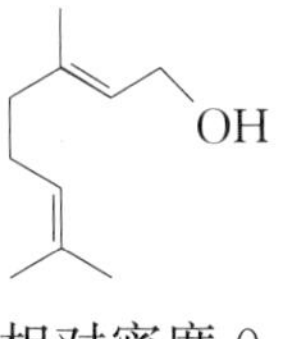

(2)理化性质：无色液体，沸点 230℃，相对密度 0.877～0.881，折光率 1.475～1.479。几乎不溶于水，溶于乙醇等有机溶剂中。

(3)天然存在：存在于玫瑰草油、香叶油、玫瑰油、香茅油等 200 多种精油和红茶中。

(4)香气：具有优雅淡甜的玫瑰花香气息，香气平和，留香一般。

(5)应用：作为大宗香料而广泛用于日用香精配方中，是各类玫瑰型香精和配制香叶油的基本香料，也可用于晚香玉、紫罗兰、香石竹、栀子、茉莉等花香型香精中。用量最高可达 30%，IFRA 没有限制规定。亦可用于调配苹果、草莓、覆盆子、桃、蜂蜜、樱桃、柠檬、肉桂等食用香精。

(6)安全管理情况：GRAS；FEMA No. 2507；FDA 182.60；COE No. 60；GB 2760—1996 批准为允许使用的食用香料。

6. 橙花醇(Nerol)

橙花醇亦称顺-3,7-二甲基-2,6-辛二烯醇，分子式 $C_{10}H_{18}O$，相对分子质量 154.25。

(1)结构式：

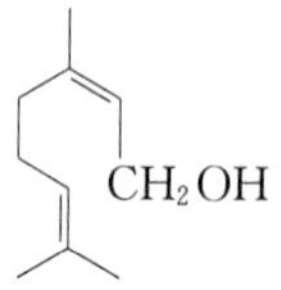

(2)理化性质：无色液体，沸点 225～227℃，相对密度 0.875～0.880，折光率 1.473～1.478。微溶于水，溶于乙醇等有机溶剂中。

(3)天然存在：存在于橙花油、橙叶油、香柠檬油、玫瑰油、香茅油等多种精油中，并常与香叶醇同时存在于这些精油中。

(4)香气：青甜新鲜的橙花、玫瑰气息，微带柠檬样果香。香气较平和，留香一般。橙花醇是香叶醇的顺式异构体，香气比香叶醇相对偏青。

(5)应用：广泛用于日用香精配方中，是配制橙花、玫瑰香精的主要香料，也常用于茉莉、铃兰、紫丁香、晚香玉、紫罗兰、栀子等花香型以及古龙香型香精中。其用量通常不超过 20%，IFRA没有限制规定。亦可用于调配草莓、覆盆子、柠檬、柑橘等食用香精。

(6)安全管理情况：GRAS；FEMA No. 2770；FDA 172.515；COE No. 2018；GB 2760—1996 批准为允许使用的食用香料。

7. 四氢香叶醇(Tetrahydrogeraniol)

四氢香叶醇的化学名称为 3,7-二甲基辛醇，分子式 $C_{10}H_{22}O$，相对分子质量 158.28。

(1)结构式：

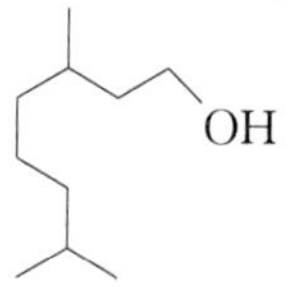

(2)理化性质：无色液体，沸点 212～213℃，118℃(2kPa)，相对密度 0.827～0.833，折光率 1.435～1.440，不溶于水，溶于乙醇等有机溶剂。

(3)天然存在：存在于柑橘油中。

(4)香气：青甜似玫瑰花苞的香气，带些蜡香。香气颇强，留香中等，底韵干。

(5)应用：可用于香水、化妆品及皂用香精配方中，有衬托粉香的作用。部分代替玫瑰醇，用于玫瑰香精和配制香叶油中，能提调香气；也适用于橙花、紫罗兰、桂花、铃兰等花香型香精。IFRA 没有限制规定。亦可用于调配食用香精，如饮料、冰制食品、糖果、烘烤食品的加香。

(6)安全管理情况：GRAS；FEMA No. 2391；FDA 172.515；COE No. 75；GB 2760—1996批准为允许使用的食用香料。

8. 结晶玫瑰(Rosacetol)

结晶玫瑰为国内商品名，亦称乙酸三氯甲基苄酯，分子式 $C_{10}H_9Cl_3O_2$，相对分子质量 267.55。

(1)结构式：

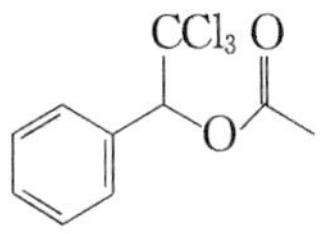

(2)理化性质：无色结晶，熔点 88℃，沸点 280～282℃，117℃(400Pa)，不溶于水，溶于乙醇等有机溶剂中。

(3)天然存在：未见文献报道。

(4)香气：具有淡弱的玫瑰样甜香，香气持久。

(5)应用：作为定香剂，广泛用于香皂、浴盐和香粉等日用香精的调配，尤宜用于玫瑰、香叶型香精配方中。IFRA 没有限制规定。

(6)安全管理情况：RIFM；IFRA。

9. 苯乙酸(Phenylacetic Acid)

苯乙酸亦称苄基甲酸，分子式 $C_8H_8O_2$，相对分子质量 136.15。

(1)结构式：

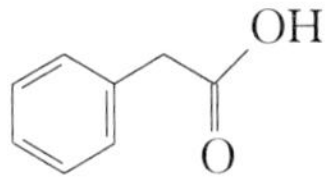

(2)理化性质：白色结晶，熔点 76～78℃，沸点 265～266℃，相对密度 1.081，微溶于水，溶于热水和乙醇等有机溶剂。

(3)天然存在：玫瑰油、薄荷油、橙花油、西红柿、芒果、烟草、白葡萄酒等中。

(4)香气：高浓度时显示为动物浊香，低浓度时有甜蜜香气。香气较强烈，留香持久。

(5)应用：是最常用的酸类香料，用于洗发水、熏香等日用香精中，既可作为定香剂用于许多花香型香精的调配，也可用于配制人造灵猫香膏。亦可用于蜂蜜、奶油、巧克力、桃、草莓、香荚兰等食用香精的调配。烟用香精特别是哈瓦那雪茄烟香型中也可适当使用。

(6)安全管理情况：GRAS；FEMA No. 2878；FDA 172.515；COE No. 672；GB 2760—1996批准为允许使用的食用香料。

10. 苯甲醇(Benzyl Alcohol)

苯甲醇亦称苄醇，分子式 C_7H_8O，相对分子质量 108.14。

(1)结构式：

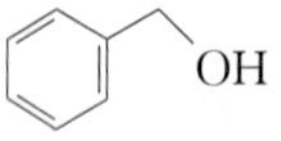

(2)理化性质：无色液体，沸点205℃，相对密度1.045，折光率1.540。微溶于水，溶于乙醇等有机溶剂。

(3)天然存在：存在于茉莉、橙花、依兰、鸢尾、栀子等许多精油及苹果、圆柚汁等中。

(4)香气：具有极其微弱的蜜甜香气。日光暴晒之下，往往会因氧化而微带苯甲醛的苦杏仁气息。

(5)应用：常用作定香剂和溶剂而广泛用于日用香精配方中。IFRA没有限制规定。亦可用于调配葡萄、樱桃、浆果、坚果等食用香精。

(6)安全管理情况：GRAS；FEMA No. 2137；FDA 172.515；COE No. 58；GB 2760—1996批准为暂时允许使用的食用香料。

11. 桂醇(Cinnamic Alcohol)

桂醇亦称3-苯基-2-丙烯醇，分子式$C_9H_{10}O$，相对分子质量134.18。

(1)结构式：

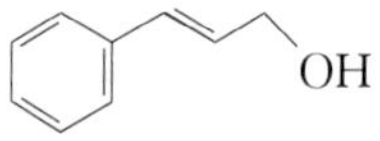

(2)理化性质：无色至浅黄色固体，凝固点31℃，沸点257～258℃，相对密度1.044，折光率1.581～1.582。几乎不溶于水，溶于乙醇等有机溶剂。

(3)天然存在：存在于肉桂叶、安息香脂、苏合香膏、秘鲁香膏及风信子、黄水仙等精油中。

(4)香气：是膏甜的代表香气，亦称桂甜。具有风信子似的花香和苏合香、桂皮样气息。香气温和，留香较持久。

(5)应用：广泛用于中低档的化妆品、皂用等日用香精配方中，常用于风信子、香石竹、水仙、玫瑰、茉莉、紫丁香等香型，用作定香剂和修饰剂。IFRA建议其在日用香精配方中，用量不要超过4%。亦常用于杏、桃、草莓、葡萄、辛香等食用香精和白兰地等酒用香精配方中。

(6)安全管理情况：GRAS；FEMA No. 2294；FDA 172.515；COE No. 65；GB 2760—1996批准为暂时允许使用的食用香料。

五、脂蜡香型香料

1. 壬醛(*n*-Nonyl Aldehyde)

壬醛亦称C_9醛，分子式$C_9H_{18}O$，相对分子质量142.24。Firm的商品名为Aldehyde C-9。

(1)结构式：

(2)理化性质：无色或浅黄色液体，沸点190～192℃，91～92℃(2.9kPa)，相对密度0.820～

0.828，折光率1.421～1.426。不溶于水，溶于乙醇等有机溶剂。遇空气易氧化。

(3)天然存在：玫瑰、柑橘、柠檬、香紫苏、生姜、鸢尾、肉桂等精油中及胡萝卜、番茄等中。

(4)香气：具有强烈的脂蜡样花香，极度稀释后为愉快的玫瑰蜡甜和柑橘样果香。留香力一般。

(5)应用：广泛用于日用香精配方中，微量使用就能对花香起提调作用。主要用于玫瑰、橙花等花香型和醛香、幻想型香精中，其用量一般为0.5%，最高为5%。IPRA没有限制规定。亦可用于调配柠檬、橘子等柑橘类和花香型食用香精。

(6)安全管理情况：GRAS；FEMA No.2782；FDA 172.515；COE No.114；GB 2760—1996批准为暂时允许使用的食用香料。

2. 癸醛(*n* - Decyl Aldehyde)

癸醛亦称C_{10}醛，分子式$C_{10}H_{20}O$，相对分子质量156.27。Firm的商品名为Aldehyde C-10。

(1)结构式：

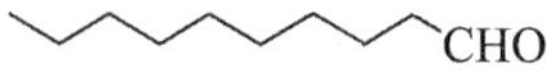

(2)理化性质：无色或淡黄色液体，沸点208～209℃，60℃(100Pa)，相对密度0.823～0.831，折光率1.426～1.431。极微溶于水，溶于乙醇等有机溶剂。遇空气易氧化。

(3)天然存在：甜橙、橘皮、圆柚、柠檬、柠檬草、玫瑰、橙花、生姜及某些松科植物等精油中。

(4)香气：具有强烈的脂蜡香气，极度稀释时有新鲜的柑橘皮样气息。香气与壬醛相似，但青辛气更过之。

(5)应用：可用于香水、化妆品、皂用等日用香精配方中，主要用于橙花、玫瑰、茉莉、薰衣草等花香型和甜橙、香柠檬等果香型，以增强香气强度及透发感。在一般配方中用量宜少于1%，在醛香香基中用量可较多。IFRA没有限制规定。亦可用于调配橙子、柑橘、柠檬等食用香精。

(6)安全管理情况：GRAS；FEMA No.2362；FDA 182.60；COE No.98；GB 2760—1996批准为暂时允许使用的食用香料。

3. 十一醛(*n* - Undecyl Aldehyde)

十一醛亦称C_{11}醛，分子式$C_{11}H_{22}O$，相对分子质量170.30。Firm的商品名为Aldehyde C 11 Undecylic，GIV的商品名为Aldehyde C 110 Undecylic。

(1)结构式：

(2)理化性质：无色或浅黄色液体，沸点223℃，117℃(2.4kPa)，相对密度0.828，折光率1.431～1.436。不溶于水，溶于乙醇等有机溶剂。

(3)天然存在：存在于柑橘油、柠檬油、牛奶、鸡肉等中。

(4)香气：强烈的玫瑰样脂蜡香气，稀释时有新鲜的柑橘气息。

(5)应用：可用于化妆品、皂用等日用香精配方中，常与其他醛联合使用，少量至微量用于花香型香精中，即能产生丰富而天然的花香效果。用量在2%以内，IPRA没有限制规定。亦可用于调配橙子、柑橘、柠檬、香蕉、牛奶等食用香精。

(6)安全管理情况:GRAS;FEMA No. 3092;FDA 172. 515;COE No. 121;GB 2760—1996 批准为允许使用的食用香料。

4. 甲基壬乙醛(Methyl Nonyl Acetaldehyde)

甲基壬乙醛化学名称为2-甲基十一醛,分子式 $C_{12}H_{24}O$,相对分子质量184. 32。Firm的商品名为Aldehyde MNA,GIV的商品名为Aldehyde C 12 MNA Pure。

(1)结构式:

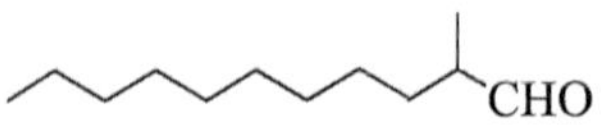

(2)理化性质:无色或浅黄色液体,沸点232℃,114℃(1. 3kPa),相对密度0. 825,折光率1. 431～1. 434。溶于水,溶于乙醇等有机溶剂。

(3)天然存在:未见文献报道。

(4)香气:特殊的带龙涎香的脂蜡香,并有除萜甜橙油样香韵。香气强烈而扩散,留香也较长。

(5)应用:常用于配制高级现代型日用香精,可赋予花香、橙香和素心兰香气,并起到细致的醛香效果。亦可用于调配柑橘、椰子、杏等食用香精。

(6)安全管理情况:GRAS;FEMA No. 2749;FDA;COE No. 2010;GB 2760—1996 批准为允许使用的食用香料。

六、膏香

1. 苯甲酸苄酯(Benzyl Benzoate)

苯甲酸苄酯亦称苯甲酸苯甲酯,分子式 $C_{14}H_{12}O_2$,相对分子质量212. 25。

(1)结构式:

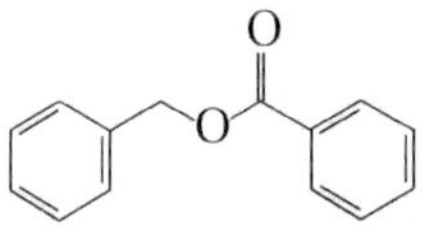

(2)理化性质:无色黏稠液体,沸点323～324℃,170～171℃(2kPa),相对密度1. 118,折光率1. 567～1. 569。不溶于水,溶于乙醇等有机溶剂。

(3)天然存在:存在于番木瓜、秘鲁香膏、吐鲁香膏及晚香玉、香石竹、风信子、依兰等精油中。

(4)香气:很弱的甜膏香。

(5)应用:大量广泛地用于日用香精配方中,主要用作填充剂、定香剂和修饰剂,用量可达60%。此外,还常用作许多香料的稀释剂,如佳乐麝香、硝基麝香等。IFRA没有限制规定。亦可用于调配樱桃、草莓、菠萝、覆盆子、坚果、乳酪等食用香精和酒用香精。

(6)安全管理情况:GRAS;FEMA No. 2138;FDA 172. 515;COE No. 262;GB 2760—1996

批准为允许使用的食用香料。

2. 桂酸乙酯(Ethyl Cinnamate)

桂酸乙酯的分子式 $C_{11}H_{12}O_2$，相对分子质量 176.22。

(1)结构式：

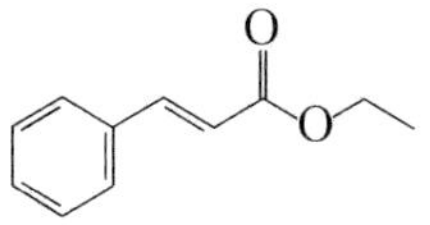

(2)理化性质：无色液体，沸点 271℃，127℃(800Pa)，相对密度 1.049～1.052，折光率 1.560，不溶于水，溶于乙醇等有机溶剂。

(3)天然存在：存在于安息香香膏、苏合香香膏、桂叶、罗勒、樱桃、葡萄酒等中。

(4)香气：甜的琥珀样膏香，带些蜜香和果香香韵。香气有力、持久。

(5)应用：可用于香水、香粉和皂用等日用香精配方中，适用于玫瑰、东方、木香、柑橘、素心兰、古龙等香型香精中，并有定香作用。亦可用于调配樱桃、葡萄、桃、草莓、桂皮、辛香、香荚兰等食用香精。

(6)安全管理情况：GRAS；FEMA No. 2430；FDA 172.515；COE No. 323；GB 2760—1996 批准为暂时允许使用的食用香料。

3. 桂酸苄酯(Benzyl Cinnamate)

桂酸苄酯的分子式 $C_{16}H_{14}O_2$，相对分子质量 238.29。

(1)结构式：

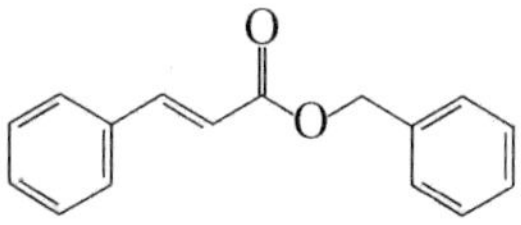

(2)理化性质：白色至浅黄色结晶，熔点 35℃，沸点 335～340℃，相对密度 1.109。不溶于水、丙二醇、丙三醇中，溶于乙醇等有机溶剂。

(3)天然存在：存在于秘鲁香膏、吐鲁香膏、安息香香膏中。

(4)香气：淡甜膏香，似苏合香气息，留香持久。

(5)应用：作为定香剂广泛用于各种日用香精配方中，尤宜于花香、东方和幻想香型，能与花香、辛香和龙涎香香气很好地协调和合。亦可用于调配凤梨、蜜香、桃、杏、樱桃等食用香精。

(6)安全管理情况：GRAS；FEMA No. 2142；FDA 172.515；COE No. 331；GB 2760—1996 批准为允许使用的食用香料。

4. 溴代苏合香烯(Bromization Styrene)

溴代苏合香烯的化学名称为 1-溴-2-苯基乙烯，分子式 C_8H_7Br，相对分子质量 183.06。

(1)结构式：

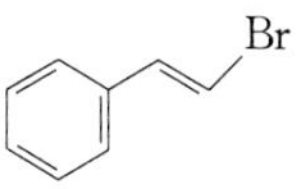

(2)理化性质:浅黄色液体,沸点108℃(2.7kPa),相对密度1.417~1.426,折光率1.605~1.609,微溶于水,溶于乙醇等有机溶剂。为反式异构体和顺式异构体的混合物。

(3)天然存在:未见文献报道。

(4)香气:具有风信子样的清甜膏香,浓刺有力。

(5)应用:主要用于皂用和洗涤剂用香精配方中,用量在1%以内。IFRA没有限制规定。

(6)安全管理情况:RIFM;IFRA。

七、琥珀香

1. 水杨酸苄酯(Benzyl Salicylate)

水杨酸苄酯亦称柳酸苄酯,化学名称为邻羟基苯甲酸苄酯,分子式 $C_{14}H_{12}O_3$,相对分子质量228.25。

(1)结构式:

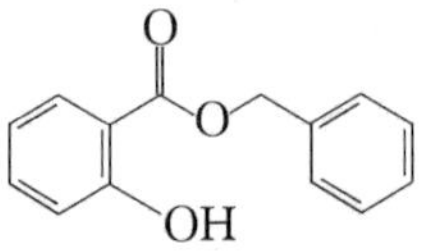

(2)理化性质:无色液体,凝固点24~26℃,沸点300℃,186℃(1.3kPa),相对密度1.180,折光率1.579~1.581,几乎不溶于水,溶于乙醇等有机溶剂。

(3)天然存在:存在于依兰依兰油、康乃馨油等精油中。

(4)香气:极弱的似龙涎香的琥珀香气,又有些花香、膏香与木香。留香持久。

(5)应用:大量而广泛地用于日用香精配方中,主要用作定香剂与和合剂。在香石竹、草兰、依兰、紫丁香、晚香玉等花香型香精中使用,能提高花香基调;也可作为溶解硝基麝香类香料的溶剂。用量在40%以内。IFRA没有限制规定。极微量用于杏、桃、梅子、香蕉、生梨等食用香精中,可增强香味。

(6)安全管理情况:GRAS;FEMA No. 2151;FDA 172.515;COE No. 436;GB 2760—1996(1997年增补)批准为允许使用的食用香料。

2. 降龙涎香醚

降龙涎香醚亦称为404定香剂,化学名称为十二氢-3a,6,6,9a-四甲基萘酚[2,1-b]呋喃,分子式 $C_{16}H_{28}O$,相对分子质量236.40。Firm的商品名称为Ambrox DL,GIV的商品名称为Ambrofix。

(1)结构式:

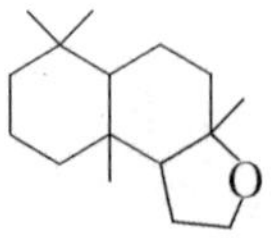

(2)理化性质:白色晶体,熔点 75～76℃,沸点 102～106℃,非纯品常为黏性液体,凝固点不低于 20℃。不溶于水,溶于乙醇等有机溶剂。

(3)天然存在:存在于龙涎香酊剂中。

(4)香气:具有强烈、富足的龙涎香香气,并伴有温和的木香和琥珀香气,极持久。

(5)应用:主要用于高档香水、化妆品等日用香精配方中,在花香、醛香、东方等香型中能赋予生动持续的和谐香气,并能起到良好的定香效果。用量常以 0.1%～0.2%为宜。

(6)安全管理情况:FEMA No. 3471;认为可安全外用。

八、动物香

1. 黄葵内酯(Ambrettolide)

黄葵内酯亦称黄蜀葵内酯、葵子内酯,化学名称为环十六-9-烯内酯,分子式 $C_{16}H_{28}O_2$,相对分子质量 252.40。

(1)结构式:

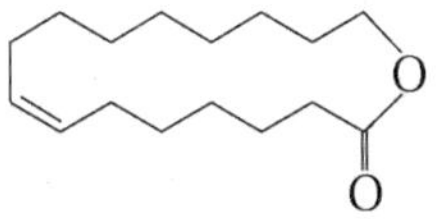

(2)理化性质:无色至淡黄色液体,沸点 154～156℃(133Pa),相对密度 0.949～0.956,折光率 1.477～1.482,不溶于水,溶于乙醇等有机溶剂。

(3)天然存在:黄葵油中。

(4)香气:强烈而温暖的麝香香气,并伴有花香香韵,香气持久。

(5)应用:主要用于高档香水、化妆品等日用香精配方中,具有非常好的扩散性和定香作用。用量在 2%以内,IFRA 没有限制规定。

(6)安全管理情况:RIFM;IFRA。

2. 麝香 R-1(Musk R1)

麝香 R-1 为国内商品名为麝香 105,化学名称为 11-氧杂环十六内酯,分子式 $C_{15}H_{28}O_3$,相对分子质量 256.39。

(1)结构式:

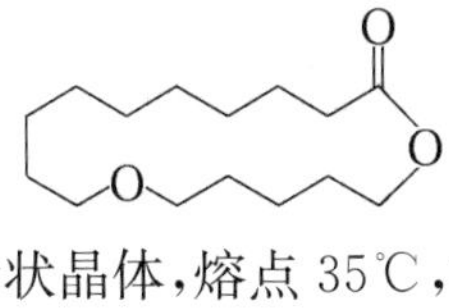

(2)理化性质:无色液体或白色针状晶体,熔点 35℃,沸点 135℃(133.3Pa),难溶于水,溶于乙醇等有机溶剂。

(3)天然存在:未见文献报道。

(4)香气:强烈而细腻的麝香香气,带有乳香和粉香气息。香气持久。

(5)应用:可用于香水、化妆品、皂用等日用香精配方中,具有强烈的提升香气和定香效果;

亦可与其他麝香原料配合使用。用量宜在5%以内,IFRA没有限制规定。

(6)安全管理情况:RIFM;IFRA。

3. 麝香T(Musk T)

麝香T亦称昆仑麝香,化学名称为十三碳二酸环-1,2-亚乙基酯,分子式 $C_{15}H_{26}O_4$,相对分子质量270.38。

(1)结构式:

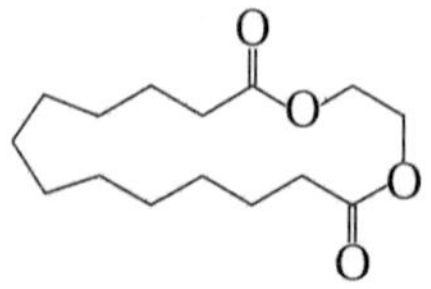

(2)理化性质:无色至浅黄色黏稠液体,沸点332℃,138~142℃(133Pa),相对密度1.045,折光率1.468~1.474,不溶于水,溶于乙醇等有机溶剂。

(3)天然存在:未见文献报道。

(4)香气:强烈的麝香香气,并有甜韵。扩散性好,留香持久。

(5)应用:广泛用于香水、化妆品、皂用等日用香精配方中,是优良的定香剂,并有增强花香、甜香的效果。IFRA没有限制规定。亦可用于调配香荚兰、樱桃、肉桂、热带水果等食用香精。

(6)安全管理情况:GRAS;FEMA No.3543;FDA 172.515;COE No.10571;GB 2760—1996(1998年增补)批准为允许使用的食用香料。

4. 佳乐麝香(Galaxolide)

佳乐麝香的化学名称为1,3,4,6,7,8-六氢-4,6,6,7,8,8-六甲基-环戊-γ-2-苯并吡喃,分子式 $C_{18}H_{26}O$,相对分子质量258.41。

(1)结构式:

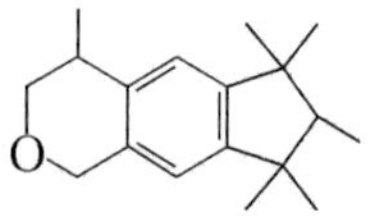

(2)理化性质:无色黏稠液体,沸点129℃(110Pa),相对密度1.005,折光率1.534,不溶于水,溶于乙醇等有机溶剂。

(3)天然存在:未见文献报道。

(4)香气:强烈、持久的麝香香气,并有粉香香韵。

(5)应用:大量广泛用于香水、化妆品、皂用、洗涤剂等日用香精配方中,是优良的定香剂,用量可达25%,IFRA没有限制规定。

(6)安全管理情况:RIFM;IFRA。

5. 吐纳麝香(Tonalid)

吐纳麝香的化学名称为7-乙酰基-1,1,3,4,4,6-六甲基-1,2,3,4-四氢萘,分子式 $C_{18}H_{26}O$,相对分子质量258.41。

(1)结构式：

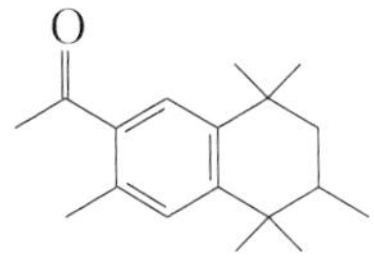

(2)理化性质：无色或白色结晶，熔点 55.5℃，沸点 142～143℃(400Pa)，不溶于水，溶于乙醇等有机溶剂。

(3)天然存在：未见文献报道。

(4)香气：具有强烈的麝香和粉香香气，留香持久。

(5)应用：作为优良的定香剂而广泛用于香水、化妆品、洗涤剂等日用香精配方中，尤宜用于皂用香精中，有突出的粉香香气。用量一般在 10%左右，IFRA 没有限制规定。

(6)安全管理情况：RIFM；IFRA。

6. 酮麝香(Musk Ketone)

酮麝香为国内商品名，化学名称为 3,5 -二硝基- 2,6 -二甲基- 4 -叔丁基苯乙酮，分子式 $C_{14}H_{18}O_5N_2$，相对分子质量 294.31。

(1)结构式：

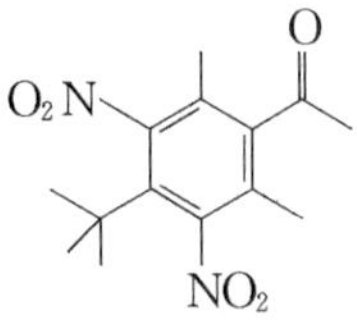

(2)理化性质：淡黄色的固体结晶，熔点 137℃，不溶于水、丙二醇和矿物油，微溶于乙醇，能溶于苯甲酸苄酯、邻苯二甲酸二乙酯及大多数油质香精中。

(3)天然存在：未见文献报道。

(4)香气：甜而似麝香样的动物香，并有粉香香韵。香气较柔和，相当持久。

(5)应用：重要的硝基麝香之一，是优良的定香剂。广泛用于日用香精配方，凡需要麝香香气的都可用之。用量一般为 1%～5%，IFRA 没有限制规定。

(6)安全管理情况：RIFM；IFRA。

7. 二甲苯麝香(Musk Xylol)

二甲苯麝香是国内商品名，化学名称为 2,4,6 -三硝基- 5 -叔丁基- 1,3 -二甲苯，分子式 $C_{12}H_{15}O_6N_3$，相对分子质量 297.27。

(1)结构式：

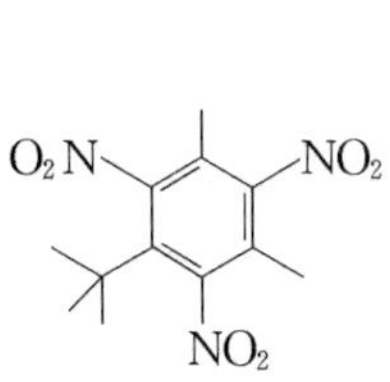

(2)理化性质：淡黄色晶体，熔点 112～114℃，不溶于水，微溶于乙醇、丙二醇和甘油，能溶

于苯甲酸苄酯、邻苯二甲酸二乙酯及大多数油质香精中。

(3)天然存在：未见文献报道。

(4)香气：干甜的麝香样动物香，但香气较为粗糙。气势较弱，但留香持久。

(5)应用：广泛用于低档化妆品、香皂、香波等日用香精配方中，作为定香剂和修饰剂。用量一般在20%以内，IFRA没有限制规定。

(6)安全管理情况：RIFM；IFRA。

8. 乙酸对甲酚酯(*p*-*Cresyl Acetate*)

乙酸对甲酚酯的分子式 $C_9H_{10}O_2$，相对分子质量150.18。

(1)结构式：

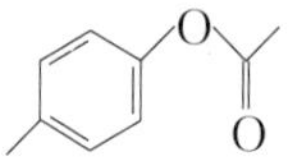

(2)理化性质：无色液体，沸点209℃，相对密度1.046～1.051，折光率1.499～1.502，微溶于水，溶于乙醇等有机溶剂。

(3)天然存在：存在于依兰依兰油等精油中。

(4)香气：浓时有粗氤氲动物香气，并有蜜香和果香香韵，稀释时有水仙花香气。香气强烈，但不留长。

(5)应用：可用于日用香精配方中，甚宜用于水仙、大花茉莉、紫丁香、依兰等花香型香精，有增浓花香的效用。用量宜在1%以下，否则即感粗浊。亦可用于调配坚果、蜜香等食用香精。

(6)安全管理情况：GRAS；FEMA No. 3073；FDA 172.515；COE No. 226。

9. 吲哚(Indole)

吲哚的化学名称为2,3-苯并吡咯，分子式 C_8H_7N，相对分子质量117.15。

(1)结构式：

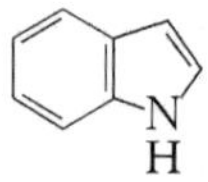

(2)理化性质：无色或白色晶体，熔点52～53℃，沸点253～254℃，相对密度1.22。置于空气中或见光变红色，并树脂化。溶于热水，易溶于乙醇等有机溶剂。

(3)天然存在：存在于茉莉、橙花、水仙等精油和咖啡中。

(4)香气：具有强烈的令人不快的粪便臭味，扩散力强而持久。但经稀释后(浓度低于0.1%)则能产生愉快的茉莉、橙花样鲜香。

(5)应用：广泛用于茉莉、橙花、紫丁香、依兰、白兰等花香型日用香精配方中，可提调花香；也常与甲基吲哚同用，来配制灵猫香基。用量在1%以内，IFRA没有限制规定。亦可用于调配巧克力、咖啡、坚果等食用香精。

(6)安全管理情况：GRAS；FEMA No. 2593；FDA 172.515；COE No. 560；GB 2760—1996批准为允许使用的食用香料。

10. 四氢对甲基喹啉(Tetrahydro Para Methyl Quinolin)

四氢对甲基喹啉的化学名称为1,2,3,4－四氢－6－甲基喹啉,分子式 $C_{10}H_{13}N$,相对分子质量147.22。

(1)结构式:

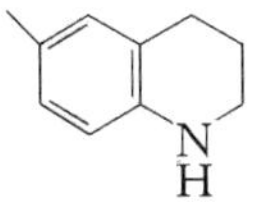

(2)理化性质:无色至淡黄色结晶,熔点37～38℃,沸点265℃,微溶于水,溶于乙醇等有机溶剂。

(3)天然存在:未见文献报道。

(4)香气:辛咸而浊的动物香气,带蜜香底韵,稀释后则有突出的灵猫样香气。

(5)应用:是最常用的喹啉衍生物,常微量用于配制灵猫香基或浓重的东方香型等日用香精配方中,能赋予蜜香、烟草香和动物香韵,并能起到很好的定香效果。IFRA没有限制规定。亦可用于调配蜜香型等食用香精。

(6)安全管理情况:认为可安全外用。

九、辛香

1. 丁香酚(Eugenol)

丁香酚的化学名称为2－甲氧基－4－烯丙基苯酚,分子式 $C_{10}H_{12}O_2$,相对分子质量164.21。

(1)结构式:

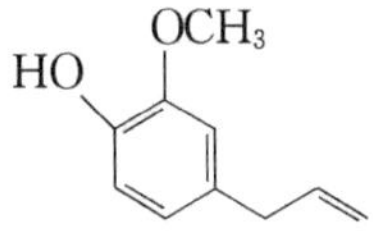

(2)理化性质:无色至淡黄色液体,沸点253℃,110℃(700Pa),相对密度1.065～1.069,折光率1.539～1.542。极微溶于水,溶于乙醇等有机溶剂。易与碱、金属(铁质)起作用,易引起变色。

(3)天然存在:存在于丁香、丁香罗勒、月桂叶、紫罗兰、晚香玉、香石竹等精油和没药浸膏中。

(4)香气:强烈的辛香香气,带干甜的花香。香气透发有力,尚持久。

(5)应用:可用于有色皂用香精等日用香精配方中,用于调配香石竹、玫瑰等花香型及馥奇、辛香、东方等非花香型香精。用量在20%以内,IFRA没有限制规定。亦可用于调配辛香型、薄荷、坚果等食用香精及烟草香精。

(6)安全管理情况:GRAS;FEMA No. 2467;FDA 184.1257;COE No. 171;GB 2760—1996批准为允许使用的食用香料。

2. 异丁香酚(Isoeugenol)

异丁香酚的化学名称为2－甲氧基－4－丙烯基苯酚,分子式 $C_{10}H_{12}O_2$,相对分子质量164.21。

(1)结构式：

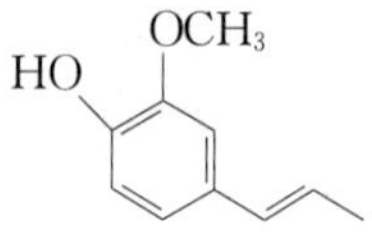

(2)理化性质：淡黄色稠厚液体，有顺式和反式两种异构体，其中反式异构体为固体，熔点为33～34℃，沸点118℃(670Pa)；顺式异构体为液体，沸点115℃(670Pa)。商品异丁香酚为两种异构体的混合物，反式异构体与顺式异构体的大约比例为85∶15，相对密度1.082～1.086，折光率1.573～1.578。溶于水，溶于乙醇等有机溶剂。易与碱和金属(铁质)起作用，易氧化、聚合，易导致变色，不宜用于白色加香产品。

(3)天然存在：存在于丁香、依兰依兰、肉豆蔻、香石竹、黄水仙、晚香玉等精油中。

(4)香气：较丁香酚柔和甜清的辛香香气，有香石竹、丁香花样花香，又有些似龙涎香、麝香、豆香与膏香气息。留香持久。

(5)应用：可用于日用香精配方中，类同于丁香酚，是调配香石竹香精的主要原料，也适用于东方、辛香、紫丁香、紫罗兰、依兰等香型。亦可用于调配丁香、桃、杏、樱桃、坚果等食用香精。

(6)安全管理情况：GRAS；FEMA No.2468；FDA 172.515；COE No.172；IFRA(1980年5月建议，其在日用香精中的用量要在1%以下)；GB 2760—1996批准为暂时允许使用的食用香料。

3. 大茴香脑(Anethole)

大茴香脑亦称茴香脑、丙烯基茴香醚，化学名称为1-甲氧基-4-丙烯基苯，或对丙烯基苯甲醚，分子式$C_{10}H_{12}O$，相对分子质量148.21。

(1)结构式：

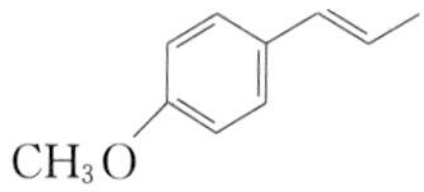

(2)理化性质：有顺式和反式两种异构体，反式体已被批准用于食用香精配方中，顺式体则毒性较大，据称是反式体的10～20倍。反式体为白色结晶，熔点23℃，沸点234℃，81～81.5℃(300Pa)，相对密度0.986，折光率1.557～1.562。不溶于水，溶于乙醇等有机溶剂。

(3)天然存在：存在于茴香油、小茴香油、八角茴香油等精油中。大多数为反式体。

(4)香气：特有的茴香香气。

(5)应用：主要用于食用香精和牙膏香精中，也可用于皂用香精，IFRA没有限制规定。

(6)安全管理情况(反式大茴香脑)：GRAS；FEMA No.2086；FDA 182.60；COE No.183；GB 2760—1996批准为允许使用的食用香料。

十、豆香

1. 香兰素(Vanillin)

香兰素是国内商品名，化学名称为4-羟基-3-甲氧基苯甲醛，分子式$C_8H_8O_3$，相对分子质量 152.15。

(1)结构式：

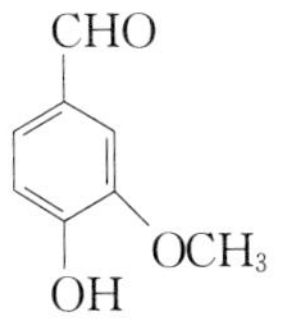

(2)理化性质：白色或奶白色细针状结晶，熔点 82～83℃，沸点 284℃，相对密度 1.06，微溶于水，溶于乙醇等有机溶剂。易导致变色，特别是与氨基化合物，如邻氨基苯甲酸酯类、吲哚类、喹啉类，以及含有铁离子杂质的香料同用时变色更明显。

(3)天然存在：存在于香荚兰豆、秘鲁香膏、吐鲁香膏、苏合香膏、安息香膏、丁香花蕾油、咖啡、葡萄、白兰地等中。

(4)香气：强烈而又独特的香荚兰豆香气，浓郁留长。

(5)应用：是重要的香料之一，可用于许多香型的日用香精配方中，如紫罗兰、草兰、东方、玫瑰、香石竹等。IFRA 没有限制规定。但主要用于调配食用香精，尤其是在糖果、巧克力、饮料、冰淇淋、酒类中应用广泛，在烟用香精中也很有用途。

(6)安全管理情况：GRAS；FEMA No. 3107；FDA 182.60；COE No. 107；GB 2760—1996 批准为允许使用的食用香料。

2. 香豆素(Coumarin)

香豆素是国内商品名，亦称邻羟基桂酸内酯，化学名称为 1，2 -苯并吡喃酮，分子式 $C_9H_6O_2$，相对分子质量 146.15。

(1)结构式：

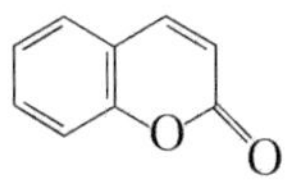

(2)理化性质：白色晶体，熔点 68～70℃，沸点 291℃，154℃(1.33kPa)，微溶于水，溶于乙醇等有机溶剂。

(3)天然存在：存在于黑香豆、薰衣草油、桂皮油、秘鲁香膏等中。

(4)香气：青甜似黑香豆的豆香，带干的药草香和茴辛香气。稀释后似干草、坚果和烟叶气息。香气较沉闷，但很持久。

(5)应用：是主要的豆香香料之一，与香兰素一样，是获得粉香的老品种。可用于化妆品、皂用等日用香精配方中，用以调配馥奇、素心兰、紫罗兰、薰衣草、花香等香型香精。IFRA 没有限制规定。亦可用于烟用香精中。

(6)安全管理情况：认为可安全外用。

3. 洋茉莉醛(Heliotropin)

洋茉莉醛是国内商品名，亦称胡椒醛，化学名称为 3，4 -亚甲二氧基苯甲醛，分子式

$C_8H_6O_3$，相对分子质量 150.14。

(1)结构式：

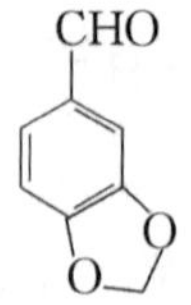

(2)理化性质：白色或淡黄色结晶，熔点 37℃，沸点 263℃，112℃(700Pa)，微溶于水，溶于乙醇等有机溶剂。对某些胺类化合物，如吲哚等十分敏感，易导致变色。

(3)天然存在：存在于刺槐、黄樟、紫罗兰等精油及胡椒、香荚兰豆、甜瓜中。

(4)香气：青甜的豆香兼茴青香气，有似葵花样的花香，香气较淡弱而留长。

(5)应用：广泛用于香皂、化妆品、香水等日用香精配方中，用以调配葵花、紫罗兰、香石竹、桂花、紫丁香、铃兰等香型香精。不宜用于白色加香产品。一般用量在 10%以内，IFRA 没有限制规定。亦可用于香荚兰豆、桃、梅子、樱桃、草莓、可乐等食用香精及烟草香精。

(6)安全管理情况：GRAS；FEMA No. 2911；FDA 182.60；COE No. 104；GB 2760—1996 批准为暂时允许使用的食用香料。

4. 对甲氧基苯乙酮(*p* - Methoxy Acetophenone)

对甲氧基苯乙酮亦称山楂花酮，别名为对乙酰基苯甲醚，分子式 $C_9H_{10}O_2$，相对分子质量 150.18。

(1)结构式：

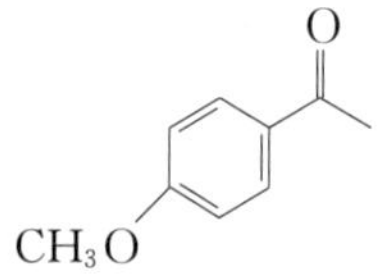

(2)理化性质：无色至浅黄色结晶，熔点 36～38℃，沸点 263℃，136℃(1.3kPa)，相对密度 1.001～1.004，折光率 1.532～1.535。不溶于水和甘油，溶于乙醇等有机溶剂。

(3)天然存在：存在于海狸香膏、茴香中。

(4)香气：青甜的茴青—豆香，并有山楂花与葵花样气息。香气粗糙而持久。

(5)应用：主要用于香皂、洗涤剂等日用香精配方中，用以调配山楂花、馥奇、素心兰、药草、木香等香型香精。用量在 5%以内，IFRA 没有限制规定。亦可用于香荚兰豆、奶油、巧克力、坚果等食用香精及烟草香精中。

(6)安全管理情况：GRAS；FEMA No. 2005；FDA 172.515；COE No. 570；GB 2760—1996 批准为允许使用的食用香料。

十一、果香

1. 苯甲醛(Benzaldehyde)

苯甲醛的分子式 C_7H_6O，相对分子质量 106.13。

(1)结构式：

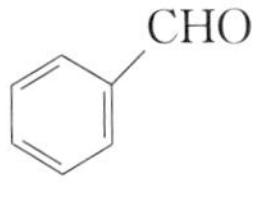

(2)理化性质：无色液体，沸点 178℃，45℃(670Pa)，相对密度 1.043～1.048，折光率 1.542～1.545，微溶于水，溶于乙醇等有机溶剂。

(3)天然存在：存在于苦杏仁、橙花、风信子、依兰依兰、广藿香、肉桂等精油及桃核、杏核中。

(4)香气：清甜有力的苦杏仁香气，稀释后有梅杏花香。香气飘逸，但不持久。

(5)应用：主要作为食用香料以代替天然苦杏仁油，不仅用于杏仁，也用于浆果、奶油、樱桃、椰子、杏、桃、辛香等香精中。烟草香精和酒用香精也用之。微量用于日用香精配方中，如紫丁香、茉莉、白兰、梅花、橙花等花香型香精。IFRA 没有限制规定。

(6)安全管理情况：GRAS；FEMA No. 2127；FDA 182.60；COE No. 101；RIFM；GB 2760—1996 批准为暂时允许使用的食用香料。

2. 草莓醛(Aldehyde C－16)

草莓醛是国内商品名，亦称杨梅醛、十六醛，化学名称为 3－甲基－3－苯基环氧丙酸乙酯或 3－甲基－3－苯基缩水甘油酸乙酯。分子式 $C_{12}H_{14}O_3$，相对分子质量 206.24。

(1)结构式：

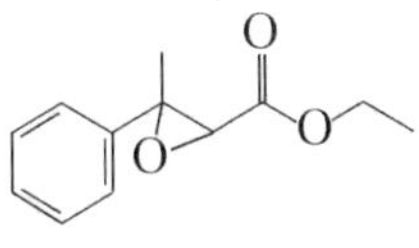

(2)理化性质：无色至浅黄色液体，沸点 260℃，153～155℃(2.4kPa)，相对密度 1.086～1.092，折光率 1.503～1.507，几乎不溶于水，微溶于丙二醇和甘油，溶于乙醇等有机溶剂。

(3)天然存在：未见文献报道。

(4)香气：甜青的草莓样果香，微有苏合香似的膏香气息。香气强烈而持久。

(5)应用：可用于日用香精配方中，用以调配风信子、紫丁香、玫瑰、茉莉、橙花等花香型及素心兰、木香、醛香、东方等非花香型香精。用量在 5 %以内，IFRA 没有限制规定。亦可用于草莓、覆盆子、樱桃、葡萄、桃等食用香精中。

(6)安全管理情况：GRAS；FEMA No. 2444；FDA 182.60；COE No. 6002；RIFM；GB 2760—1996 批准为暂时允许使用的食用香料。

3. 柠檬醛(Citral)

柠檬醛的化学名称为 3，7－二甲基－2，6－辛二烯醛，分子式 $C_{10}H_{16}O$，相对分子质量 152.24。

（1）结构式：

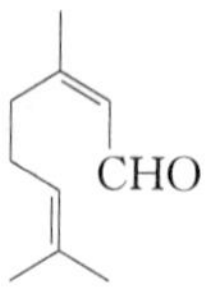

顺式体

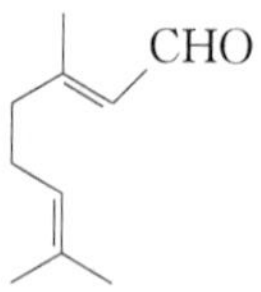

反式体

（2）理化性质：无色液体，储存后渐变为微黄色液体。有顺式和反式两种异构体，顺式体亦称橙花醛，沸点 102～104℃（1.6kPa）；反式体亦称香叶醛，沸点 110～112℃（1.6kPa）。商品柠檬醛为两种异构体的混合物，沸点 228～229℃，相对密度 0.886～0.890，折光率 1.486～1.489。不溶于水和甘油，溶于乙醇等有机溶剂。易环化和聚合，与邻氨基苯甲酸甲酯、吲哚、喹啉等共用易起反应而变色，常做成二甲缩醛或二乙缩醛后使用。

（3）天然存在：存在于柠檬、柠檬草、山苍籽、姜、橙叶等精油中。

（4）香气：青甜的柠檬、柑橘样果香，也似生姜的辛香，香气较清强。

（5）应用：广泛用于香水、洗涤剂、香皂等日用香精配方中，用以调配柠檬、薰衣草、橙花、古龙等香型。用量在 10%以内。亦可用于调配柠檬、甜橙、圆柚、苹果、葡萄、草莓、生姜等食用香精及酒用香精。

（6）安全管理情况：GRAS；FEMA No.2303；FDA 182.60；COE No.109；RIFM；IFRA（1975 年 10 月规定，柠檬醛在使用时须同时加入其用量 1/4 的 d－ 烯或 α－蒎烯等香料来抑制其致敏性）；GB 2760—1996 批准为允许使用的食用香料。

4. γ－十一内酯（γ－Undecalactone）

γ－十一内酯的商品名有桃醛（Peach Aldehyde）或十四醛（Aldehyde C－14），分子式 $C_{11}H_{20}O_2$，相对分子质量 184.28。

（1）结构式：

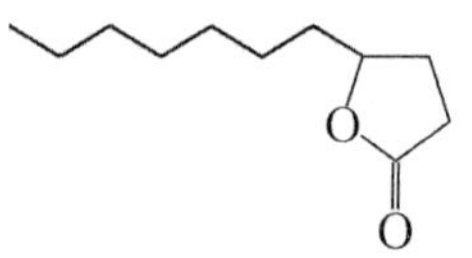

（2）理化性质：无色至浅黄色液体，沸点 286℃，162℃（1.7kPa），相对密度 0.942～0.948，折光率 1.449～1.454，不溶于水和甘油，溶于乙醇等有机溶剂。商品中常含有少量的 d－异构体杂质。

（3）天然存在：存在于桃、杏仁、桂花、鸡蛋果、苹果、水解大豆蛋白、肉等中。

（4）香气：浓甜似桃的果香，微带鸢尾、桂花样花香。香气飘逸而持久。

（5）应用：是日用香精配方中最常用的内酯类香料之一，最宜用于桂花、栀子、晚香玉、紫丁香、茉莉、白玫瑰、素心兰等香型中，能赋予清新的花香和果香。一般用量在 0.1%～1%，IFRA 没有限制规定。亦可用于调配桃、梅子、杏、樱桃、奶油、桂花等食用香精。

（6）安全管理情况：GRAS；FEMA No.3091；FDA 172.515；COE No.179；RIFM；GB

2760—1996 批准为暂时允许使用的食用香料。

5. γ－壬内酯(γ－Nonalatone)

γ－壬内酯的商品名有椰子醛(Coconut Aldehyde)或十八醛(Aldehyde C－18)，分子式 $C_9H_{16}O_2$，相对分子质量 156.23。

(1)结构式：

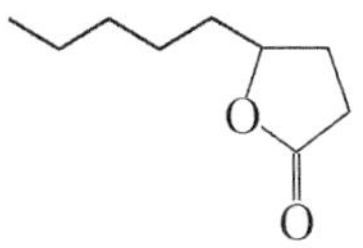

(2)理化性质：无色至微黄色液体，沸点 243℃，136℃(1.7kPa)，相对密度 0.976，折光率 1.445～1.450，几乎不溶于水和甘油，溶于乙醇等有机溶剂。

(3)天然存在：存在于桃、杏、番茄、芒果、绿茶、啤酒、白兰地等中。

(4)香气：清甜而浓的椰子样果香，又有似栀子、晚香玉样的花香及木香香韵。香气透发而持久。

(5)应用：广泛用于日用香精配方中，尤宜用于栀子、晚香玉、茉莉、铃兰、白玫瑰、东方、幻想等香型中，能赋予精美的甜果香，且有良好的定香作用。用量在 2%以内，IFRA 没有限制规定。亦可用于调配椰子、奶油、杏仁、坚果、樱桃、桃等食用香精。

(6)安全管理情况：GRAS；FEMA No.2781；FDA 172.515；COE No.178；RIFM；GB 2760—1996 批准为暂时允许使用的食用香料。

6. 己酸烯丙酯(Allyl Caproate)

己酸烯丙酯的商品名为凤梨醛，分子式 $C_9H_{16}O_2$，相对分子质量 156.23。

(1)结构式：

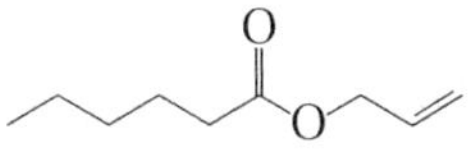

(2)理化性质：无色至淡黄色液体，沸点 186～188℃，75～76℃(2kPa)，相对密度 0.884～0.892，折光率 1.422～1.426，几乎不溶于水、甘油和丙二醇，溶于乙醇等有机溶剂。

(3)天然存在：未见文献报道。

(4)香气：强烈的菠萝样果香香气，并有似朗姆酒的气息。

(5)应用：常作果香头香香料用于香水、化妆品、皂用等日用香精中，多用于白兰花、木香、辛香、古龙、东方等香型。亦可用于调配菠萝、苹果、杏、桃、甜橙、草莓、朗姆等食用香精。

(6)安全管理情况：GRAS；FEMA No.2032；FDA 172.515；COE No.2181；RIFM；IFRA(1977 年 2 月提出，香料中的游离烯丙醇含量不应超过 0.1%，才宜安全外用)；GB 2760—1996 批准为暂时允许使用的食用香料。

7. 邻氨基苯甲酸甲酯(Methyl Anthranilate)

邻氨基苯甲酸甲酯的分子式 $C_8H_9NO_2$，相对分子质量 151.17。

(1)结构式:

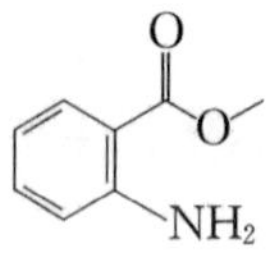

(2)理化性质:无色至浅黄色液体,带有蓝色荧光。沸点256℃,127℃(1.5kPa),相对密度1.161~1.169,折光率1.582~1.584,微溶于水,溶于乙醇等有机溶剂。

(3)天然存在:存在于橙花、橙叶、茉莉、晚香玉、栀子、依兰依兰、甜橙、柠檬、香柠檬、橘皮等近50种精油和葡萄汁中。

(4)香气:粗糙尖锐的鲜咸果香,稀释时有橙花样花香和葡萄样果香。香气强烈、留长。

(5)应用:广泛用于日用香精配方中,用以调配茉莉、橙花、栀子、水仙、晚香玉、白兰、依兰等花香型香精,在低档橙花中用量可达15%。宜用于有色加香制品中。常与α-戊基桂醛、羟基香茅醛、大茴香醛、苯乙醛等制成泄馥基后应用于花香型香精中。IFRA没有限制规定。亦可用于调配葡萄、草莓、西瓜、蜜香、柑橘等食用香精及酒用香精。

(6)安全管理情况:GRAS;FEMA No.2682;FDA 182.60;COE No.250;RIFM;GB 2760—1996批准为暂时允许使用的食用香料。

十二、酒香

庚酸乙酯(Ethyl Heptanoate)

庚酸乙酯的商品名有人造康酿克油(Cognac Oil Artificial)或水芹醚(Oenanthic Ether),分子式$C_9H_{18}O_2$,相对分子质量158.24。

(1)结构式:

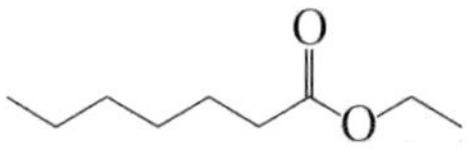

(2)理化性质:无色液体,沸点186~188℃,相对密度0.868,折光率1.411~1.415,不溶于甘油和水,微溶于丙二醇,溶于乙醇等有机溶剂。

(3)天然存在:存在于苹果、草莓、花生、葡萄汁、啤酒、白兰地、朗姆酒等中。

(4)香气:有似康酿克油酒香的果香,但较之单薄,香气强烈但不够持久。

(5)应用:可作为头香香料用于柑橘、古龙、玫瑰等香型日用香精中,能赋予自然感和圆熟感。广泛用于食用香精和酒用香精中,用以调配杏、桃、葡萄、草莓、覆盆子、奶油、干酪、白兰地、朗姆酒、香槟等香精。

(6)安全管理情况:GRAS;FEMA No.2437;FDA 172.515;COE No.365;RIFM;GB 2760—1996批准为允许使用的食用香料。

第五章　香　精

第一节　调　香

香料香精工业生产出的天然香料和合成香料，由于香气品质不能满足人们的要求，除极个别的品种外，一般均不单独使用，必须调配成香精以后，才能用于加香产品之中。调配香精的技艺则称为调香。

调香由来已久。古代用香料植物粉末调香，用于制作薰香或香囊。后来由于天然精油及合成香料陆续问世，才逐步地过渡到近代的调香技术。调香工作的目的就是调配出令人喜爱而又安全的香精，使加香产品在使用和食用过程中，具有一定的香气或香味效果。

一、调香中常用的术语

为了更好地从事与香料香精行业有关的工作，正确理解与调香有关的一些基本概念是非常必要的，简要叙述如下。

（1）气息（Odor）：通过嗅觉器官感觉到的或辨别出的一种感觉，它可能是令人感到舒适愉快的，也可能是令人厌恶难受的。

（2）香气（Scent）：通过人们的嗅觉器官感觉到的令人愉快舒适的气息。

（3）香味（Flavor）：通过人们的嗅觉和味觉器官同时感觉到的令人愉快舒适的气息和味感的总称。

（4）气味（Aroma）：用来描述一个物质的香气和香味的总称。

（5）香韵（Note）：用来描述多种香气结合在一起时所带有的某种香气韵调。它反映的不是整体香气的特征，而是其中的一部分。香韵的区分和描述是一项十分细致的工作。

（6）香型（Type）：用来描述某种香精或加香制品的整体香气类型或格调。

（7）香势（Odor Concentration）：亦可称为香气强度，是指香气本身的强弱程度。这种强度可通过香气阈值来判断，阈值越小，则强度越大。

（8）头香（Top Note）：亦可称为顶香，是对香精（或加香制品）嗅辨中最初片刻时的香气印象，也就是人们首先能嗅感到的香气特征。它是香精整体香气中的一个组成部分，一般是由香气扩散力较好的香料所形成。

（9）体香（Body Note）：亦可称为中段香韵，是香精的主体香气，体现香精的主要香气特征。体香应在头香之后，立即被嗅觉感到香气，而且能在相当长的时间中保持稳定和一致，具有中等程度的挥发度。

(10)基香(Basic Note):亦可称为尾香或残香,是香精的头香与体香挥发后,留下的最后的香气。通常是由挥发性很低的香料或某些定香剂组成。

(11)和合(Blending):将几种香料混合使用时,能产生一种协调一致的香气,这是调香工作中的一种重要技巧。用作和合作用的香料称为"和合剂"(Blender)。

(12)修饰(Modify):是指用某种香料的香气去修饰另一种香料,使之在香精中产生更为美好或新奇的香气效果。修饰作用也是调香工作中的一种技巧。用作修饰作用的香料称为"修饰剂"(Modifier)。

(13)谐香(Accord):是由几种香料在一定的配比下所形成的一个既和谐而又有一定特征性的香气,它是香精中体香的基础。

(14)定香剂(Fixative):一般是指使香精放置数日后香调不变,能调节各香成分的挥发度,使香气较长时间留驻所加入的香成分。定香剂是香精的组成之一,它可能是一种"单一"的化合物,也可能是两种或两种以上的化合物组成的混合物,也可能是一种天然的混合物。实践证明,同时使用几个定香剂比单独使用一个定香剂的效果要好。

(15)透发(Diffusion):是指香气的扩散性,香气是否迅速广泛地扩散向四方,是香精或香制品香气的重要评价之一。

(16)留长(Long－lasting):即香气的持久性,是香精的特征表现之一。

(17)提扬(Lifting):使浓重、滞凝、下沉等不能很好透发的香气易于散发。

(18)陈化作用(Aging):调配后的香精经过一定时间的存放,由于香精内部进行的各种化学反应,如酯化、酯交换、醛醇缩合、醛醛缩合等,使香精的组成更为复杂,香精的香气也变得更为和谐,这种作用称为"陈化作用"或"熟化作用"。

(19)香基(Base):是一种香精,但它不作为直接加香使用,而是作为香精中的一种香料来使用。香基应具有一定的香气特征,或代表某种香型。

二、辨(评)香的基本方法

尽管现代科学技术已经相当发达,但欲配出令人满意的香精,鼻子是迄今仪器所不能取代的。香原料的选用、用量的配比以及香精品质的评价,均用鼻子来鉴别。

1. 纸条辨(评)香法

在实际工作中,广泛被采用的是传统的纸条辨(评)香法。嗅辨时要用辨香纸(纸条或纸片),通常是用厚度适宜的吸水纸。纸条适用于液体样品,宜为0.5～1cm宽,10～18cm长。最好一端窄一些,以便在窄口瓶中蘸取样品。对固体样品用纸片,宜为8cm长,10cm宽;也可选择适当的溶剂配成溶液,按嗅液体样品方式进行。

首先,要在辨香纸上写明被辨对象的名称、号码,甚至日期和时间,然后,如果是纸条,将其一头浸入拟辨香料或香精(或其稀释溶液)中,蘸上1～2cm,对比时要蘸得相等;如果是用纸片,可将少量固体样品置于纸片中心。样品不能触及鼻子,要有一定距离,刚可嗅到为宜。随时记录嗅辨香气的结果，包括香韵、香型、特征、强度、挥发程度，并根据自己的体会，用贴切的词汇来描述香气。要每阶段记录，最后写出全貌。若是评比，则要求写出样品间的区别，如有关纯度、相像程度、强度等意见，最后写出评定好坏等的评语。

2. 影响辨(评)香的因素

(1)工作场所：要求通风良好，清净而温暖。不应在混杂有香气或灰尘的场所进行。室内在不使用时不能放置有香物质，进入室内不能穿着有香的工作服，不能吸烟。

(2)思想要集中：应舒适地坐着评辨，全神贯注，根据样品香气的强弱和特点，评辨者的嗅觉能力来掌握评辨的时间间隔。总体来说，一次评辨香气的时间不宜过长，要有间隔，有休息，使鼻子嗅觉在饱和、疲劳和迟钝下能恢复其敏感性，这样效果最好。一般来说，开始时的间隔是每次几秒，最初嗅的三四次最为重要；易挥发者要在几分钟内间歇地嗅辨；香气复杂的，有不同挥发阶段的，除开始外，可间歇 5～10min，再延长至 30min、1h 乃至 1 天，或持续若干天。要重复多次，观察不同时间中的变化，包括香气和挥发程度。

(3)严格选择标样：不同品种、不同地区、不同起始原料、不同工艺、不同等级，都应详细注明。装样品的容器，最好是深色(蓝、棕、绿)的玻璃小瓶，标样要选择新鲜的，要满装于瓶中，盖紧(用后亦然)，置阴凉干燥处或冰箱内存放，防止变质，经过一定时间后要更换(一般半年)。

(4)合适的香料或香精的浓度：香料或香精的浓度过浓，嗅觉容易饱和，麻痹或疲劳，因此有必要把香料或香精用纯净无臭的 95%乙醇或纯净的邻苯二甲酸二乙酯，稀释到 1%～10%，甚至更淡些来辨别，特别是香气强度高，或是固态树脂态的样品。

3. 有关香气或香味的描述用词

常用于描述香气和香韵的用词有：花香、草香、木香、蜜甜香、脂蜡香、膏香、琥珀香、动物香、辛香、豆香、果香、酒香、青香、清香、浊香、甜香、壤香、革香、药草香、焦气、樟脑样、树叶样、树脂样、萜烯样、粉香样、谷物样、蔬菜样、根样、坚果样、果汁样、肉香样、鱼腥样、膻气样、霉气样、硫黄样、苯酚样、金属样、脂肪气、油腻气、醚样、化学气、刺鼻的、催泪性的、窒息性的等。

也有用感觉或情感等比较抽象的词汇来描述，如：酸、咸、苦、辛辣、刺激、凉、温、热、干、湿、强、弱、柔、刚、腻、淳、润、坚硬、新鲜、陈腐、平滑、粗糙、圆柔、尖刺、粗冲、愉快、不快、轻快、浓重、淡薄、丰满、喜爱、厌恶、文雅、粗俗、细腻、粗狂、诱惑性、男性气息、女性气息等。

三、调香师

香精的优劣主要取决于所用香料的品质和配方的合理性，而配方是由调香师创拟的。因此，调香师对于香精的优劣起决定性作用。

调香师是一个古老的职业，在欧洲一些国家有着相当长的历史，并拥有一批世界级的调香大师。但在我国还是一个新兴的职业，在我国第六次发布的新职业中，关于它的定义是——使用香料及辅料进行香气、香味调配和香精配方设计的人员。调香职业共设三个等级，分别为：三级调香师(国家职业资格三级)、二级调香师(国家职业资格二级)和一级调香师(国家职业资格一级)。他们的工作要求包括:香料辨别与评价;判定香精香型及其组成;根据要求设计香精配方、调配香精;香精的应用;培训与管理等。食品与日化调香师是职业调香师的两大基本分类。

科学技术的发展和消费水平的提高对调香师提出了更高的要求,调香师除了掌握扎实的香料香精基础知识、安全知识及相关法律法规之外,还应该具备宽广的有机化学、分析化学、生物化学和食品化学知识,熟悉加香工艺。调香师不仅应该是科学家,还应该具有艺术天赋和创造才能。需要强调的是,并不是人人都可以成为调香师。

在瑞士 Givandan 公司总部内,设有国际调香训练中心,现介绍其培训情况以作为借鉴。培养对象的选择:学员在公司内部挑选,首先学历起码是高中毕业,最好是大学化学系毕业;再则要有基本的嗅觉能力,对日常生活中的含香物质能分清其香味;三是要有鉴别能力,能评定香气相似的物质;四是鼻子有一定的灵敏度,能识别同一香物的不同浓度;五是要有良好的记忆力。以上测试合格后,每期录用五名学员,由两位专职教师教授三年。

第一年学习天然合成的香原料及其生产工艺,同时学习植物学、园艺学和有机化学;一年后能闻识近千种香原料的香气。第二年学习调香基础,先是花香型,如薰衣草的基本格调,其次是果香、动物香、皮革香等;两年后可以根据教师所指定的香原料,调配出指定的香精,以此来评定学员成绩的优劣。第三年学习一些经典香型的配制,如著名的 Chanel N°5、力士、佳美等香精,毕业时能熟练地掌握各类香精的基本配方。对其中三名优良的学员授予助理调香师称号;其余两名学员分配到质量控制部或分析部担任产品评香工作。

助理调香师工作两年后称初级调香师,再工作三年才能成为正式调香师,便可以独立工作了。从入学到成为调香师,需要八年的奋斗时光,可见历程之艰难。一旦有了突出的、创新的才能,所配的香精在市场上有了显著的效果,才算得上高级调香师。食品调味师的学习内容有所不同,培养时间为两年。

第二节　香精的基本组成

香精是多种香料的混合物。好的香精留香时间长,且自始至终香气圆润纯正、绵软悠长,给人以愉快的享受。因此,为了了解在香精配制过程中,各香料对香精性能、气味及生产条件等方面的影响,首先必须仔细分析它们的作用和特点。

一、按照香料在香精中的作用来分

香精中的每种香料对香精整体香气都发挥着作用,但起的作用却不同,有的是主体原料;有的起到协调主体香气的作用;有的起修饰主体香气的作用;有的为减缓易挥发香料组分的挥发速度。按照香料在香精中的作用来分,大致可分为以下五种组分。

1. 主香剂

主香剂亦称主香香料,是形成香精主体香韵的基础,是构成香精香型的基本原料,在配方中用量较大。在香精配方中，有时只用一种香料作主香剂，但多数情况下都是用多种香料作主香剂。如茉莉香精中的乙酸苄酯、邻氨基苯甲酸甲酯、芳樟醇；玫瑰香精中的香茅醇、香叶醇；檀香型的檀香油、合成檀香。

2. 和合剂

和合剂亦称协调剂，它是用来调和主体香料的香气，使香精中单一香料的气味不至于太突出，从而产生协调一致的香气。因此，用作和合剂的香料香型应和主香剂的香型相同。如茉莉香精的和合剂常用丙酸苄酯、松油醇等；玫瑰香精常用芳樟醇、羟基香茅醛作和合剂。

3. 修饰剂

修饰剂又称变调剂，其作用是使香精变化格调，增添某种新的风韵。用作修饰剂的香料香型与主香剂香型不同，在香精配方中用量较少，但却十分奏效。广泛采用高级脂肪族醛类来突出强烈的醛香香韵，增强香精的扩散性能，加强头香。

4. 定香剂

定香剂又称保香剂，不仅本身不易挥发，而且能抑制其他易挥发香料的挥发速度，从而使整个香精的挥发速度减慢，同时使香精的香气特征或香型始终保持一致，是保持香气持久稳定性的香料。它可以是单一的化合物，也可以是多种香料的混合物；可以是有香物质，也可以是无香物质。天然麝香与灵猫香是常用于香水香精的优秀“提扬”定香剂，能使整个香精香气扩散力与持久力都有所提高。

某种定香剂在不同的香型香精中有不同的效果，所以说定香剂的合理选择是比较难的，因为这里要涉及不同香型、不同档次或等级、不同加香介质或基质、不同安全性的要求等复合因素。可以从原则上对选用定香剂的品种和用量上作出一些总的规定，例如，在不妨碍香型或香气特征的前提下，通过使用蒸气压偏低的相对分子质量稍大一些的、黏度稍高一些的香料来达到持久性与定香作用较好的目的。这也是水杨酸苄酯等大分子酸的酯、大环化合物、固体物质、有香味的树脂胶用作定香剂的原因。

5. 增加天然感香料

增加天然感香料是指给出逼真感和自然感用的香料。主要采用各种香花精油或浸膏。

二、按照香料在香精中的挥发度来分

1954 年，英国著名调香师扑却按照香料香气挥发度，在辨香纸上挥发留香时间的长短，将三百多种天然香料和合成香料，分为头香、体香、基香。他认为香精应由头香香料、体香香料和基香香料三个部分所组成。但是应当说明的是，在用嗅觉去判定一种香料相对挥发度时会因人而异。

1. 头香香料

头香亦称顶香，是对香精嗅辨时最初的香气印象。用作头香的香料一般香气挥发性较好，留香时间短，在评香纸上的留香时间在 2h 以下。其作用是使香气轻快、新鲜、活泼、隐蔽基香和体香的抑郁部分，取得良好的香气平衡。头香香料一般应选择嗜好性强、清新、能和谐地与其他香气融为一体，使全体香气上升并有些独创性的香气成分。

2. 体香香料

体香亦称中香，是在头香之后，立即被嗅感到的中段主体香气，它代表了香精的香气主题，而且能使香气在相当长的时间内保持稳定和一致。体香香料是由具有中等挥发度的香料所配制成的，在评香纸上的留香时间为2～6h。体香香料构成香精香气特征，是香精的核心部分。体香起连接头香和基香的桥梁作用，遮蔽基香部分的不佳气味，使香气变得华丽丰盈。

3. 基香香料

基香亦称尾香，是在香精的头香和体香挥发之后，留下来的最后香气。用作基香的香料通常是由挥发度较低的香料或定香剂所组成，在评香纸上的留香时间超过6h。基香香料不但可以使香精香气持久，同时也是构成香精香气特征的一个部分。

在调香工作中，根据香精的用途，要适当调整头香、体香、基香香料的比例。例如，要配制一种香水香精，如果头香占50%，体香占30%，基香占20%则不太合理。因为头香与基香相比，基香的比例太小了，这种香水将缺乏持久性。一般来说，头香占30%左右，体香占40%左右，而基香占30%左右比较合适。总之，头香、体香和基香之间要注意合理的平衡，在香精的整个挥发过程中，各层次的香气能循序挥发、前后具有连续性，使其典型香韵不前后脱节，达到香气完美、谐调、持久、透发的效果。

第三节　香精处方的步骤

掌握了香料的性能、香气特征、香韵、香料的应用范围、各香料间的香气异同和代用等“辨香”基本功后，才能进行香精的调配工作。

目前，我国调香工作者一般采用“三步法”，来进行香精的处方。所谓“三步法”，即“明体例、定品质、拟配方”，现分述如下。

一、明体例

简单地说，就是要求运用论香气的知识和辨认香气的能力，明确要设计的香精应该用哪些香韵去组成哪种香型。这是进行香精处方的基本要求，也是第一步。

所谓论香气，就是运用有关香料分类、香气（香韵）分类、香型分类、天然单离与合成香料的理化性质、香气特征与应用范围（包括持久性、稳定性、安全性、适用范围）等方面的理性知识，以及从嗅辨实践所积累的感性知识和经验，去明确要仿制（仿香）或创拟（创香）的香精中所含有或需要的香韵和弄清它应归属的香型类别。

例如，仿香时，如果仿制某种天然香料（精油、净油等），首先要弄清它归属的香气类别，尽可能地查阅有关成分分析的资料，再用嗅辨的方法或用嗅辨与仪器分析相结合的方法，对其主要香气成分及一般香气成分有所了解，做到心中有数。

如果是仿制某一个香精或加香产品的香气，首先用嗅辨的方法，大体上弄清其香气特征、香型类别以及在挥发或使用过程中的香气演变情况，判定它由哪些香韵组成以及每种香韵主要来自哪些香料。如有条件，最好与仪器分析法相结合来判定其中主要含有哪些香料及其大致的相对配比情况。

在创香时，首先要根据香精的使用要求，构思拟出香精香型的主要轮廓和其中各香韵拟占的比例大小，即香型“格局”；再按此格局，考虑其中各香韵的组成及主次关系。

以上就是香精处方的第一步——明体例。在这一步中，调香工作者的审美观点与想象力都是很重要的。

二、定品质

在明体例之后，第二步是定品质，即在明确了香精香型及其香韵组成的前提下，按照香精的应用要求，选定香精中所需要的香料品种及其质量等级。

香料品种及其质量等级的选择，一是要根据香精中各香韵的要求；二是要根据香精应用的要求（即要适应加香介质的特性和使用特点的要求）；三是要根据香精的档次（即价格成本的要求）。换言之，就是从香料品种的选用，来确定要仿制或创拟的香精的品质。

例如，所创拟的香型已明确为以青滋香为主的花香—青滋香—动物香，香精是作为高档香水中应用，每千克原料价格在300元左右；花香是以鲜韵、幽鲜韵与甜鲜韵为主的复体花香，青滋香是以叶青为主，苔青为辅的青滋韵，动物香是以龙涎香与麝香并列、以琥珀香为辅的香韵。因是以青滋香为主的花香—青滋香—动物香型，所以从体香中这三类香韵的质量比上来说，青滋香应稍大一些。在具体香料品种的选用时，如对青滋香香韵（叶青及苔青）可从紫罗兰叶净油、除萜玳玳叶油、除萜苦橙叶油、橡苔净油、叶醇、庚炔羧酸甲酯、水杨酸叶醇酯、二氢茉莉酮酸甲酯等中选用；对花香可从小花茉莉净油、依兰油、树兰花油（以上代表鲜韵），铃兰净油、紫丁香净油（以上代表鲜幽韵），以及乙酸苏合香酯、丙酸苏合香酯（用以比拟栀子花的甜鲜香韵），鸢尾酮、甲基紫罗兰酮、玫瑰醇（用来补充甜韵）等中选用；对动物香，可从环十五内酯、环十五酮、龙涎香醚、麝香酊、麝香105（以上代表动物香），甲基柏木基醚、麝葵籽油、岩蔷薇净油、除萜香紫苏油（以上代表琥珀香）等中选用。以上在天然香料中多采用净油与除萜精油，是为了提高香精在乙醇溶液中的溶解能力，防止香水发生混浊，减少过滤操作中的损耗。此外，木香、辛香、果香等有时也可酌量使用，作为修饰之用。

三、拟配方

香精处方方法的最后一步是“拟配方”，就是通过配方试验（包括应用效果试验）来确定香精中应采用哪些香料品种（包括其来源、质量规格、或特殊的制法要点、单价）和它们的用量。有时还要确定香精的调配工艺与使用条件的要求等。

拟配方，一般要分两个阶段来进行。

第一个阶段:主要是用嗅感评辨的方法进行小样的试配,对小样进行配方调整,取得初步确定的香精整体配方。从香型、香气上说,要使香精中各香韵组成之间,香精的头香、体香与基香之间达到互相协调及持久性与稳定性都达到预定的要求。

第二个阶段:是将第一阶段初步认为满意的香精试样进行应用试验,对配方作进一步修改,以最后确定香精的配方,还要确定其调配方法、在介质中的用量和加香条件以及有关注意事项。为了取得这些具体数据需要进行的试验与观察的内容,主要包括以下几个方面:

(1)确定香精调配方法,如配方中各个香料在调配时,加入的先后次序,香料的预处理要求,对固态和极黏稠的香料的熔化或溶解条件要求等。

(2)确定香精加入介质中的方法及条件要求。

(3)观察与评估香精在加入介质之后所反映出香型、香气质量,与该香精在单独时所显示的香型、香气质量是否基本相同,以及与介质的配伍适应性。

(4)观察与评估香精加入介质后,在一定时间和条件下(如温度、光照、储放架试等),其香型、香气质量(持久性与稳定性)是否符合预期的要求。

(5)观察与评估香精加入介质后的使用效果是否符合要求。

(6)确定该香精在该介质中的最适当用量,其中包括从香气、安全及经济上的综合性衡量。

在拟配方的第一个阶段中,小样的配制方法,可分为以下两种:

第一种方法是,先通过试配取得香精"体香部分"的配比,随后以此"体香试样"为基础,进行加入基香或头香香料的试配,最后取得香精的初步整体配方。在试配"体香部分"时,可从少数几个体香"核心"香料品种开始,先找出最适宜的配比,然后再逐步增加试配入其他的组成体香的香料品种,去取得"体香部分"的配方。如果是创拟性的香精,"体香部分"的香气要符合创拟者的构思设想要求。"体香部分"的香料从质量比来衡量,一般宜占整个香精的一半以上。当然,在取得"体香部分"配比后,在试入基香和头香香料的过程中,有可能对已初步确定的体香中香料的配比要略作调整,以期求得在香气上的和谐、持久和稳定。

该种方法比较适合初学者,一方面,通过采用分层(体香、基香、头香)分步试配、评估的方法,可以帮助初学者逐步掌握不同香料间香气和合、修饰与定香的效应,以及它们之间的相互抵触、损伤作用等,也可对香料香气逐渐记忆积累,取得较多殷实而深刻的体验;另一方面,有助于培养调香者有条理的处方方法,减少"盲目性"。

第二种方法是,直接进行香精的初步整体配方的拟定与小样配制。即在处方时经仔细思考后,在配方单上一次写出所用的香料品种及其配比用量。一般先写"头香部分",其次是"体香部分",最后是"基香部分",其中应包括有关和合、修饰、定香的香料或辅料。然后经过小样试配,评估,修改配方,再试配,再评估,直到小样的香气效果达到要求后,确定配方为香精的初步整体配方。

该种方法适合于有一定香精处方经验的调香工作者。特别是在进行"配制精油"(已有一定的成分分析资料的品种)的拟方时,或在已"定型"(有配方的或已有大体配比资料的)的香精基础上,进行部分改变格调或增加香韵的处方时,或在仿制一个已有大体成分分析结果的香精时,多采用第二种方法。

在试配小样中，要注意以下各点：

(1)要有一定式样的配方单，应注明下述内容：香精名称或代号；委托试配的单位及其提出的要求(香型、用途、色泽、档次或单价等)；处方及试配的日期及试配次数的编号；所用香料及辅料等的品名、规格、来源、用量；处方者与配样者签名；各次试配小样的评估意见。

(2)对香气十分强烈而配比用量又较小的香料，宜先用适当的无臭有机溶剂，如邻苯二甲酸二乙酯、二聚丙二醇等，或香气极微的香料，如苯甲酸苄酯、苄醇等，稀释至10%或5%或1%或0.1%的溶液来使用。

(3)配方中各香料(包括辅料)的配比，一般宜用质量百分比或千分比。

(4)为了便于计算及节约用料，每次的小样试配量一般为10g或5g。

(5)对在室温下呈极黏稠而不易直接倾倒的香料，可用温水浴(40℃左右)熔化后称用。对粉末状或微细结晶状的香料，则可直接称量，并可搅拌使其溶解，也可在温水浴上搅拌使之迅速溶解，要尽量缩短受热时间。

(6)在称样前，对所用的香料，都要与配方单上注明的逐一核对和嗅辨，以免出错。

(7)称样用的容器与工具均应洁净、干燥，不沾染任何杂气。

(8)对初学香精处方的调香工作者来说，在配小样时，最好每称入一种香料混匀后，即在容器口嗅认一下其香气。

(9)对每次试配的小样，都要注明对其香气评估意见和发现的问题。

(10)对小样配方，都要粗算其原料成本，以便控制成本。

第四节　日化香精的调配

一、花香型香精

花香型香精大多是模仿天然花香配制而成。主要有玫瑰、茉莉、铃兰、白兰、紫罗兰、丁香、水仙、橙花、桂花、香石竹、风信子、栀子花、金合欢、晚香玉、依兰、草兰、木兰花、树兰花、洋槐花、腊梅花、金银花、山楂花、葵花、菊花、薰衣草、含羞草等数十种。它们大多用于化妆品、香水、香皂、香波、洗涤剂、清洁剂等日化产品中，少量用于食品等加香产品中。

1. 玫瑰(Rose)香精

(1)论香气：玫瑰以迷人、馨甜馥郁的花香闻名世界，是最重要的花香之一，在许多著名的香水如，Chanel N°5、Joy、Poison等中都可以发现玫瑰香韵的存在。玫瑰品种繁多，或以香胜、或以色美、或以形称。但作为调香仿制对香只有数种，如绉叶玫瑰(紫红玫瑰)、大马色玫瑰(红玫瑰)、百叶玫瑰(粉红玫瑰)、香水月季(黄玫瑰)、白玫瑰和野蔷薇等。总之，玫瑰是正宗的甜韵，是三种主要甜香的合拍，是醇甜(玫瑰甜)、蜜蜡甜(脂蜡甜)与酿甜(酒香甜)三甜合一。

(2)选香料：在玫瑰香精处方选料时，要根据不同玫瑰的品质、应用要求和档次，恰当地选用这三种甜香的香料，并配合其他香料形成符合要求的香精。现将玫瑰香精常用的香料，按其在香精中的组分作用排列如下：

①主香剂：玫瑰醇、香茅醇、香叶醇、苯乙醇、四氢香叶醇、橙花醇、壬醛、玫瑰醚、突厥烯酮、突厥酮、香叶油、康酿克油、墨红浸膏及净油等。

②和合剂：芳樟醇、甲基紫罗兰酮、紫罗兰酮、桂醇、二氢月桂烯醇、丁香酚、异丁香酚、柠檬醛、羟基香茅醛、乙酸苯乙酯等。

③修饰剂：苯乙醛、癸醛、十一醛、十二醛、松油醇、丁酸香茅酯、丁酸香叶酯、椰子醛、桃醛、草莓醛、乙酸苄酯、乙酰基丁香酚、鸢尾凝脂、檀香油、岩兰草油、广藿香油等。

④定香剂：麝香酮、结晶玫瑰、桂酸桂酯、二苯甲酮、香兰素、苏合香香树脂、吐鲁香膏、秘鲁香膏等。

⑤增加天然感的香料：玫瑰浸膏、玫瑰净油、墨红浸膏等。

(3)配方示例：表 5－1 中甲方为仿红玫瑰香精配方，红玫瑰是纯甜的格局；乙方为仿紫红玫瑰香精配方，突出其盛甜香；丙方为粉红玫瑰香精配方，多清甜，为带有清香的玫瑰香。

表 5－1　玫瑰香精配方

香料品名	质量分数/%			香料品名	质量分数/%		
	甲方	乙方	丙方		甲方	乙方	丙方
苯乙醇	20.0	25.0	13.0	柠檬醛	0.5	0.5	—
玫瑰醇(自香叶油)	25.0	18.0	20.0	芳樟醇	2.5	4.0	2.5
金合欢醇	0.5	—	—	丁香酚	1.0	0.8	—
山萩油	4.0	4.0	3.0	乙酰基丁香酚	—	—	0.5
康酿克油	1.2	1	0.5	壬醇	—	—	0.4
壬醛(10%)*	—	0.5	—	癸醇	0.2	—	—
壬醛	0.1	—	0.1	苯乙二甲缩醛	2.0	—	2.0
香叶醇	20.0	20.0	8.0	甲基紫罗兰酮	—	2.0	—
香茅醇	10.0	8.0	35.0	鸢尾凝脂	—	1.0	—
乙酸苯乙酯	—	—	2.0	岩兰草油	—	0.2	—
甲酸香茅酯	—	—	2.0	小花茉莉净油	—	—	1.0
橙花醇	8.0	10.0	5.0	紫红玫瑰精油	5.0	5.0	5.0

* 表示以邻苯二甲酸二乙酯为溶剂，质量分数为 10%。

2. 茉莉(Jasmin)香精

(1)论香气：茉莉与玫瑰是日用香精中最重要和最常用的两种花香香型。茉莉属鲜韵花香，香气新鲜透发、细致而文雅，赋予持久和优美的留香。有香料价值的茉莉主要有大花茉莉与小花茉莉，国外多指前者，较浓郁而浊香稍重，而后者偏淡雅但清香较显。

(2)选香料：由于大花茉莉和小花茉莉的香气有差异，所以两者在原料选用上应有区别。

①主香剂：乙酸苄酯、芳樟醇、二氢茉莉酮、二氢茉莉酮酸甲酯、吲哚、邻氨基苯甲酸甲酯、乙

酸对甲酚酯、α-戊基桂醛、α-己基桂醛等。

②和合剂：苯甲醇、丙酸苄酸、乙酸芳樟酯、香叶醇、香茅醇、松油醇、二氢月桂烯醇、甲基紫罗兰酮、N-甲基邻氨基苯甲酸甲酯等。

③修饰剂：椰子醛、桃醛、乙酸苏合香酯、铃兰醛、癸醛、苯乙醛、丁香酚、桂醇、对甲酚甲醚、异丁香酚苄醚、甜橙油等。

④定香剂：苯甲酸苄酯、洋茉莉醛、麝香酮、苯乙酸、灵猫香膏、吐鲁浸膏、苏合香香树脂等。

⑤增加天然感的香料：大花茉莉浸膏和净油、小花茉莉浸膏和净油、玳玳花油、依兰油等。

(3)配方示例：在大花茉莉香精配方中要显出其浓鲜偏浊的香气特征，而小花茉莉香精配方中要突出其雅鲜偏清的香气特点(表5-2、表5-3)。

表5-2 大花茉莉香精配方

香料品名	质量分数/%	香料品名	质量分数/%
乙酸苄酯	24.0	二氢月桂烯醇	3.0
丙酸苄酯	2.0	苯乙醇	7.0
苄醇	5.0	甲基紫罗兰酮	2.0
乙酸芳樟酯	5.0	丁香酚	0.5
芳樟醇	5.0	新铃兰醛	2.0
二氢茉莉酮酸甲酯	10.0	柑青醛	0.5
二氢茉莉酮(10%)*	2.0	玳玳叶油	5.0
邻氨基苯甲酸甲酯	4.0	树兰油	2.0
羟基香茅醛	3.0	依兰油	4.0
乙酸对甲酚酯(10%)*	2.0	小花茉莉净油	5.0
吲哚	0.5	γ-十一内酯	0.5
茉莉酯	5.0	癸醛(10%)	1.0

* 表示以苯甲酸苄酯为溶剂，质量分数为10%，同表5-3、表5-4。

表5-3 小花茉莉香精配方

香料品名	质量分数/%	香料品名	质量分数/%
α-戊基桂醛二苯乙缩醛	7.0	吲哚(10%)	3.0
赛茉莉酮	3.0	橙花醇	5.0
茉莉素	2.0	金合欢醇	1.0
玳玳叶油	10.0	苯甲酸苄酯	1.0
除萜白兰叶油	10.0	丁香酚	0.5
乙酸苄酯	30.0	依兰油	2.5
苄醇	12.0	小花茉莉净油	4.0
苯乙醇	7.0	小花茉莉浸膏	2.0

3. 铃兰(Lily of the Valley 或 Muguet)香精

(1)论香气:铃兰属鲜幽香韵,花香清鲜幽雅,近来十分受人欢迎。铃兰香韵能与茉莉、玫瑰、紫罗兰等花香和合,同样能调和醛香、青香和花香。

(2)选香料:铃兰花香要在鲜、清、甜三个方面选用香料。

①主香剂:铃兰醛、新铃兰醛、羟基香茅醛、芳樟醇、苯乙醇、香茅醇、松油醇、兔耳草醛、玫瑰醇、α-紫罗兰酮、吲哚、邻氨基苯甲酸甲酯等。

②和合剂:乙酸芳樟酯、乙酸香叶酯、乙酸香茅酯、乙酸苄酯、丙酸苄酯、乙酸桂酯、二氢月桂烯醇、二氢茉莉酮酸甲酯、白兰叶油等。

③修饰剂:辛炔羧酸甲酯、桃醛、桂酸甲酯、洋茉莉醛、苯乙醛、异丁香酚、柠檬油、橡苔净油等。

④定香剂:β-萘甲酮、各种合成麝香、桂酸苄酯、苯乙酸对甲酚酯、灵猫香膏、安息香香树脂等。

⑤增加天然感的香料:依兰油、小花茉莉净油、树兰花油、粉红玫瑰油等。

(3)配方示例:铃兰香精的配方示例,见表 5－4。

表 5－4　铃兰香精配方

香料品名	质量分数/%	香料品名	质量分数/%
除萜白兰叶油	6.0	新铃兰醛	10.0
桂酸苯乙酯	2.0	苯丙醛	0.1
松油醇	6.0	海风醛	1.0
羟基香茅醛	10.0	二氢月桂烯醇	3.0
二甲基苄基原醇	5.0	甲酸香茅酯	2.0
香茅醇	5.0	二氢茉莉酮酸甲酯	6.5
小花茉莉净油	3.0	α-己基桂醛	2.0
依兰油	3.0	吲哚	0.2
甲基紫罗兰酮	3.0	十二醛	0.1
苯乙醇	4.0	佳乐麝香(50%)	0.5
异丁香酚	1.0	墨红净油	0.5
洋茉莉醛	3.0	铃兰净油	3.0
乙酸苄酯	3.0	金合欢净油	1.0
兔耳草醛	1.0	玳玳叶油	1.0
辛炔羧酸甲酯	0.1	癸醛	0.1
铃兰醛	13.5	香茅腈	0.4

4. 紫(白)丁香(Lilac)香精

(1)论香气:在调香技术中紫(白)丁香可统称为紫丁香,属鲜幽香韵。从香气上,常区分为紫花者与白花者两类，紫丁香有偏清而新鲜香气，令人怀念；白丁香中吲哚的气息较突出。紫(白)丁香花有似茉莉的鲜香气和山楂花的清香气，又有似金合欢花的蜜甜香气。扑却认为，优质的松油醇在极度稀释后香气近似紫丁香。

(2)选香料：紫(白)丁香花也是鲜、甜、清混合香气，其香精处方的用料，可按下述品种选用。

①主香剂：松油醇、苯乙醛、苯乙二甲缩醛、α-戊基桂醛、大茴香醛、羟基香茅醛、芳樟醇、金合欢醇、苯乙醇、香茅醇、玫瑰醇、吲哚等。

②和合剂：乙酸苄酯、乙酸香茅酯、乙酸苯乙酯、乙酸芳樟酯、邻氨基苯甲酸甲酯、紫罗兰酮、丁香酚、异丁香酚等。

③修饰剂：兔耳草醛、柠檬醛、十二醛、甲基壬基乙醛、辛炔羧酸甲酯、水杨酸异戊酯、甜橙油、香兰素、香豆素等。

④定香剂：苯甲酸苄酯、水杨酸苄酯、桂酸苯乙酯、异丁香酚苄醚、合成麝香类、吐鲁香树脂、苏合香香树脂、安息香香树脂等。

⑤增加天然感的香料：紫(白)丁香浸膏或净油、大花或小花浸膏或净油、玳玳花油、树兰花油、依兰油、白兰浸膏等。

(3)配方示例：此方是仿紫丁香花品种(表5-5)。

表5-5 紫丁香香精配方

香料品名	质量分数/%	香料品名	质量分数/%
苯乙二甲缩醛	3.0	二氢茉莉酮	0.3
桂醇	3.0	柠檬油(冷压)	5.0
赛茉莉酮	0.5	柠檬醛	2.0
茉莉素	7.4	α-紫罗兰酮	2.0
α-戊基桂醛二大茴香缩醛	4.0	甲基紫罗兰酮	2.0
甲基苯乙酮	1.0	苯乙醇	4.0
大茴香醛	3.0	乙酸苯乙醇	4.0
大茴香醇	1.0	乙酸苄酯	15.0
白兰叶油	8.0	洋茉莉醛	2.0
松油醇	5.0	树兰油	3.0
二甲基苄基原醇	2.0	白兰浸膏	0.5
羟基香茅醛	5.0	乙酸苏合香酯	10.0
橙叶油	2.0	苄醇	5.0
小花茉莉浸膏	0.3	—	—

5. 晚香玉(Tuberose)香精

(1)论香气：晚香玉，又称“月下香”或“夜来香”，晚间开花放香。晚香玉是幽韵花香，香气浓郁而扩散，既有茉莉的鲜清、金合欢花的甜韵，又有苦橙花、草兰的香韵，其独特之处在于有药草香气。

（2）选香料：晚香玉是清、甜、鲜组成的幽韵，外加药草香及柔和的果香，因此可从这些方面来选用香料。

①主香剂：芳樟醇、二氢茉莉酮酸甲酯、乙酸苄酯、乙酸苯乙酯、苯乙醇、橙花醇、水杨酸甲酯、苯甲酸甲酯、邻氨基苯甲酸甲酯、冬青油等。

②和合剂：水杨酸异戊酯、乙酸芳樟酯、羟基香茅醛、茉莉酯、α-戊基桂醛、苄醇、玫瑰醇、二氢茉莉酮、甲基紫罗兰酮、白兰叶油、芹菜籽油等。

③修饰剂：椰子醛、桃醛、乙酸三环癸烯酯、壬醛、洋茉莉醛、铃兰醛、丁香酚、异丁香酚、香叶油等。

④定香剂：苯甲酸苄酯、桂酸桂酯、水杨酸苄酯、吐鲁香树脂、苏合香香树脂、赖百当浸膏、酮麝香等。

⑤增加天然感的香料：晚香玉净油、小花茉莉净油、依兰油、苦橙花油等。

（3）配方示例：晚香玉香精示范性配方见表5-6。

表5-6 晚香玉香精配方

香料品名	质量分数/%	香料品名	质量分数/%
小花茉莉浸膏	2.0	辛炔羧酸甲酯	1.0
树兰油	2.0	晚香玉浸膏	2.0
苯甲酸苄酯	2.0	苍术硬脂	1.0
水杨酸异戊酯	2.0	己酸烯丙酯	0.5
水杨酸苄酯	3.0	地檀香油	1.0
γ-壬内酯	1.0	水杨酸异丁酯	1.0
γ-十一内酯	0.5	香叶醇	8.0
乙酸苄酯	10.0	芳樟醇	6.0
赛茉莉酮	4.0	邻氨基苯甲酸芳樟酯	1.0
二氢茉莉酮(10%)*	1.0	乙酸芳樟醇	4.0
橙叶油	3.0	松油醇	2.5
乙酸香叶酯	2.0	苯甲酸甲酯	1.0
苯乙醇	5.0	羟基香茅醛	5.0
乙酸苯乙酯	3.0	紫罗兰酮	4.0
乙酸桂酯	2.5	酮麝香	1.0
橙花素	2.0	苄醇	14.0
异丁香酚	2.0	—	—

* 表示质量分数为10%，以苄醇为溶剂，以下各表均相同。

6. 栀子(Gardenia)香精

(1)论香气:栀子亦称“山栀子”、“白蝉花”,花朵有大有小,小花者清酸气重于大花,以白色花朵者香气较好。栀子花是甜鲜香韵,带清甜的果香。其香精油的香气与原花相差较大。栀子香韵是一种重要的修饰香韵。

(2)选香料:现将栀子香精中常用的香料,按其在香精结构中的组分作用排列如下。

①主香剂:乙酸苏合香酯、丙酸苏合香酯、乙酸苄酯、乙酸苯乙酯、邻氨基苯甲酸甲酯、苯乙醇、芳樟醇、松油醇、异丁香酚、丁香酚、椰子醛等。

②和合剂:乙酸桂酯、乙酸芳樟酯、二氢茉莉酮酸甲酯、羟基香茅醛、铃兰醛、α-戊基桂醛、α-己基桂醛、二氢茉莉酮、苄醇、桂醇等。

③修饰剂:苦橙叶油、乙酸异戊酯、乙酸玫瑰酯、辛炔羧酸甲酯、洋茉莉醛、苯乙二甲缩醛、紫罗兰酮、吲哚、丁香酚甲醚等。

④定香剂:桂酸苯乙酯、苯甲酸苄酯、异丁香酚苄醚、吐鲁香树脂、安息香香树脂、酮麝香等。

⑤增加天然感的香料:栀子花浸膏或净油、大花茉莉浸膏或净油、依兰油、晚香玉浸膏或净油、金合欢浸膏或净油等。

(3)配方示例:此配方是仿大花品种,见表5-7。

表5-7 栀子花香精配方

香料品名	质量分数/%	香料品名	质量分数/%
茉莉浸膏	2.5	乙酸桂酯	3.0
白兰浸膏	0.5	乙酸苄酯	10.0
树兰油	1.5	异丁香酚	5.0
内酰胺晚香玉和合基*	14.0	松油醇	3.0
内酰胺木樨草和合基**	1.0	羟基香茅醛	3.0
γ-壬内酯	12.0	赛茉莉酮	3.5
γ-十一内酯	3.0	桂醇	2.0
乙酸苏合香酯	1.5	邻氨基苯甲酸甲酯	2.0
辛炔羧酸甲酯(10%)	4.0	桂酸苯乙酯	5.0
橙叶油	2.5	异丁香酚苄醚	3.0
苯乙醇	3.0	乙酸芳樟酯	2.0
乙酸苯乙酯	7.0	芳樟醇	4.0
苯乙醛	2.0	—	—

* 内酰胺晚香玉和合基的制法:1mol γ-壬内酯与1mol 邻氨基苯甲酸甲酯,在110℃油浴上加热2h,冷却、备用。** 内酰胺木樨草和合基的制法:1mol γ-十一内酯与1mol 邻氨基苯甲酸甲酯在110℃油浴上加热2h,冷却、备用。

7. 风信子(Hyacinth)香精

(1)论香气:风信子,俗称“洋水仙”,具有强烈的新鲜花香和青香,香气浓郁而细致。风信子花香属甜鲜香韵，是日用香精较常使用的香气之一。品种较多，花有白、粉红、蓝、紫色等，香气之间微有差别，白花、蓝花者为甜鲜稍偏鲜青；红花、紫花者为甜鲜偏甜香气。扑却认为花浅色者，香气较好。

(2)选香料：风信子香精处方的用料，可按下述品种选用。

①主香剂：桂醇、苯丙醇、芳樟醇、N－甲基邻氨基苯甲酸甲酯、乙酸桂酯、乙酸苄酯、苯乙醛、羟基香茅醛、风信子素、溴代苯乙烯等。

②和合剂：松油醇、二甲基苄基原醇及其乙酸酯、二氢月桂烯醇、苯乙醛二甲缩醛、乙酸苯乙酯、桂酸苯乙酯、白兰叶油、香柠檬油等。

③修饰剂：兔耳草醛、铃兰醛、壬醛、甲酸苄酯、水杨酸异戊酯、丁香酚、异丁香酚、乙酸对甲酚酯、丁香油等。

④定香剂：苯乙酸、苯甲酸苄酯、苯甲酸桂酯、桂酸桂酯、苏合香香树脂、安息香香树脂等。

⑤增加天然感的香料：风信子浸膏和净油、大花或小花茉莉浸膏或净油、依兰油、玫瑰油等。

(3)配方示例：风信子香精示范性配方，见表5－8。

表5－8　风信子香精配方

香料品名	质量分数/%	香料品名	质量分数/%
苯乙醛二桂缩醛	22.0	乙酸苏合香酯	0.5
苯乙醛二苯乙缩醛	5.0	甲基紫罗兰酮	4.0
桂醇	10.0	对苯二酚二甲醚	0.5
乙酸桂酯	3.0	异丁香酚	1.0
苯乙酸	4.0	乙酸苄酯	5.0
苯丙醇	5.0	树兰油	2.0
苯乙醛(50%)	9.0	小花茉莉浸膏	5.0
二甲基苄基原醇	4.0	α－戊基桂醛二苯乙缩醛	1.0
白兰叶油	3.0	玳玳叶油	1.0
松油醇	3.0	草莓醛(10%)	1.0
羟基香茅醛	8.0	卡南加油	1.0
兔耳草醛	0.5	橙花素	1.5

8. 香石竹(Carnation或Oeillet或Dianthus)香精

(1)论香气：香石竹，俗称康乃馨，是Carnation的音译，种类很多，主要用作观赏植物。香石竹花香高雅芳香，属清甜香韵，具有似玫瑰的蜜甜与丁香的辛甜，又有似梅花和茉莉的清香。其香气可归为两类：一类为白花香石竹，是清甜韵中偏清者；另一类为粉红花香石竹，是清甜双韵并重。香石竹香精可广泛用于许多产品的加香，尤其是需要带有辛香香韵者，其香韵可以与玫瑰、檀香、依兰等香韵和合。

(2)选香料:香石竹是带辛香的清甜花香,其清香可用茉莉(或梅花)中的“清”为代表,其甜可用丁香、肉桂的辛甜与野蔷薇花的清甜辛甜为代表。为此香石竹香精处方的用料,可按下述品种选用。

①主香剂:丁香酚、异丁香酚、丁香酚甲醚、异丁香酚甲醚、苯乙醇、橙花醇、芳樟醇、茉莉酮、桂醇、乙酸桂酯、丁香花蕾油、丁香罗勒油等。

②和合剂:乙酸苄酯、甲酸香叶酯、乙酸玫瑰酯、二氢茉莉酮酸甲酯、松油醇、玫瑰醇、香叶醇、紫罗兰酮、羟基香茅醛、依兰油、香叶油等。

③修饰剂:洋茉莉醛、癸醛、兔耳草醛、铃兰醛、新铃兰醛、大茴香醛、乙酸苯乙酯、对苯二酚二甲醚、广藿香油、香紫苏油、肉豆蔻油等。

④定香剂:异丁香酚苄醚、乙酰基异丁香酚、桂酸桂酯、苯甲酸苄酯、水杨酸苄酯、吐鲁香树脂、安息香香树脂、赖百当浸膏等。

⑤增加天然感的香料:香石竹浸膏或净油、红玫瑰油、野蔷薇油、晚香玉浸膏或净油等。

(3)配方示例:香石竹是清甜带辛的香韵,其示范性配方如表 5-9 所示。

表 5-9　香石竹香精配方

香料品名	质量分数/%	香料品名	质量分数/%
香石竹和合基*	40.0	桂酸苯乙酯	2.0
丁香酚甲醚	2.0	水杨酸苄酯	7.0
乙酰基异丁香酚	2.0	苯乙醇	8.0
乙酸苄酯	4.0	洋茉莉醛	1.5
白兰叶油	4.0	鸢尾凝脂	0.1
乙酸苯乙酯	3.0	玫瑰醇(自香叶油)	1.5
除萜月桂叶油	0.2	羟基香茅醛	1.0
斯里兰卡玉桂叶油	0.5	香兰素	0.3
乙酸桂酯	4.0	二甲基苄基原醇	1.0
水杨酸异戊酯	1.0	山萩油	0.5
水杨酸异丁酯	2.0	玫瑰油	2.0
苯乙二甲缩醛	2.0	小花茉莉净油	1.0
甲基紫罗兰酮	2.0	树兰油	1.0
大茴香醛	0.4	依兰油	1.0
异丁香酚苄醚	5.0	—	—

* 香石竹和合基的制法:丁香酚 40%、异丁香酚 5%、苯乙醇 15%、桂醇 20%、芳樟醇 16%、玫瑰醇 4%;置于锥形瓶中,混匀,在沸水浴中搅拌加热 8h(瓶口要有吸收水分的装置),冷却,备用。

9. 薰衣草(Lavender)香精

(1)论香气:作为香料的薰衣草属植物有三种:薰衣草、杂薰衣草(Lavandin)和穗薰衣草

(Spike Lavender),三者均属清韵花香,都有新鲜清爽透发之感。薰衣草是清香中带甜的花香;杂薰衣草也是清香中带甜,但花香少,而桉叶素及乙酸龙脑酯等的青滋气稍显;穗薰衣草则是清香带凉气,其中龙脑、樟脑及桉叶素等的青滋凉气较显,而无甜气。薰衣草的酯香(主要是指乙酸芳樟酯及乙酸薰衣草酯)较强,杂薰衣草次之,而穗薰衣草则甚少。

(2)选香料:如上所述,三种薰衣草的香气是相似的,其基本区别在于其中某些主要成分的相对含量不同,因此三者在原料选用上应有区别。

①主香剂:乙酸芳樟酯、乙酸薰衣草酯、芳樟醇、橙花醇、香叶醇、桉叶素、龙脑、乙酸龙脑酯、莰烯、樟脑、芳樟醚等。

②和合剂:甲酸芳樟酯、丙酸芳樟酯、甲酸香叶酯、松油醇、乙酸松油酯、罗勒烯、丁香酚、迷迭香油、玫瑰木油、芳樟油、玳玳叶油、橙叶油等。

③修饰剂:甲基紫罗兰酮、苯乙酮、乙酸香茅酯、乙酸三环癸烯酯、辛炔羧酸甲酯、茉莉酯、乙酸柏木酯、香茅醇、二氢月桂烯醇、松针油、香柠檬油等。

④定香剂:香豆素、橡苔浸膏、苏合香香树脂、赖百当浸膏等。

⑤增加天然感的香料:薰衣草油、杂薰衣草油、穗薰衣草油等。

(3)配方示例:此方是仿薰衣草香精配方,如表5-10所示。

表5-10 薰衣草香精配方

香料品名	质量分数/%	香料品名	质量分数/%
乙酸芳樟酯	40.00	芳樟醇	20.00
香豆素	0.75	龙脑	1.00
乙酸香叶酯	2.50	烯(自甜橙油)	0.50
甲酸苯乙酯	2.50	紫罗兰酮	1.00
乙酸桂酯	0.50	玫瑰醇	7.00
香紫苏油	6.50	山苍籽油	1.00
桉叶素	4.50	辛炔羧酸甲酯	0.25
异黄樟素	2.00	乙酸松油酯	1.00
丁香罗勒油	5.00	柏叶油	4.00

10. 桂花(Osmanthus)香精

(1)论香气:桂花亦称木樨,其花香属幽清香韵。国内用于提取浸膏的品种主要是金桂和银桂。

(2)选香料:桂花香精配方选料如下。

①主香剂:甲基紫罗兰酮、异甲基紫罗兰酮、紫罗兰酮、鸢尾酮、香叶醇、橙花醇、芳樟醇、松油醇、康酿克油、鸢尾凝脂等。

②和合剂:苯乙醇、桂醇、苄醇、玫瑰醇、香茅醇、乙酸叶醇酯、乙酸苄酯、邻氨基苯甲酸甲酯、庚酸乙酯、乙酸芳樟酯、白兰叶油、苦橙叶油等。

③修饰剂：α－戊基桂醛、羟基香茅醛、铃兰醛、苯乙醛、苯乙二甲缩醛、洋茉莉醛、二氢茉莉酮酸甲酯、异丁香酚、橡苔浸膏等。

④定香剂：苏合香香树脂、吐鲁香膏、合成檀香等。

⑤增加天然感的香料：桂花浸膏和净油、小花茉莉浸膏和净油、依兰油等。

(3)配方示例：此方是偏清青的桂花香精格局，如表 5－11 所示。

表 5－11　桂花香精配方

香料品名	质量分数/%	香料品名	质量分数/%
甲基紫罗兰酮	36.0	松油醇	7.0
α-紫罗兰酮	3.0	乙酸苄酯	8.0
鸢尾凝脂	5.0	乙酸香茅酯	2.0
紫罗兰叶净油	1.0	苯乙醛(50%)	1.0
辛炔羧酸甲酯(10%)	1.0	桂醇	2.0
γ-十一内酯	3.0	羟基香茅醛	2.0
橙花素	1.0	洋茉莉醛	3.0
橡苔浸膏	1.5	小花茉莉浸膏	2.0
苯乙醇	3.0	康酿克油	1.0
水杨酸戊酯	2.0	大茴香醛	1.5
乙酸己酯(10%)	1.0	苄醇	0.5
依兰油	3.0	兔耳草醛	0.5
芳樟醇	3.0	苏合香香树脂	1.5
乙酸芳樟酯	1.0	香叶醇	3.5

11. 紫罗兰(Violet)花香精

(1)论香气：紫罗兰的香气在日用香精中应用很广，它以独特细致的甜清幽香受到人们的普遍欢迎。紫罗兰的花和叶可分别提取香料，紫罗兰叶属非花香中的青滋香韵；而紫罗兰花则是幽清花香香韵。用于提取香料的紫罗兰花主要有两种：一种是 Parma 型，亦称重瓣花型，香气幽清中甜气较甚；另一种是 Victoria 型，亦称单瓣花型，香气清幽中青气较多。

(2)选香料：紫罗兰花香精的选料如下。

①主香剂：紫罗兰酮、甲基紫罗兰酮、异甲基紫罗兰酮、香叶醇、玫瑰醇、叶醇、芳樟醇、大茴香醇、洋茉莉醛、紫罗兰叶浸膏或净油等。

②和合剂：丁香酚、异丁香酚、乙酸苄酯、乙酸芳樟酯、苯乙醇、苄醇、松油醇、金合欢醇、丁香油、香柠檬油、橡苔净油、岩兰草油等。

③修饰剂：铃兰醛、新铃兰醛、羟基香茅醛、苯乙醛、柠檬醛、兔耳草醛、十二醛、甲基壬基乙醛、乙酸苯乙酯、乙酸桂酯、乙酸柏木酯、柠檬油等。

④定香剂：鸢尾凝脂、赖百当浸膏、苏合香香树脂、安息香香树脂等。

⑤增加天然感的香料：紫罗兰花浸膏或净油、桂花净油、依兰油等。

(3)配方示例：此方是仿重瓣花型紫罗兰香精配方，如表5－12所示。

表5－12　紫罗兰香精配方

香料品名	质量分数/%	香料品名	质量分数/%
紫罗兰叶浸膏	3.0	赛茉莉酮	2.0
树兰油	1.0	己醇	1.0
白兰浸膏	0.5	苄醇	3.5
小花茉莉浸膏	3.0	乙酸苄酯	5.0
洋甘菊浸膏	1.0	异丁香酚	1.0
卡南加油	2.0	大茴香醛	3.0
鸢尾凝脂	3.0	洋茉莉醛	2.0
2,6－壬二烯醛(10%)	0.2	乙基香兰素	1.0
辛炔羧酸甲酯	0.3	乙酸桂酯	1.0
紫罗兰酮	30.0	苯乙醇	4.0
甲基紫罗兰酮	10.0	苯乙醛(50%)	1.5
香叶醇	5.0	橡苔浸膏	3.0
芳樟醇	2.0	岩兰草油	1.0
乙酸芳樟酯	2.0	十四酸乙酯	2.0
橙叶油	3.0	水杨酸异丁酯	1.0
羟基香茅醛	2.0	—	—

12. 橙花(Neroli)香精

(1)论香气：橙花有苦橙花与甜橙花之别，香气以苦橙花为好。橙花花香属鲜香韵，有些似茉莉花香，香气新鲜、飘逸、强烈。橙花香气在日用香精中应用很广，仅次于玫瑰、茉莉与依兰，特别在古龙型、花露水型香精中，它是主要香气之一。我国的玳玳花香气与苦橙花相仿。

(2)选香料：橙花的鲜韵中，亦有一些甜香和一定的浊香，但清香较显。橙花香精配方选料如下。

①主香剂：芳樟醇、乙酸芳樟酯、橙花醇、松油醇、邻氨基苯甲酸酯、N－甲基邻氨基苯甲酸甲酯、二氢茉莉酮、苦橙叶油、玳玳叶油、白兰叶油等。

②和合剂：吲哚、苯乙醇、四氢香叶醇、壬醇、癸醇、二氢茉莉酮酸甲酯、乙酸香叶酯、乙酸橙花酯、α－戊基桂醛、铃兰醛、羟基香茅醛等。

③修饰剂：紫罗兰酮、甲基紫罗兰酮、柠檬醛、壬醛、癸醛、兔耳草醛、洋茉莉醛、乙酸苄酯、丁香酚、甜橙油、香柠檬油、依兰油等。

④定香剂：苄醇、茉莉素、橙花素、苯甲酸异丁酯、β－萘甲醚等。

⑤增加天然感的香料：苦橙花油或浸膏、玳玳花油或浸膏等。

(3)配方示例：橙花香精示范性例方，如表5－13所示。

表5－13 橙花香精配方

香料品名	质量分数/%	香料品名	质量分数/%
玳玳花油	3.0	苯乙醇	8.0
除萜苦橙叶油	25.0	苄醇	25.0
小花茉莉净油	4.0	乙酸苄酯	4.0
树兰油	1.0	羟基香茅醛	1.0
依兰油	3.0	茉莉素	3.0
白兰叶油	10.0	邻氨基苯甲酸芳樟醇	1.0
橙花素	2.0	甲基紫罗兰酮	2.0
松油醇	1.0	甲基-β-萘基甲酮	1.0
香叶醇	4.0	癸醛(10%)	1.0
乙酸香叶酯	1.0	—	—

13. 其他花香型香精配方示例

其他花香型香精配方举例如下，如表5－14～表5－16所示。

表5－14 水仙香精配方

香料品名	质量分数/%	香料品名	质量分数/%
大花茉莉净油	5.0	吲哚(10%)	1.0
树兰油	2.0	二氢茉莉酮	0.2
依兰油	3.0	赛茉莉酮	3.0
苯乙醛(50%)	10.0	乙酸苏合香酯	0.5
橙花素	7.0	溴代苯乙烯	0.7
α-戊基桂醛二苯乙缩醛	3.0	乙酸对甲酚酯	0.1
桂醇	10.0	苯乙酸对甲酚酯	0.8
苯乙醇	10.0	γ-壬内酯	0.2
乙酯苯乙酯	2.0	兔耳草醛	1.0
羟基香茅醛	4.0	苯丙醛(10%)	1.5
苯丙醇	4.0	桂酸苯乙酯	7.0
橙叶油	2.0	甲基紫罗兰酮	2.0
芳樟醇	3.0	丁香酚	1.0
松油醇	6.0	异丁香酚	2.0
乙酸苄酯	8.0	—	—

表 5－15　依兰香精配方

香料品名	质量分数/%	香料品名	质量分数/%
大花茉莉浸膏	3.0	白兰叶油	10.0
白兰浸膏	2.0	香茅醇	10.0
树兰油	2.0	羟基香茅醛	2.0
α-戊基桂醛二苯乙缩醛	3.0	丁香酚甲醚	2.0
茉莉素	2.0	乙酸苄酯	15.0
苯乙醇	2.5	苄醇	16.0
紫罗兰酮	5.0	小茴香油	2.0
对甲酚甲醚	1.0	甲酸苄酯	2.0
苯甲酸甲酯	1.5	丙酸苄酯	3.0
冬青油	0.5	苯甲酸苄酯	10.0
乙酸芳樟酯	4.0	芫荽籽油	0.5
乙酸对甲酚酯(10%)	1.0	—	—

表 5－16　草兰香精配方

香料品名	质量分数/%	香料品名	质量分数/%
水杨酸异戊酯	6.0	异丁香酚	3.0
水杨酸异丁酯	20.0	玫瑰醇	5.0
大茴香醛	4.0	苯乙醛	2.0
苯乙醇	5.0	香紫苏油	1.0
乙酸苄酯	5.0	白兰叶油	4.0
紫罗兰酮	8.0	白兰浸膏	1.0
依兰油	3.0	茉莉素	3.0
树兰油	2.0	洋茉莉醛	4.0
玳玳叶油	4.0	香豆素	1.5
香兰素	3.0	甲基苯乙酮	0.5
羟基香茅醛	6.0	酮麝香	1.0
香柠檬油(冷磨法)	4.0	甲基壬基乙醛(10%)	0.5
橡苔浸膏	3.0	己酸烯丙酯	0.5

二、非花香型香精

非花香可以分为十二个香韵，即青滋香、草香、木香、蜜甜香、脂蜡香、膏香、琥珀香、动物香、辛香、豆香、果香和酒香。在非花香香精中，往往是由一种或一种以上的非花香香韵和一种或一种以上的花香香韵所组成，只是非花香香韵处于主导地位。

非花香型香精可以分为模仿型和创香型两大类。模仿型非花香香精是仿照某一种天然香料香气调配而成，例如，麝香、龙涎香、檀香、鸢尾、香叶、薄荷、柠檬等。创香型非花香香精是调香师创拟的产物，创拟出的香型既要适应加香产品的特点，也要使消费者喜爱，因此难度更大一些。这类香型包括素心兰型、馥奇型、古龙型、东方型、龙涎—琥珀型、麝香—玫瑰型。

1. 素心兰(Chypre)型香精

(1)论香气：素心兰型是有悠久历史的经典香型之一。最初，是产于塞浦路斯地区的一种香水，由于香气深受人们喜爱，至今仍是重要香型之一。素心兰属于重香型，主要以花香、苔青香、琥珀香、动物香和木香为主，香气浓厚、持久、幽雅而华贵。如今素心兰型从经典格调上又衍变出许多分支，如醛香素心兰、果香素心兰、青香素心兰、木香素心兰、花香素心兰和男用素心兰等。每年世界上推出的新香水中有不少属于素心兰香型。

(2)选香料：素心兰型香精在处方选料上范围是较广泛的。

①主香剂：橡苔浸膏或净油、岩蔷薇浸膏或净油、树苔浸膏或净油、广藿香油、檀香油、岩兰草油、柏木油、香柠檬油、檀香醇、乙酸岩兰草酯等。

②和合剂：芳樟醇、乙酸芳樟酯、苯乙醇、乙酸三环癸烯酯、麝香105、酮麝香、二氢茉莉酮酸甲酯、紫罗兰酮、甲基紫罗兰酮、洋茉莉醛、香豆素、香紫苏油、薰衣草油、鸢尾凝脂等。

③修饰剂：癸醛、十二醛、甲基壬乙醛、香兰素、铃兰醛、新铃兰醛、丁香酚、异丁香酚、水杨酸异戊酯、桃醛、草莓醛、乙酸苄酯、乙酸香茅酯、香叶醇、柠檬油、苦橙叶油、吲哚、邻氨基苯甲酸甲酯等。

④定香剂：安息香香树脂、苏合香香树脂、麝香酊、龙涎香酊、灵猫香膏等。

⑤花香香料：大花茉莉净油、依兰油、玫瑰油、苦橙花油、栀子花净油等。

(3)配方示例：素心兰香型香精、龙涎香香精示范性配方见表5-17、表5-18。

表5-17　素心兰香型香精配方

香料品名	质量分数/%	香料品名	质量分数/%
橡苔浸膏	5.0	香紫苏油	1.5
广藿香油	5.0	白兰叶油	4.0
岩兰草油	2.0	薰衣草油	2.0
檀香油	8.0	香叶油	5.0
水杨酸异丁酯	3.0	玫瑰油	5.0
甲基紫罗兰酮	7.0	大茉莉净油	5.0
羟基香茅醛	5.0	丁香酚	1.5
香柠檬油	10.0	黄樟油	0.2
柠檬油(冷磨法)	2.0	大茴香醛	2.8
甜橙油(冷榨法)	3.0	洋茉莉醛	3.5
玳玳叶油	4.0	香兰素	0.5

续表

香料品名	质量分数/%	香料品名	质量分数/%
香豆素	3.0	癸醛(10%)	1.0
麝香 105	3.0	辛醛(10%)	1.0
海狸香浸膏	1.0	正十二醛(10%)	1.0
龙涎香香精(表 5-18)	5.0	—	—

表 5-18　龙涎香香精配方

香料品名	质量分数/%	香料品名	质量分数/%
岩蔷薇浸膏	50.0	兔耳草醛	0.5
麝葵籽油	3.0	檀香油(东印度)	3.0
香紫苏油	1.0	岩兰草油	1.0
降龙涎香醚	5.0	甲基紫罗兰酮	4.0
环十五酮	10.0	对苯二酚二甲醚	1.0
酮麝香	11.0	红玫瑰香精(表 5-1 乙方)	1.5
苯甲酰丙酮	1.0	树兰油	2.0
6-甲基四氢喹啉	1.0	2,7,8-三甲基环十二-2,5,9-三烯基甲基甲酮	3.0
甲基吲哚(1%)	1.0		
橡苔浸膏	1.0	—	—

2. 香薇(Fern)或馥奇(Fougère)型香精

(1)论香气:香薇(Fern)俗称羊齿,属于蕨类(Pteridphyta),许多香薇植物只有弱的青滋及壤香香气。所谓香薇或馥奇香型是法国调香师 Paul Parguet 于 1882 年创拟出来的,以薰衣草、清滋香和豆香为主,辅助以木香、动物香、琥珀香、果香和花香,形成了香气强烈、别致、特征性强的重香型非花香。

(2)选香料:同素心兰香气相仿,馥奇的格调变化较多,因此选料相当广泛。

①主香剂:橡苔浸膏或净油、树苔浸膏或净油、香薇浸膏、黑香豆浸膏、薰衣草油、杂薰衣草油、穗薰衣草油、香柠檬油、香豆素等。

②和合剂:香兰素、洋茉莉醛、芳樟醇、叶醇、乙酸芳樟酯、乙酸松油酯、乙酸柏木酯、赖百当浸膏、广藿香油、香紫苏油、香叶油、橙叶油、香根油等。

③修饰剂:乙酸香叶酯、乙酸苄酯、乙酸香茅酯、苯甲酸甲酯、苯甲酸乙酯、水杨酸异戊酯、甲酸香叶酯、紫罗兰酮、甲基紫罗兰酮、十一醛、丁香酚、柠檬油、甜橙油、山苍籽油等。

④定香剂:安息香香树脂、苏合香香树脂、秘鲁香膏、吐鲁香膏、合成麝香、降龙涎香醚等。

⑤花香香料:树兰油、茉莉浸膏或净油、橙花浸膏或净油、依兰油等。

(3)配方示例:馥奇香型香精示范性配方见表 5－19。

表 5－19　馥奇香型香精配方

香料品名	质量分数/%	香料品名	质量分数/%
橡苔浸膏	20.0	水杨酸异戊酯	3.0
大茴香醛	2.0	酮麝香	3.0
对甲基苯乙酮	1.0	香柠檬油	2.0
香豆素	20.0	檀香油	2.0
岩蔷薇浸膏	1.0	岩兰草油	1.0
香紫苏油	2.0	香叶油	2.0
广藿香油	2.0	甲基紫罗兰酮	2.0
对苯二酚二甲醚	5.0	洋茉莉醛	5.0
橙叶油	2.0	乙基香兰素	0.5
辛炔羧酸甲酯(1%)	1.5	薰衣草油	4.0
乙酸诺卜酯	3.0	小花茉莉浸膏	3.0
乙酸苄酯	4.0	卡南加油	2.0
α-己基桂醛	3.0	2-乙基己醛环乙二缩醛	2.0
四氢香叶醇	2.0	—	—

3. 古龙(Eau de Cologne)型香精

(1)论香气:古龙香型由来已久,最早以橙花油、柠檬油、香柠檬油、迷迭香油配制而成。古龙香型是以柑橘类的清甜新鲜果香气和橙花的花香为主,辅以草香、花香和木香等香气,香气清强、透发、明快,深受大众喜爱。近百年来在处方上有不少衍变,在传统的配方中增用了辛香、豆香、琥珀香、动物香等香料。

(2)选香料:古龙型香精配方中用料面也较广。此外,对一些含萜烯类成分较多的精油特别是柑橘类的叶和果皮的精油宜多用除萜精油;浸膏中含蜡质成分较多的品种最好使用净油,以提高香精在乙醇水溶液中的溶解度。

①主香剂:香柠檬油、柠檬油、甜橙油、橙花油、橙叶油、乙酸芳樟酯等。

②和合剂:迷迭香油、薰衣草油、香紫苏油、白兰叶油、柠檬醛、柑青醛、橙花醇、二氢月桂烯醇、芳樟醇、乙酸香叶酯、邻氨基苯甲酸甲酯等。

③修饰剂:丁香油、芹菜籽油、橡苔净油、丁香酚、异丁香酚、洋茉莉醛、苯乙醛、羟基香茅醛、兔耳草醛、香豆素、乙酸苄酯、合成麝香、橙花素、紫罗兰酮、甲基紫罗兰酮等。

④定香剂:鸢尾浸膏、吐鲁香膏、安息香香树脂、桂酸苄酯等。

⑤花香香料:茉莉净油、玫瑰油、依兰油、含羞花净油等。

(3)配方示例:古龙香型香精示范性配方见表 5－20。

表 5-20 古龙香型香精配方

香料品名	质量分数/%	香料品名	质量分数/%
玳玳叶油	25.0	小花茉莉浸膏	4.0
香柠檬油	10.0	岩兰草油	1.0
柠檬油	5.0	檀香油	1.0
甜橙油	8.0	丁香油	2.0
柠檬醛	1.0	香兰素	1.0
玳玳花油	10.0	岩蔷薇浸膏	1.0
薰衣草油	3.0	安息香香树脂	3.0
百里香油	3.0	苏合香香树脂	3.0
苯乙醇	5.0	薄荷油	1.5
香叶油	6.0	乙酸乙酯	1.5
香紫苏油	1.0	酮麝香	3.0
甲基紫罗兰酮	1.0	—	—

4. 东方香型(Oriental)香精

(1)论香气:东方香型是调香师创拟的非花香型之一,反映了东方民族在宗教或祭祀活动时,燃薰具有木香、膏香、琥珀香的物质所散发出的庄严文雅、温暖浓甜的香气韵调。这种香型不仅迎合东方民族的爱好,也曾在西方国家流行,从而逐渐形成一种传统性香型。经典的东方香型香气组成,主要是木香与膏香,其次是浓厚的蜜甜香与动物香,其间嵌以花香。气势浓强有力,香气持久,稳定性极好。

(2)选香料:东方香型香精香气要求浓强、持久而稳定,所以在选择香料品种及其使用量上都要与这些要求相适应。

①主香剂:檀香油、岩兰草油、广藿香油、乙酸岩兰草酯、赖百当浸膏、秘鲁香膏、安息香香树脂、合成檀香等。

②和合剂:香紫苏油、苏合香香树脂、吐鲁香膏、香兰素、羟基香茅醛、丁香酚、异丁香酚、合成麝香、香茅醇、香叶醇、桂酸乙酯等。

③修饰剂:香豆素、椰子醛、桃醛、己酸烯丙酯、苯乙醇、苯乙酸、铃兰醛、香叶油、壬醛、十一醛、女贞醛、风信子素、乙酸芳樟酯、大茴香醛等。

④定香剂:桂酸桂酯、苯乙酸苯乙酯、鸢尾凝脂、乳香香树脂、降龙涎香醚、灵猫香膏等。

⑤花香香料:玫瑰油、茉莉浸膏或净油、风信子净油、树兰油等。

(3)配方示例:东方香型香精示范性配方见表 5-21。

表 5－21　东方香型香精配方

香料品名	质量分数/%	香料品名	质量分数/%
檀香油(东印度)	30.0	甲基紫罗兰酮	14.0
岩兰草油	25.0	香柠檬油	3.0
广藿香油	6.0	丁香酚	2.0
红玫瑰香精(表 5－1 甲方)	10.0	麝香 105	3.0
香叶油	2.0	龙涎香香精(表 5－18)	5.0

5. 醛香(Aldehydic)型香精

(1)论香气:醛香型的首创人是法国调香师 Ernest Beaux,他于 1921 年创拟了 Chanel N°5 香水,风行极盛。其后由于仿效或类似的香型香精日见增多,从而逐渐成为日用调香术中的一种现代化的流行性香型。它的香气特点是以醛香、膏香、木香、琥珀香、动物香、花香构成的特征香型,而醛香则贯穿于头香、体香与基香之中。这种处方方法与以往将脂肪族醛类香气仅用来作为点缀香精的头香是不同的。后来,醛香型香精也有所衍变,在传统的配方中增用蜜甜香、青滋香、果香等香料。

(2)选香料:醛香型香精的选料如下。

①主香剂:辛醛、壬醛、癸醛、十一醛、十二醛、甲基壬乙醛、乳香香树脂、赖百当浸膏、降龙涎香醚、麝香酊、香荚兰豆酊、合成麝香、灵猫香膏等。

②和合剂:辛醇、壬醇、癸醇、十一醇、十二醇、柏木油、合成檀香、香根油、香豆素、洋茉莉醛、甲基紫罗兰酮、铃兰醛、新铃兰醛、香茅醇、二氢茉莉酮酸甲酯等。

③修饰剂:丁香酚、异丁香酚苄醚、羟基香茅醛、橡苔浸膏、叶醇、薰衣草油、柠檬油、己酸烯丙酯、乙酸异戊酯、桃醛、香兰素、风信子素等。

④定香剂:鸢尾浸膏、苏合香香树脂、安息香香树脂、龙涎香酊等。

⑤花香香料:玫瑰油、茉莉浸膏或净油、依兰油、树兰油等。

(3)配方示例:醛香型香精、麝香香精示范性配方见表 5－22、表 5－23。

表 5－22　醛香型香精配方

香料品名	质量分数/%	香料品名	质量分数/%
甲基壬乙醛	0.5	赛茉莉酮	1.0
正十二醛	0.5	二氢茉莉酮(10%)	0.5
癸醛	0.5	乙酸苄酯	2.0
香柠檬油	2.0	树兰油	1.0
除萜柠檬油	2.0	玫瑰油	1.0
除萜甜橙油	0.5	红玫瑰香精(表 5－1 甲方)	2.0
大花茉莉浸膏	12.0	苯乙醇	1.5

续表

香料品名	质量分数/%	香料品名	质量分数/%
含羞花净油	4.0	铃兰醛	5.0
晚香玉浸膏	1.0	檀香油	1.0
晚香玉香精(表 5-6)	2.0	岩兰草油	0.5
玳玳花浸膏	5.0	树苔净油	0.5
玳玳叶油	4.0	香紫苏油	1.0
依兰油	3.0	海狸香浸膏	1.5
紫丁香香精(表 5-5)	5.0	灵猫香净油	0.5
水仙香精(表 5-14)	4.0	麝香香精(表 5-23)	20.0
异丁香酚	1.5	环十五酮	1.5
水杨酸异丁酯	1.0	麝香 105	1.5
甲基紫罗兰酮	8.0	香兰素	0.5
鸢尾凝脂	0.5	香豆素	0.5

表 5-23 麝香香精配方

香料品名	质量分数/%	香料品名	质量分数/%
十五内酯	15.0	甲基紫罗兰酮	5.0
环十五酮	5.0	檀香油	5.0
酮麝香	10.0	岩兰草油	5.0
萨利麝香	2.0	愈创木油	8.0
麝香 105	15.0	广藿香油	1.0
海狸香浸膏	5.0	洋茉莉醛	1.0
水杨酸苄酯	8.0	香豆素	5.0
水杨酸异丁酯	3.0	异丁基酚苄基醚	3.0
桂醇	2.0	树兰油	2.0

6. 花露(Florida Water)型香精

(1)论香气:花露型可认为是由古龙型衍变而独立存在的一种流行性香型,它起源于美国。它的香气特征是具有新鲜爽快、令人清醒的感觉。正规的花露型是以青滋香、果香与辛香三种非花香韵为主,辅以清、甜花香韵,并以少量动物香为基香所组成。现今花露型香气的衍变程度较大,有的在花香韵上有变化,有的则增加动物香的用量,并兼用琥珀香。

(2)选香料:下面是花露型香精中常用的香料品种。

①主香剂:香柠檬油、薰衣草油、杂薰衣草油、甜橙油、柠檬油、肉桂油、丁香油、乙酸芳樟酯、乙酸松油酯、芳樟醇、橙花醇、丁香酚、肉桂醛等。

②和合剂：除萜橙叶油、除萜玳玳叶油、香紫苏油、香叶油、芫荽籽油、松油醇、二氢月桂烯醇、乙酸香茅酯、紫罗兰酮、甲基紫罗兰酮等。

③修饰剂：迷迭香油、广藿香油、岩兰草油、檀香油、鸢尾浸膏、芹菜籽油、橡苔净油、薄荷油、香兰素、香豆素、异丁香酚、异丁香酚苄醚等。

④定香剂：灵猫香酊、龙涎香酊、麝香酊、海狸香酊、安息香香树脂、苏合香香树脂、合成麝香、降龙涎香醚等。

⑤花香香料：橙花油、玫瑰油、大花茉莉净油、依兰油、铃兰净油、洋甘菊净油等。

(3)配方示例：花露香型香精示范性配方见表 5－24。

表 5－24　花露型香精配方

香料品名	质量分数/%	香料品名	质量分数/%
薰衣草油	30.0	乙酸香叶酯	3.0
香柠檬油	10.0	香叶油	5.0
甜橙油	10.0	丁香油	5.0
柠檬油	10.0	肉桂油	2.0
玳玳叶油	4.0	甲基紫罗兰酮	2.0
乙酸芳樟酯	10.0	檀香油	2.0
乙酸松油酯	4.0	龙涎香香精(表 5－18)	3.0

第五节　食用香精的调配

一、食用香精与日用香精的区别

1. 生理上和功能上的区别

日用香精的香气只通过人们的鼻腔嗅感到，而食用香精除了鼻子能嗅感到外，还包括从口腔进入鼻腔的嗅感，以及香精对食品的味感和其他一些感觉所产生的影响。具体表现在以下几个方面：

(1)食用香精以再现食品的香气或风味为根本目的。因为人类对食品具有本能的警惕性，对未体验过的全新的香气或风味常常拒绝食用。而日用香精则可以具有独特的幻想型香气，并为人们所接受。

(2)食用香精必须考虑食品味感上的调和，很苦的或很酸涩的香精不能用于食品。而日用香精一般不用考虑味感的影响。

(3)人类对食用香精的感觉比日用香精灵敏得多。这是因为食用香精可以通过鼻腔、口腔等不同途径产生嗅感或味感。

(4)食用香精与色泽、想象力等有着更为密切的联系。例如，在使用水果类食品香精时，若不具备接近于天然水果的颜色，就连香气也容易引起人们认为是其他物质的错觉，使其效果大为降低。

2. 选料上的区别

食用香精都必须是食用安全级的。与日用香精相比，食用香精所需香料品种较少，但在选料上有以下几个特殊性。

(1)增加了几十种挥发性较高的化合物，蒸气压为 0.133～110.64kPa(1～830mmHg)。由于挥发度高，它们不应用于日用香精中；而这些有特征风味的微量香料在食用香精的头香中起着重要作用，如表 5－25 所示。

表 5－25　特殊的食用香料

风　味	举　例	风　味	举　例
白脱	丁二酮、丁酸	马蹄	二甲硫醇
咖啡	糠硫醇	蘑菇	蘑菇醇
酒香	糠醇、糠醛	—	—

(2)一些果香的中等挥发程度的特征性香气的香料，在食用香精的体香中起着重要作用。几乎所有的水果都有其特征的关键香料。例如，草莓的特征性香料有草莓酸(2－甲基－2－戊烯酸)和草莓醛(见第四章第二节)。

(3)纯正的水果浸取物起着平衡、和谐的作用，可给予天然感。常见的水果，如草莓、甜橙、柠檬、苹果、桃等的原汁。

(4)增加了一些天然香料的酊剂、油树脂等制品，例如，葫芦巴酊、黑胡椒酊、姜油、茴香油、辣椒油树脂、胡椒油树脂等。这些是在日化香料中很少使用的特殊风味物质。

二、食用香精的调配

1. 水果香型香精

自然界存在很多种类的水果，并遍布世界各地。人们对于水果的偏爱不只是因为营养健康，还因为其令人喜爱的香味。市场上的饼干、糕点、糖果、饮料、冰淇淋、奶制品等多数是水果香味的，水果香味在食品香味中占有重要的地位。

水果香型香精，一般指调香师用各种可食用的香料人为调配的各种水果香味的香精。目前在食品工业常用的水果香型香精包括：柑橘类水果(甜橙、柠檬等)香精、草莓香精、苹果香精、香蕉香精、菠萝香精、覆盆子香精等。下面就以草莓香精为例，介绍其调配过程。

(1)论香气：草莓是浆果、心脏形、深红色，为蔷薇科、草莓属多年生草本植物，既可生食，也可加工成果汁、果酱。草莓香味受到世界各国人民的喜爱，草莓香精一直被用于糖果、饮料工业中。草莓有许多品种，不同品种的草莓中所含香成分的种类及含量都会有差别。目前从草莓中已检测出约 400 种挥发性成分，从而为草莓香精的调配提供了有利的依据。

一般认为反-2-己烯醇、反-2-己烯醛、乙酸反-2-己烯酯、丁酸甲酯、丁酸乙酯、己酸甲酯、己酸乙酯、2,5-二甲基-4-羟基-3(2H)-呋喃酮、2,5-二甲基-4-甲氧基-3(2H)-呋喃酮、芳樟醇、苯甲醛、水杨酸甲酯、己醛、γ-辛内酯、香兰素、邻氨基苯甲酸甲酯、γ-癸内酯、桃金娘烯醇、乙酸香芹酯、丁香酚、2-庚酮、2-壬酮、2-甲基丁酸等为草莓香味的重要挥发性香成分。其中,2,5-二甲基-4-羟基-3(2H)-呋喃酮和2,5-二甲基-4-甲氧基-3(2H)-呋喃酮是构成草莓复杂香味的基本成分,这两个化合物与具有新鲜、果香、酯香香味特征的已酸乙酯化合物一起构成草莓的成熟果香、焦糖香、煮熟香香味特征;反-2-已烯醛与乙酸反-2-已烯酯构成了草莓的新鲜青香香味特征;2-甲基丁酸使得草莓具有清凉的水果酸味;γ-癸内酯可增强草莓的过熟味道;芳樟醇使得草莓具有水果香—花香香味特征;而邻氨基苯甲酸甲酯是野生草莓特有的香成分。可见,草莓的香味特征是焦甜、带酸和青气的果香,其香气分路可定为:青香韵,15%～40%;甜香韵,1%～5%;酸香韵,3%～15%;果香韵,10%～50%。

(2)选香料:随着合成香料的不断发展,可供调配草莓香精时选用的品种也随之增多,草莓香精中常用的香料包括如下种类。

①醇类:丁醇、异丁醇、戊醇、异戊醇、反-2-已烯醇、叶醇、辛醇、松油醇、芳樟醇、橙花醇、香茅醇、香叶醇、苄醇、苯乙醇等。

②醛类:已醛、反-2-已烯醛、苯甲醛、胡椒醛等。

③酮类:丁二酮、2-戊酮、2-庚酮、2-壬酮、2,5-二甲基-4-甲氧基-3(2H)-呋喃酮、2,5-二甲基-4-羟基-3-(2H)-呋喃酮、紫罗兰酮、甲基萘基酮等。

④酸类:乙酸、丁酸、异丁酸、2-甲基戊酸、草莓酸、苯甲酸、肉桂酸等。

⑤酯类:甲酸乙酯、乙酸乙酯、乙酸丁酯、乙酸异戊酯、乙酸已酯、乙酸-反-2-已烯酯、乙酸叶醇酯、乙酸苄酯、丙酸乙酯、丁酸乙酯、丁酸丁酯、丁酸戊酯、丁酸已酯、丁酸叶醇酯、丁酸香叶酯、丁酸苄酯、异丁酸丁酯、异丁酸肉桂酯、戊酸乙酯、异戊酸乙酯、已酸乙酯、已酸烯丙酯、已酸已酯、庚酸乙酯、辛酸乙酯、乙酰乙酸乙酯、辛炔羧酸甲酯、丁二酸二乙酯、乳酸乙酯、苯甲酸甲酯、苯甲酸乙酯、苯乙酸丁酯、水杨酸甲酯、邻氨基苯甲酸甲酯、桂酸甲酯、桂酸乙酯、杨梅酯(3-苯基缩水甘油酸乙酯)、草莓醛(3-甲基-3-苯基缩水甘油酸乙酯)等。

⑥内酯类:γ-丁内酯、γ-已内酯、δ-已内酯、γ-庚内酯、γ-辛内酯、δ-辛内酯、γ-壬内酯、γ-癸内酯、δ-癸内酯、γ-十一内酯、γ-十二内酯等。

⑦天然精油:柠檬油、橙花油、玫瑰油、茉莉净油、鸢尾凝脂等。

⑧其他原料:麦芽酚、乙基麦芽酚、丁香酚、香兰素、乙基香兰素、朗姆醚、大茴香脑、草莓果汁或提取物等。

草莓的香气由青、甜、酸、果四种香韵组成,而以青香韵、果香韵为主。传统调配草莓香精一般都以具有近似草莓香味的草莓醛和草莓酯为主香剂;以庚炔羧酸甲酯、乙酰乙酸乙酯、乙酸苄酯、茉莉净油、紫罗兰叶净油等赋予其青香韵;以肉桂酸甲酯、肉桂酸乙酯、玫瑰醇、苯乙醇、香叶油、玫瑰花油、α-紫罗兰酮、β-紫罗兰酮、鸢尾凝脂、麦芽酚、乙基麦芽酚、香兰素等构成其甜韵；酸韵则由乙酸、丁酸、异丁酸等构成；此外，再饰以具有果香的酯类香料。

(3)配方示例：草莓香精示范性配方见表5-26。

表5-26 草莓香精

原　料	质量分数/%		原　料	质量分数/%	
	水溶性香精	油溶性香精		水溶性香精	油溶性香精
乙酸乙酯	1.0	—	麦芽酚	0.5	1.0
丁酸乙酯	0.5	2.0	水杨酸甲酯	0.1	0.2
甲酸乙酯	0.5	—	草莓酸	0.5	1.5
异戊酸乙酯	0.5	1.0	乙醇	65.2	—
己酸乙酯	0.5	2.0	甘油	5.0	—
草莓醛	5.0	8.0	蒸馏水	20.0	—
苯甲酸乙酯	0.2	0.4	植物油	—	82.9
叶醇	0.5	1.0	—	—	—

2. 香草香精

(1)论香气：香草香精又称香子兰香精、香荚兰香精，广泛用于饼干、糖果、冰棒、雪糕、冰淇淋等食品的加香。香荚兰又称香草兰、香子兰，是兰科植物中最有实用价值的一种香料植物，其成品果荚在加工一年左右表面会出现白色结晶，其主要成分为香兰素，又称香草醛或香草精，含量为1.5%～7.1%。其他芳香成分有200多种，主要包括：α-蒎烯、β-蒎烯、柠檬烯、月桂烯、2,3-丁二醇、2-甲基-2-丁醇、辛醇、癸醇、香兰醇、大茴香醇、苯甲醇、苯乙醇、对甲氧基苯乙醇、芳樟醇、橙花醇、香叶醇、香茅醇、3-甲氧基苯酚、2-甲氧基-4-甲基苯酚、香兰基甲醚、香兰基乙醚、苯甲醛、大茴香醛、3-羟基-2-丁酮、2-辛酮、2-壬酮、2-癸酮、乙酸、香兰酸、大茴香酸、肉桂酸、乙酸正戊酯、乙酸正己酯、乙酸苄酯、乙酸大茴香酯、2-甲基丁酸乙酯、戊酸丁酯、戊酸异丁酯、苯甲酸苄酯、香兰酸甲酯、噻吩、2-乙酰基吡咯、糠醇、2-羟基-5-甲基呋喃、2-羟乙基-5-甲基呋喃、糠醛、5-甲基糠醛、5-羟甲基糠醛、2-乙酰基呋喃等。

香草香精的香气分路可定为：香草香韵，80%～90%；豆香韵，5%～10%；牛奶香韵，5%～10%；白脱香韵，1%～3%。

(2)选香料：香草香精的特征性香料是香兰素和乙基香兰素，其他常用的香料包括如下种类。

①醛类：洋茉莉醛、大茴香醛、苯甲醛、肉桂醛、胡椒醛和黎芦醛等。

②醇类：大茴香醇、苄醇等。

③内酯类：γ-己内酯、γ-辛内酯、δ-癸内酯、δ-十一内酯和δ-十二内酯等。

④酯类：乙酸戊酯、丁酸戊酯、乙酸茴香酯、乙酸苯乙酯、乙酸桂酯、苯甲酸甲酯、苯甲酸乙酯、水杨酸甲酯、肉桂酸甲酯和肉桂酸乙酯等。

⑤酮类：丁二酮、苯乙酮、二苯甲酮等。

⑥酚类：丁香酚、异丁香酚等。

⑦其他原料：浓馥香兰素、大茴香脑、异丁香酚甲醚、苯乙酸、麦芽酚、香荚兰豆酊、浸膏和油树脂等。

(3)配方示例：香草香精的示范性配方，如表 5－27 所示。

表 5－27　香草香精

原　　料	质量分数/%		原　　料	质量分数/%	
	水溶性香精	油溶性香精		水溶性香精	油溶性香精
香兰素	5.00	10.00	香荚兰豆酊	10.00	—
乙基香兰素	1.50	5.00	香荚兰油树脂	—	3.00
洋茉莉醛	0.30	1.00	乙醇	60.00	—
丁香酚	0.05	—	植物油	—	80.80
麦芽酚	0.10	0.20	蒸馏水	23.05	—

3. 肉味香精

(1)论香气：生肉几乎没有香味，经过炒、炸、煎、烤、煮、炖等热加工后才产生了各种诱人的香味，而煮熟、炸熟和烤熟等烹熟的肉，香味又有区别。这是由于在热加工过程中肉中的微量香味前体物质之间发生了一系列复杂的化学反应，产生了成百上千的香味物质，正是这些香味物质决定了肉的香味特征。肉中的香味前体物质是形成肉香味的根本原因，加热是产生肉香味的外部条件。

(2)选香料：肉中的肉香味前体物质可以是肉自身含有的，也可以是外加的，主要包括两大类：一类是氨基酸、肽、核苷酸、硫胺素和还原糖，它们通过热反应产生基本肉香味(Basic Meat Flavor)物质，主要是硫化物和杂环化合物；另一类是甘油三酯、磷脂和脂肪酸，它们通过热降解产生特征肉香味物质，主要是醇、醛、酮和内酯类化合物。这些香味物质都是低分子量的有机化合物，在对各种肉类制品的香味分析中已经发现了 1100 多种香味物质，其中牛肉中发现得最多，有 900 多种。

(3)配方示例：肉味香精是具有肉香味特征的多种香味物质的混合物，其主要作用是给相应的食品提供肉香味。肉味香精主要是牛肉、猪肉和鸡肉香精。目前，我国肉味香精配方大致有如下三种组成方式：

①第一种：是由多种香料，包括辛香料、天然香料和合成香料调配而成，调配型鸡肉香精配方如表 5－28 所示。完全通过调香的方法来制备肉味香精是很困难的，由于所用香料品种的限制，调配出来的肉味香精香味单薄、口感较差。

表 5-28 调配型鸡肉香精

香料品名	质量分数/%	香料品名	质量分数/%
糠醛	1.0	2,4-癸二烯醛	6.0
苯甲醛	0.5	1,6-己二硫醇	25.0
3-甲硫基丙醛	1.0	乙醇(95%)	63.5
正己醛	3.0	—	—

②第二种:是以水解动植物蛋白为基料,再与其他香料,如辛香料、天然香料和合成香料调配而成,肉味香精配方见表 5-29。但是,以水解动植物蛋白基料和调香相结合的方法生产肉味香精,其像真度也不理想。

表 5-29 肉味香精

香料品名	质量分数/%	香料品名	质量分数/%
液体水解植物蛋白	90.00	二糠基二硫醚	0.49
4-甲基-5-羟乙基噻唑	5.00	二甲基硫醚	0.50
四氢噻吩-3-酮	1.00	甲硫醇	0.50
糠硫醇	0.01	2,5-二甲基-3-巯基呋喃	2.00
2-壬烯醛	0.50	—	—

③第三种:是以水解动植物蛋白热反应产物为基料,再与其他香料,如辛香料、天然香料和合成香料调配而成。

对肉味香精而言,以肉为基本原料,通过酶解技术将肉蛋白分解为氨基酸和肽,再与还原糖等物质发生热反应来制备是一种较好的方法,所得到的产品一般称为热反应肉味香精。

热反应肉味香精是热反应香精(Process Flavor 或 Reaction Flavor)的一种。热反应香精是一类新型食用香精,它是由两种或两种以上的香味前体物质(还原糖与氨基酸等)在一定条件下加热反应产生的。其他香料一般在反应后加入。

热反应又称为非酶褐变反应或 Maillard 反应。1912 年,法国化学家 Louis Maillard 发现甘氨酸和葡萄糖一起加热时,形成颜色褐变反应的类黑精(Melanoidins)。经后来的研究发现,这类反应不但影响食品的颜色,而且对食品香味的形成影响极大。热反应的种类是多种多样的,其机理非常复杂(见第七章相关内容),但基本类型是氨基酸与还原糖的加热反应。研究表明,氨基酸与各种羰基化合物之间的热反应是构成各种热加工食品香味的主要来源。但是,在实际应用中,反应配料是可以有许多变化的,除了氨基酸和还原糖,其他如维生素、脂肪、肽、蛋白剂等都可以参与反应。

热反应技术可用于肉味、海鲜味、咖啡味、奶油味、烟草味等食用香精的制备。用于制造肉味香精的热反应一般控制在 100℃至回流温度下进行,最高不超过 180℃,时间一般为几十分钟至几小时，温度越高，反应时间一般越短。目前国内外大部分肉味香精的生产中都使用了热反应技术。表5－30是热反应猪肉香精配方。

表5－30　热反应猪肉香精

原　　料	质量分数/%	原　　料	质量分数/%
猪肉酶解物	86.15	葡萄糖	0.93
酵母膏	2.46	水	9.23
l-半胱氨酸盐酸盐	1.23	—	—

上述混合物在100℃加热2h，即得猪肉香精。

用热反应法生产的肉味香精香味纯正，但强度往往不足，需要添加适当的香料进行强化。可用于肉味香精配方的香料品种数以百计，其中含硫化合物是关键原料，它们的香味强烈、使用少量就会显出肉味特征；再添加一定量的氮杂环化合物，如吡嗪类、氧杂环化合物的呋喃类，以及含氧的醛、酮类化合物，进行协调才能形成完美的肉香味，并且变换品种或用量可得到不同特色的肉味。在用热反应法生产肉味香精时，合成香料一般在热反应后加入。表5－31列出了以热反应产物为基料的牛肉香精配方。

表5－31　以热反应产物为基料的牛肉香精

原　　料	质量分数/%	原　　料	质量分数/%
牛肉味热反应产物	99.946	3-巯基-2-戊酮	0.002
2,6-二甲基吡嗪	0.002	三硫代丙酮	0.002
2,3,5-三甲基吡嗪	0.002	2-甲基-3-呋喃硫醇	0.002
噻唑	0.002	二(2-甲基-3-呋喃基)二硫醚	0.004
2-乙酰基噻唑	0.005	2-甲基-3-甲硫基呋喃	0.002
三甲基噻唑	0.003	甲基-2-甲基-3-呋喃基二硫醚	0.004
2,4-二甲基噻唑	0.002	糠硫醇	0.001
5-甲基糠醛	0.002	二糠基二硫醚	0.002
3-甲硫基丙醛	0.003	4-羟基-2,5-二甲基-3(2H)-呋喃酮	0.010
2,3-丁二硫醇	0.002	4-羟基-5-甲基-3(2H)-呋喃酮	0.005
3-巯基-2-丁醇	0.002	—	—

第六节　香精香料的安全性、稳定性和持久性

香精、香料的质量，除表现在其香韵和扩散性能上外，它们香气的持久和稳定程度，在加香成品中是否会引起变色、变质或影响其使用效果以及对人体是否安全无害等问题，也都是极为

重要的因素。所以,调香工作者在香精处方时必须根据加香成品的特点要求,慎重地选择合适的香料品种和恰当的用量,并且要通过应用试验,取得符合各方面的要求后,才可定方。

一、安全性

香精香料的应用范围日益扩大,人们在日常生活中与之接触的机会日益增多,因此涉及对人的安全问题也越来越引起人们的关注。香精香料的安全性,是调香工作中的一个非常重要的课题。

由于香精是一种混合物,应用场合不同、流行趋势不同,香精的配方千变万化。香精的安全性取决于所用原料的安全性。只要构成香精的各种原料符合法规要求,它的安全性就是有保证的。一般不要求也不可能对每种香精的安全性逐一进行评价。香精是科学与艺术相结合的产物,每种香精的创新要花费大量的人力物力,故香精配方属知识范畴,具有保密性。各国的法规都不要求在产品标签上标示香精的各种组分。因此谈香精和香料的安全性只要谈香料的安全性就足够了。

1. 食用香料的立法和管理

联合国组织下的世界卫生组织(World Health Organization of the United State,简称WHO)和国际粮农组织(Food and Agriculture Organization of the United State,简称FAO)自1955年以来,对食用香料(作为食品添加剂)进行了全面地研究,FAO担任技术方面,WHO担任毒性方面,制定了食品添加剂的化学组成、纯度、每日摄取量等标准。对有些可同时用作药用的香料,有关国家在各自的药典中作了规定。

对于食用香料的安全卫生管理,各国有其自己的法规和管理机构,在工业发达国家的食用香料法规中值得重视的是美国及欧洲的法规。美国食品与药物管理局(Food and Drug Administration,简称FDA),是主管食用香料安全使用的政府组织。一个香料上若标上"FDA"这一符号则表示该管理局同意其用作食用。美国的民间组织有美国食品香料和萃取物制造者协会(Flavor and Extract Manufacturers′ Association of the United States,简称FEMA),成立于1956年,从事关于食用香料毒性及使用剂量的研究,其评定结果得到FDA认可。他们对经过安全性评价的食用香料冠以"GRAS"(Generally Recognized as Safe,即一般认为安全)的FEMA号码。至2003年止,FEMA号已从2001号开始,编至4068号,即有2000多种食用香料FEMA GRAS得到美国FDA的充分认可,作为国家法规在执行。列入GRAS目录的食品香料也不是一成不变的。随着科技进步、毒理学资料的积累以及现代分析技术的提高,每隔若干年,会再评价一次,重新确定GRAS身份。

欧洲理事会(Council of Europe,简称COE)对食用香料的安全使用也有正式规定,称为COE蓝皮书(Blue Book)。但是这一蓝皮书不是法律文件,而是一批专家的准备报告。此专家组于20世纪90年代初已停止工作。

目前,欧洲大多数国家实际上采用食品香料工业国际组织(International Organization of Flavor Industry,简称IOFI)的规定。该组织成立于1969年,是以国家香料协会为单位参加的组织，现有成员国20余个，绝大多数为发达国家，如英、美、日、法、意、加等。它的任务是通过科学的工作制定出能为全体成员国接受的食品香料法规，以克服非关税贸易壁垒，促进食品香料香精工业的健康发展。1978年，IOFI制定了实践法规(*Code of Practice*)，对于有已知毒性的天然香料规定它们在食品香精或最终食品中的最高限量；对于人造食品香料以肯定者的形式加以管理，即规定哪些人造食品香料可以安全使用；对于天然等同的食品香料则不列出。由此看出欧洲国家对食用香料的立法和管理不是靠政府而是靠行业组织，以行业自律为主。食用香料和香精的安全性实行的是行业负责制。事实上，没有一个企业愿冒不依据实践法规的规定来生产产品的风险，一旦违规被揭露就会受到欧洲香料香精行业协会(European Flavour and Fragrance Association，简称EFFA)的查处，严重的会导致倾家荡产。

我国食用香料立法工作自1980年以来已有30多年的历史。食用香料的安全性评价由全国食品添加剂标准化技术委员会进行，报卫生部批准，制定成国家标准后由国家技术监督局发布。自1985年以来，在该标准化技术委员会下又成立了食品香料分技术委员会。委员来自食品香料香精的科研、生产、使用和卫生管理等方面的专家，专门研究食用香料的立法和管理。法规包括《中华人民共和国食品卫生法》、《食品添加剂卫生管理办法》、《食品添加剂生产管理办法》及《食品安全性毒理学评价》等。至2003年，我国正式批准允许使用和暂时允许使用的食用香料品种已达1104种。

2. 日用香料的立法和管理

关于日用香料的安全卫生管理工作，目前国外只有民间组织在进行，实行“行业内自律”的办法。最有影响的是国际日用香料协会(Internatioal Fragrance Association，简称IFRA)，它成立于1973年，是以国家香料协会为单位参加的行业组织。IFRA提出日用香料安全性试验的项目与内容至少有以下六个方面：

(1)急性口服毒性试验。

(2)如果急性口服毒性试验的$LD_{50} \leqslant 500mg/kg$时，要进行急性皮肤毒性试验。

(3)皮肤刺激性试验。

(4)眼睛刺激性试验。

(5)皮肤接触敏化作用试验。

(6)光敏中毒和皮肤光敏化作用试验。IFRA出版了日用香料的实践法规，提出禁用和限用(限制用量、限制使用范围或规定达到一定纯真度时才允许使用)的日用香料的推荐意见。至2004年，约有90种日用香料属于禁用、限用范围。尽管这是一种推荐意见，但其成员国完全遵守，如违背规定也会受到IFRA的处罚。

1966年，成立于美国的日用香料研究所(Research Insititute for Fragrance Materials Inc.，简称RIFM)，是从事有关香料(包括合成、单离和天然香料，但不包括香精)的安全问题研究的国际机构，成员来自世界各大香料香精企业。其工作职责包括：收集和分析有关日用香料安全性的信息；从事毒性毒理研究；参与科学方法学的开拓；与感兴趣的有关国际团体共享科研成果。其成果已经以结集出版的形式发表于 *Food & Chemic Toxicology*(《食品和化学品毒理学》)杂志上,其前身为 *Food & Cosmetics Toxicology*(《食品和化妆品毒理学》)杂志。到 2004 年为止,已公布了近 1000 种日用香料的安全资料。这些资料的发表对于日用香料的安全使用起到了重要作用。

我国的日用香料至今尚未立法,使用时参照 IFRA、RIFM 的评价结果。

香料的安全性评价是一项长期任务,也是一项耗资不菲的工作。有些香料品种开始被认为是 GRAS,在一段时间使用后又被否定。例如,葵子麝香,在 1968 年被认为是 GRAS,后被发现有神经毒性而被禁用;又如佳乐麝香,20 世纪 60 年代问世,其香气颇受欢迎,但长期使用后表现出低降解性,并在哺乳的母乳中发现存在,现在西方发达国家已限制使用。所以,香料的安全性评价是一项须经长期实践检验的认识过程。

二、稳定性

香料、香精的稳定性主要表现在两个方面:一是在香型或香气上的稳定性,要求在一定的时期和条件下,香型或香气基本相同;二是它们自身以及在介质(或基质)中的物理化学性能是否保持稳定,特别是在储放一定时间内是否发生变化。这两种稳定性是相互联系,互为因果的。

香料的稳定性,可分别对合成香料(单离香料)和天然香料进行考察。合成与单离香料都是"单一体",在单独存在时,如果不受光、热、潮湿、空气氧化的影响,或储放不过久、不受污染,它们的香气大多数是前后较一致的,所以相对来说是比较稳定的。而天然香料,由于它们是多成分的混合物,这些成分含量大小不一,物理化学性质也不同,特别是蒸发速率的不同,所以相对来说,它们的香气稳定性要差一些。

香精的稳定性,在某些程度上与天然香料相仿。众所周知,香精是由用量不等的合成与单离香料、天然香料所组成,有时根据应用上的需要,还含有一定量的溶剂和载体。各个组分的物理化学性质不同,当混合在一起后,就会产生复杂的变化。香精的不稳定性表现在:香型或香气上的变化;导致加香介质的着色或变色,或发生混浊、析出沉淀物、乳剂分层等变化;导致加香产品的使用功能效果上的变化;导致加香成品的包装容器内壁上发生变化。

形成香精不稳定的原因,可以归纳为以下几个主要方面:

(1)香精中某些分子之间发生的化学反应,如酯交换、酯化、酚醛缩合、醇醛缩合、醛醛缩合、泄馥基的形成等。

(2)香精中某些分子和空气中的氧发生氧化反应,如醛和不饱和化合物等。

(3)香精中某些分子遇光照后发生物理化学反应,如醛、酮及含氮化合物等。

(4)香精中某些成分与加香介质之间的化学反应或配伍不溶性,如受酸碱度的影响而发生皂化、水解、溶解度上的变化等。

(5)香精中某些成分与加香产品包装材料之间的反应等。

要考察某香精在一加香介质中是否稳定,最能说明问题的方法是通过"架试"(Shelf Test),

即在模拟正常存放或使用条件下，在不同间隔时间内，用感官（嗅觉、视觉、必要的味觉）或物理化学方法，做必要的评估、测试或分析工作，但这样做往往需要几个月或一年的考察过程。目前，人们可以采用一些快速强化的方法来检验，方法如下。

（1）加热法：将香精或加香成品在一定的加温条件下，经过一段时间后，评辨其香型、香气和其他方面的变化。

（2）冷冻法：将香精或加香成品在低温中放置一定时间后，观察其有无黏度、澄清度（有无沉淀或晶体析出）、胶体破坏等现象。

（3）光照法：用紫外光或人造光照射香精或加香成品，在一定的时间内观察其色泽、黏度变化，评辨其香型或香气变化。

以上方法均要求同时做空白对照试验。至于加温与冷冻的温度、光照强度以及时间长短等条件，要根据具体情况来选定。

加香成品的实际应用效果试验，一般都采用按正常习惯的使用条件与方法来考察其香型或香气（头香与留香往往是考察的主要方面）和使用效能有无明显的变化。

三、持久性

在调香技艺中，香气的持久性或留香能力是与定香（保香）作用密切相关的。所谓香气持久性，是指香料或香精在一定的环境条件下，如温度、湿度、压力、空气流通度、挥发面积等，在一定的介质或基质中的香气存留时间的限度。时限长者，持久性强（留香久长）；短者持久性弱（留香短暂）。除了特殊的原因或要求外，总是希望持久性越强越好，而且要尽量长久地保持其原来的香型或香气特征。

一种香料香气持久性的强弱，人们可以用嗅感评辨法，也可以用称重法来得出结论。考察香精持久性的强弱，特别是在加香产品中时，就要比香料复杂得多了。目前，用人的嗅感去评辨香精（包括在加香产品中）的持久性，仍是较简便、快速而有效的途径。当然，也可辅以仪器分析，如顶空分析的结果来进行综合评定。

香料香气的持久性，大体上与它们的相对分子质量大小、蒸气压的高低、沸点（或熔点）的高低、化学结构特点或官能团的性质、化学活泼性等有关。一般认为，持久性强的香料是作为香精中的体香和基香组分，而持久性强且有一定扩散力的，就适宜用做头香组分。

香精香气的持久性除了与其中各个香料的香气持久性和用量有关之外，还与香料之间的香气和合以及所选用的定香剂的性能有关。在不妨碍香型或香气特征的前提下，常用蒸气压偏低的、相对分子质量稍大一些的、黏度较高一些的香料或定香剂来达到持久性与定香作用较好的目的。但同时还要兼顾香精香气（包括加香产品）的透发性以及各香韵间的和合谐调，也就是要使香精的头香、体香与基香三者之间互相密切谐调，从而使整个香气缓慢而均衡地自加香产品中散发出来。香精的胶囊化即将香精制成胶囊的形式来延迟香精的挥发。对于香精的微胶囊技术将在第七章中进行详细讨论。

第六章 加香产品与加香

第一节 日用加香产品与加香

日用化学品中有许多产品要经过加香这一工序。加香的目的主要是让消费者在使用这些产品的过程中,能嗅感到舒适合宜的香气,兼以掩盖或遮盖这些制品中某些组分所带有的令人感到不愉快或不良的气息,扩大产品的影响力。加香产品中的加香量并不大,但有可能影响制品的形态,因此加香是不容忽视的重要环节。

香精加到介质中,香气总会有不同程度的变化,有的变化瞬间就会发生,有的则发生在较长时间的"陈化"之后,其原因为:

(1)稀释作用的影响,稀释后香精中每一种香料组分在香气强度上都有减弱的倾向,但减弱的程度各不相同,从而在整体上使它们的嗅感发生了变化(针对原香精而言)。

(2)与介质发生了物理化学变化,如酸类、酯类、内酯类香料在碱性介质中;而在不同相内(乳状液的油相和水相)的溶解度不同。

(3)加香介质拥有本身的气息等。

要使加香产品的香气和原香精香气保持不变,既是工艺操作问题,也是调香的技术问题。

由于日用化学品的种类繁多,产品要求、介质组成和加香工艺也各有区别,因而它们对香精的要求也各不相同。应该按照其不同的要求,参照前面列举的配方(如果香型符合要求),来研拟符合具体要求的应用香精试样,并经过实际应用试验的验证认可来确定应用配方。因此,从某种程度上来看,应用配方具有一定的"专用性"。现简述几大类常见日用加香产品方面的香型和加香问题。

一、香水类用香精与加香

1. 基质情况

一般来说,香水香精加香的介质比较单纯,最常用的是脱醛乙醇和精制水。其余少量为色素、抗氧剂、杀菌剂、祛臭剂、甘油等,这些对香气的影响都不大。

以所含香精多少来区分,香水类产品大体上可划分为 3 种:香水(Handkerchief Perfume),亦称手帕香水,香精含量通常为 15%~25%,乙醇浓度为 80%~90%(体积分数);盥用香水(Toilet Water),亦称化妆香水,香精含量一般为 5%~15%,乙醇浓度为 75%~90%(体积分数);古龙水(Cologne),亦称古龙香水,其中包括花露水,香精含量为 5%左右,乙醇浓度为 60%~75%(体积分数)。以使用对象来区分,可分为女用香水和男用香水。

2. 加香工艺

图 6－1 是香水的加香工艺图。其中乙醇陈化剂配方见表 6－1，使用时在乙醇中加入陈化剂 0.1%～0.2%(质量分数)，搅拌均匀，密封保存数月即可。

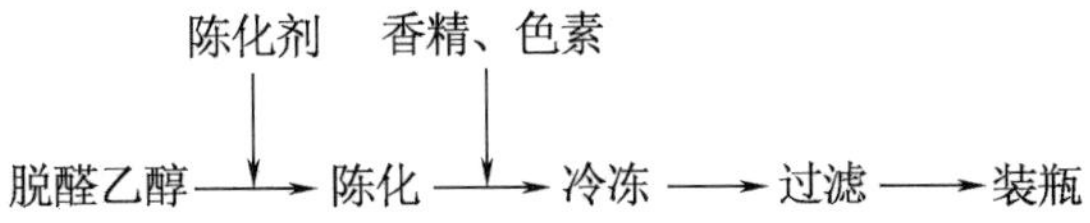

图 6－1　香水的加香工艺图

表 6－1　乙醇陈化剂配方

香料品名	质量分数/%	香料品名	质量分数/%
麝香 105	30.0	降龙涎香醚	2.0
佳乐麝香	20.0	水杨酸苄酯	10.0
麝香 T	18.0	苯甲酸苄酯	10.0
麝香酮	10.0	—	—

3. 对香精的要求

香水香精是所有香精中档次最高的品种之一，对香气的要求甚高，总的要求应是：香气幽雅、细致而谐调，既要有好的扩散性使香气四溢，又要在皮肤上或织物上有一定的留香能力；香气要对人有吸引力，能引起人们的好感与喜爱；有一定的创新格调。因此在香料类别的选用上要求也很高，可采用花精油和天然动物香料，品种大都在一二百种之间。

4. 香型及配方举例

香水类中所用香型是多种多样的，但概括起来可分为单体香型和复体香型两类。单体香型中，在花香型内有各种单花香型，如玫瑰型、茉莉型、栀子花型、薰衣草型、铃兰型、紫罗兰花型、紫丁香型、橙花型、香石竹型等；在非花型中有麝香型、檀香型、防风根型、防臭木型、松针型等。复体香型的品种则不胜枚举，如花香型中的各种多花型或百花型；非花型中的各种经典式或传统式的香型、各种流行时兴香型以及由调香师所创拟的各种复体香型等，如素心兰香型、古龙型、馥奇型、醛香型和东方香型。此外，国际上也有区分为男用香型与女用香型的，如革香型、烟草香型、辛香型、松针香型、木香型、馥奇香型等多属于男用香型。表 6－2～表 6－10 是一些可适用于香水类的示范性应用香精配方。

表 6－2　单花型康乃馨香水香精配方

香料品名	质量分数/%	香料品名	质量分数/%
康乃馨香基(表 6－3)	60.0	香兰素	2.0
玫瑰油	3.0	赖百当浸膏	1.0
甲基紫罗兰酮	3.0	水杨酸苄酯	5.0
鸢尾凝脂	1.0	海狸浸膏	1.0
金合欢净油	2.0	麝香 105	3.0
紫丁香净油	3.0	麝香酮	4.0
小花茉莉净油	2.0	麝香酊(10%)	10.0

表 6-3 康乃馨香基配方

香料品名	质量分数/%	香料品名	质量分数/%
丁香酚甲醚	2.0	乙酸苏合香酯	0.4
乙酰基异丁香酚	2.0	丁香酚	15.0
乙酸苄酯	3.0	异丁香酚	3.6
白兰叶油	5.0	桂醇	7.0
乙酸苯乙酯	4.0	二氢月桂烯醇	3.0
斯里兰卡桂叶油	0.5	水杨酸己酯	4.0
乙酸桂酯	4.0	水杨酸甲酯	0.3
甲基紫罗兰酮	0.5	乙酸香茅酯	2.0
水杨酸苄酯	6.0	苯乙醛	1.0
苯乙醇	11.0	铃兰醛	2.0
洋茉莉醛	2.0	乙基香兰素	0.2
玫瑰醇(自香叶油)	4.5	二氢茉莉酮酸甲酯	2.0
大花茉莉净油	2.0	丁香罗勒油	1.0
树兰油	1.0	除萜香叶油	1.0
依兰油	2.0	墨红净油	2.0
异丁香酚苄醚	4.0	乳香香树脂	2.0

表 6-4 复花型“Joy”香水香精配方

香料品名	质量分数/%	香料品名	质量分数/%
苯乙醛(10%)	2.5	安息香树脂(50%)	2.5
癸醛(10%)	0.5	苏合香树脂	1.5
壬醛(10%)	0.5	金合欢净油(10%)	1.0
十一醛(10%)	0.5	橙花净油	0.5
芳樟醇	1.0	玫瑰净油	2.5
乙酸苏合香酯(10%)	0.5	甲基紫罗兰酮	1.0
乙酸苄酯	5.5	兔耳草醛	0.5
乙酸芳樟酯	2.0	桂醇	4.0
香叶油	1.0	羟基香茅醛	5.0
依兰油	2.5	苯乙酸对甲酚酯	1.0
丙酸苄酯	1.0	α-戊基桂醛	7.0
苯乙醇	2.5	水杨酸苄酯	1.5
茉莉净油	7.0	桃醛(10%)	0.5
乙酸香叶酯	0.5	环十五内酯(10%)	1.0
乙酸苯丙酯	1.5	铃兰香基(表 6-5)	8.0
玫瑰醇	7.0	玫瑰香基(表 6-6)	26.0
丁香酚甲醚	0.5	—	—

"Joy"为法国 Patou 公司于 1935 年推出的花香型女用香水，后流行到世界各地，成为世界上有名的香水之一。因其具有独特的格调，香气优雅、细腻，花香高贵，给人们舒适、高贵、美好之感，销路至今不衰。"Joy"香水是复花型的代表。

表 6－5　铃兰香基配方

香料品名	质量分数/%	香料品名	质量分数/%
芳樟醇	3.5	玫瑰醇	6.5
苯乙二甲缩醛(10%)	1.0	紫罗兰酮	6.0
乙酸苄酯	9.0	兔耳草醛	8.5
乙酸芳樟酯	2.0	桂醇	6.0
乙酸苯乙酯	1.0	洋茉莉醛	4.5
苯乙醇	13.0	羟基香茅醛	7.0
依兰油	1.0	α-戊基桂醛	3.5
松油醇	6.0	水杨酸苄酯	2.5
香叶醇	6.0	辛酸对甲酚酯(10%)	0.5
香茅醇	12.5	—	—

表 6－6　玫瑰香基配方

香料品名	质量分数/%	香料品名	质量分数/%
苯乙二甲缩醛	2.0	四氢香叶醇	1.5
香叶油	0.5	铃兰醛	9.0
苯乙醇	5.0	桂醇	2.5
丁香油	9.0	结晶玫瑰	3.0
α-紫罗兰酮	3.0	癸醇	2.5
香叶醇	12.0	红玫瑰香精(表 5－1 甲方)	30.0
香茅醇	20.0	—	—

表 6－7　"Chanel N°5"女用香水香精配方

香料品名	质量分数/%	香料品名	质量分数/%
橙叶油	0.5	茉莉净油	5.0
芳樟醇	3.0	橡苔(10%)	1.5
无萜香柠檬油	2.0	灵猫酊剂(10%)	2.5
癸醛(10%)	2.0	麝香酊剂(3%)	2.0
十一醛(10%)	2.0	鸢尾浸膏(10%)	1.0
甲基壬乙醛(10%)	2.0	苏合香树脂(10%)	1.0
依兰油	3.5	香兰素酊剂(10%)	10.0

续表

香料品名	质量分数/%	香料品名	质量分数/%
玫瑰净油	1.0	羟基香茅醛	2.0
甲基紫罗兰酮	1.0	异丁香酚甲醚	2.0
广藿香油	5.0	麝香 105	2.0
檀香油	1.0	酮麝香	4.0
岩兰草醇	1.0	香基 Ambrarome(5%)	5.0
香豆素	5.0	—	—

"Chanel N°5"为法国 Chanel 公司 1921 年推出的现代型醛香—花香型女用香水，是世界上最著名的香水之一。

表 6-8 "Cool Water"男用香水香精配方

香料品名	质量分数/%	香料品名	质量分数/%
甜橙油	3.0	莎莉麝香	6.0
白柠檬油	1.0	玫瑰醇	10.0
柠檬油	2.0	佳乐麝香(70%)	10.0
薄荷素油	2.0	白兰叶油	2.0
铃兰醛	18.0	玳玳叶油	2.0
羟基香茅醛	3.6	玳玳花油	2.0
龙涎酮	18.0	灵猫香膏	0.4
二氢茉莉酮酸甲酯	20.0	—	—

"Cool Water"香水是由德国的 Davidoff Bee-Cham 公司在 1988 年推出的男用古龙香水，其香气主要是由柑橘香、烟草香、琥珀龙涎香气结合而成。"Cool Water"香水头香中有很新鲜的柑橘果香与青香结合在一起的香气，香气新颖、独特，很吸引人。底香是由相当新鲜的烟草香和木香、龙涎香协调在一起，香气丰厚。

表 6-9 薰衣草型花露水香精配方

香料品名	质量分数/%	香料品名	质量分数/%
杂薰衣草油	2.5	松油醇	7.0
薰衣草油	15.0	檀香油	0.5
芳樟醇	3.0	桃醛(10%)	1.0
乙酸苄酯	10.0	香兰素	3.0
苯甲醇	25.0	麝香 105	1.0
乙酸松油酯	30.0	Geranium 香基(表 6-10)	1.0
柠檬醛	1.0	—	—

表 6－10　Geranium 香基配方

香料品名	质量分数/%	香料品名	质量分数/%
二甲硫醚(1%,溶于香叶醇中)	1.0	乙酸香茅酯	15.0
甲基庚烯酮	1.0	香叶醇	15.0
柠檬油	1.0	倍半萜香叶醇	10.0
二苯醚	6.0	缬草酸桂酯	1.0
乙酸松油酯	8.0	麝香-T	1.5
松油醇	9.0	邻苯二甲酸二乙酯	40.0

二、膏霜类化妆品用香精与加香

1. 基质情况

膏霜类化妆品的种类较多,它们的主要功用是为了滋润、保护皮肤。膏霜的基质是一种乳胶体(或乳剂),它们是由水与油(蜡)经乳化剂乳化作用而形成。膏霜类的乳胶体可分为两种类型:一种是“水包油”(O/W)型,如雪花膏(霜)、粉底霜、乳蜜等;另一种是“油包水”(W/O)型,如冷霜(亦称香脂)、清洁霜、按摩霜、夜霜等。基质中常用的“油”类原料有:矿物油(如石蜡油、凡士林、石蜡冻)、植物油(如硬脂酸、橄榄油等)、精制羊毛脂及其衍生物、蜡类(如石蜡、地蜡、鲸蜡、蜂蜡等)、十六醇、十八醇等。“水”类原料中主要是水与甘油或其他增湿剂。使用的乳化剂有阴离子型、阳离子型、非离子型和两性型表面活性剂。

这类制品中所用的油脂性原料因其质量不同而气息相差很大,如工业品蜂蜡、十八醇、硬脂酸等油脂气息较重,质劣的羊毛脂常有特殊的臭气;常用的乳化剂,如司本,带有油酸气息,三乙醇胺则为氨样刺激性气味等;营养霜中的添加物异气更强,主要有药草气(当归、人参)、腥气(珍珠)等。

2. 加香工艺

膏霜类化妆品的加香工艺如图 6－2 所示,加香温度在 50℃左右。在 W/O 型膏坯中香精混入比较容易,在 O/W 型膏坯中,香精应在搅拌完成前半小时加入。

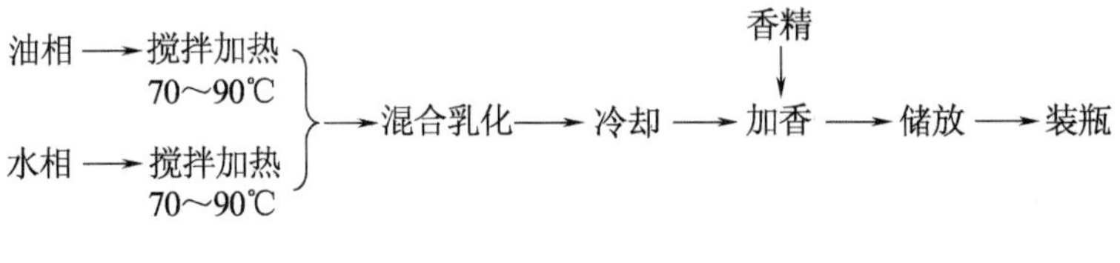

图 6－2　膏霜类化妆品的加香工艺图

3. 对香精的要求

膏霜类化妆品的基质大部分为白色,常带有一些轻微的脂蜡气息。因此,在加香用的香精中,除了要选用对皮肤较为安全者外,应尽量避免使用深色和少用脂蜡香的香料,少用或不用容易导致膏霜基质乳胶体稳定性遭到破坏的或影响其中添加物性能与其使用效果的香料。

由于膏霜类制品的加香温度在50℃左右，因此在香精试样配得后，宜于50℃存放一定时间，观察其色泽及香气有无大变化；再进行加香试验来确定是否合适。

4. 香型及配方举例

可用于膏霜类化妆品用香精的香型也是较多的，几乎所有香水香型都可以用于膏霜类化妆品，但容易导致严重变色的香型宜少选用。润肤霜以轻型的新鲜清香为宜，如古龙型、柑橘型等；营养霜的香气要求留长一些，以新鲜浓郁的香气为宜，如茉莉、铃兰和兰花等。一般膏霜类化妆品的加香量为0.5%～1.0%（质量分数，下同），营养霜应为1.0%或更高。

表6-11是一些适用于膏霜类制品的示范性应用香精配方。

表6-11　百花香型膏霜类化妆品用香精配方

香料品名	质量分数/%	香料品名	质量分数/%
柠檬油	6.0	癸醛(10%)	1.0
甲基壬乙醛(10%)	2.0	乙酸苄酯	11.0
乙酸芳樟酯	10.0	依兰油	6.0
丙酸苄酯	3.0	苯乙醇	6.0
乙酸二甲基苄基原醇酯	4.5	紫罗兰酮	5.0
香茅醇	11.0	水杨酸异戊酯	6.0
洋茉莉醛	3.0	羟基香茅醛	20.0
麝香-T	0.5	茉莉香基(表6-12)	5.0

上表列出的是模拟著名香水"Quelques Fleurs"香型的膏霜类化妆品用香精配方。"Quelques Fleurs"是法国Houbigant公司于1912年推出的纯百花型香水，这种香型的影响已扩展到香波、香粉及膏霜类化妆品的加香中。

表6-12　茉莉香基配方

香料品名	质量分数/%	香料品名	质量分数/%
苯乙醛(10%)	2.0	对甲苯酚(10%)	1.0
芳樟醇	7.0	乙酸苄酯	30.0
乙酸芳樟酯	5.0	茉莉酯	3.0
苯乙醇	2.0	乙酸二甲基苄基原醇酯	5.0
N-甲基邻氨基苯甲酸甲酯	2.0	乙酸对叔丁基环己醇酯(10%)	5.0
橙花醇	2.0	甲基紫罗兰酮	1.0
吲哚(10%)	5.0	桂醇	2.0
羟基香茅醛	5.0	α-戊基桂醛	12.0
甲基己基桂醛	4.0	苯甲醇	7.0

旁氏(Pond's)型是流行在国内的膏霜香型之一，属于玫瑰—紫罗兰花为主的多花复方，适用于白色膏霜制品。配方见表6－13。

表6－13　旁氏型膏霜类化妆品用香精配方

香料品名	质量分数/%	香料品名	质量分数/%
玫瑰油	1.0	铃兰醛	3.0
玫瑰浸膏	1.5	大花茉莉浸膏	1.0
墨红净油	2.0	乙酸苄酯	1.0
除萜香叶油	10.0	柠檬油(冷磨法)	1.5
苯乙醇	13.0	玳玳叶油	2.5
玫瑰醇	23.0	γ-十一内酯	0.5
香叶醇	12.0	广藿香油	1.5
芳樟醇	1.5	檀香油(东印度)	4.0
桂醇	1.5	佳乐麝香	2.0
α-紫罗兰酮	10.0	依兰油	3.5
甲基紫罗兰酮	4.0	—	—

三、香粉类用香精与加香

1. 基质情况

日常生活中用的加香粉类制品，可简要地分为美容化妆用的香粉(包括化妆香粉、粉饼等)和盥用粉(包括爽身粉、痱子粉、祛臭粉等)两大类。香粉类制品基质中的主要原料有：滑石粉、高岭土、硅藻土、陶土、氧化锌、二氧化钛、碳酸镁、碳酸钙、硬脂酸镁、硬脂酸锌、改性淀粉、米粉、有机或无机颜料及色淀等。在止痒、防痱、祛臭的盥用粉类制品中，还要加入少量特殊的添加物，如抑菌剂、硼酸等。化妆用香粉类与盥用粉类在粉质原料的选用与配比上有较大的区别。

有些原料，如硬脂酸的金属盐类会带有脂肪气息；陶土、高岭土等有时带有泥土气；氧化锌等化学物质则为化学气息。粉质的细度、颗粒结构及其表面空隙度、吸附能力对香精香气的扩散、挥发和稳定性能都有一定的影响。

2. 加香工艺

化妆香粉的加香工艺如图6－3所示。为去除粉基的不良气息和留香更长，应将香精中固体香料(如香兰素、洋茉莉醛、合成动物香香料等)部分抽出先与粉基研磨。

固体香料（豆香、动物香）→粉基

液体香精→加香

粉基→研磨→存放→加香→研磨→过筛→成品

图6－3　化妆香粉的加香工艺图

3. 对香精的要求

香粉类制品用香精的香气应芳馥和纯而不应过分浓郁，在产品的储存和使用过程中应保持稳定。在香料选用上，多用沸点高、持久性好、不易受空气氧化、对皮肤无光敏和刺激作用（尤其是儿童用品），且不影响粉基介质色泽的品种较为妥当。所以在香精处方时，应针对不同粉基介质，通过应用试验评价认可后才可定方。

4. 香型及配方举例

香粉类制品的香型选择范围较广，总体来说，在化妆用香粉类制品中宜多用重香型，香精用量可在0.5%～2.5%；在盥用粉类制品中则宜多用清鲜爽凉的香型，香精用量宜少一些，为0.2%～1.0%。

"L'Origan"香水开创的粉香甜木香和花香的优美配合使得这种香型广为流传，而这种香型尤其适合化妆香粉类化妆品的加香。表6－14列举了"L'Origan"香型化妆香粉香精配方，该配方用较廉价的香料替代了不少天然动物香料和花香料，但仍突出了"L'Origan"的特有风格。

表6－14 "L'Origan"香型化妆香粉香精配方

香料品名	质量分数/%	香料品名	质量分数/%
苦橙花香基(表6－15)	1.0	水杨酸异戊酯	0.5
除萜香柠檬油	2.5	香豆素	1.5
大茴香醛	0.5	洋茉莉醛	7.0
灵猫酊剂(3%)	10.0	酮麝香	3.0
赖百当树脂	1.0	麝香-T	3.5
乳香树脂	0.5	香兰素	2.5
鸢尾浸膏(50%)	2.0	香石竹香基(表6－16)	18.0
甲基紫罗兰酮	15.0	茉莉香基(表6－17)	5.0
广藿香油	1.5	玫瑰香基(表6－18)	10.0
檀香油	4.5	邻苯二甲酸二乙酯	3.0
乙酸岩兰草酯	7.5	—	—

表6－15 苦橙花香基配方

香料品名	质量分数/%	香料品名	质量分数/%
芹菜籽油	0.5	香柠檬油	4.0
橙叶油(Bigarade)	4.0	苦橙花油	1.0
除萜橙叶油	50.0	芳樟醇	2.0
除萜香柠檬油	6.0	乙酸芳樟酯	12.0
香叶油	0.5	玫瑰草油	0.5
N-甲基邻氨基苯甲酸甲酯	1.5	甜橙花净油	0.5
桂醇	4.5	甲基萘基甲酮	0.5
羟基香茅醛	12.5	—	—

表 6-16　香石竹香基配方

香料品名	质量分数/%	香料品名	质量分数/%
依兰油	12.0	甲基紫罗兰酮	3.0
胡萝卜籽油(10%)	1.0	桂醇	8.0
众香子油	1.0	洋茉莉醛	1.0
桂醛(1%)	1.0	水杨酸苄酯	12.0
丁香酚	40.0	乙酸对甲酚酯	1.0
异丁香酚	12.0	酮麝香	0.5
鸢尾浸膏(50%)	1.0	香兰素	0.5
玫瑰净油	2.0	玫瑰香基	4.0

表 6-17　茉莉香基配方

香料品名	质量分数/%	香料品名	质量分数/%
芳樟醇	3.0	乙酸苄酯	15.0
乙酸芳樟酯	4.0	依兰油	12.0
丙酸苄酯	5.0	苯乙醇	2.0
乙酸二甲基苄基原醇酯	4.5	安息香香膏(50%)	10.0
灵猫酊剂(3%)	10.0	吐鲁香膏(50%)	2.0
甲基紫罗兰酮	2.0	羟基香茅醛	10.0
α-戊基桂醛	7.5	桃醛(10%)	2.0
酮麝香	5.0	香兰素	2.0
邻苯二甲酸二乙酯	4.0	—	—

表 6-18　玫瑰香基部分配方

香料品名	质量分数/%	香料品名	质量分数/%
苯乙醛(50%)	2.0	甲酸苄酯	1.0
芳樟醇	6.0	苯乙酸甲酯	0.3
乙酸苄酯	4.0	庚炔羧酸甲酯(10%)	0.2
乙酸芳樟酯	10.0	乙酸对甲酚酯(10%)	1.0
香叶油	2.5	依兰油	1.0
十一醛(10%)	1.0	苯乙醇	12.5
愈创木油	0.5	乙酸香叶酯	0.5
丁香油	2.0	香叶醇	12.0
香茅醇	16.0	桂醇	12.5
吲哚(10%)	3.0	兔耳草醛	1.3
苯乙酸	0.2	酮麝香	2.5
α-戊基桂醛	8.0	—	—

玫瑰香基配制程序:取表6-18配方30份,再配以苯乙醛二甲缩醛2份、香叶油0.5份、苯乙醇5份、丁香油9份、α-紫罗兰酮3份、香叶醇12份、香茅醇20份、四氢香叶醇1.5份、铃兰醛9份、桂醇2.5份、结晶玫瑰3份、癸醇2.5份,即为玫瑰香基。

表6-19列出的是薰衣草型爽身粉用香精配方。除薰衣草的清花香韵外,稍修饰以其他花香与果香。配方中的薄荷油兼作清鲜及止痒之用。

表6-19 薰衣草型爽身粉用香精配方

香料品名	质量分数/%	香料品名	质量分数/%
杂薰衣草油	18.0	乙酸芳樟酯	4.0
薰衣草油	7.0	乙酸松油酯	2.0
白兰叶油	4.0	丁香罗勒油	1.0
香紫苏油	7.0	橡苔浸膏	2.0
香柠檬油	5.0	岩蔷薇浸膏	2.0
龙脑	2.0	檀香803	3.0
乙酸苄酯	5.0	岩兰草油	2.0
茉莉素	4.0	广藿香油	1.0
白兰花油	1.0	二甲苯麝香	3.0
卡南加油	2.0	香豆素	3.0
紫罗兰酮	5.0	香兰素	1.0
香叶醇	5.0	洋茉莉醛	2.0
香叶油	4.0	薄荷油	3.0
水杨酸异戊酯	2.0	—	—

四、唇膏类化妆品用香精

1. 基质情况

唇膏有着色与不着色两类。着色者亦称为口红(因为多为红色),为女性美容或文艺演员化妆之用;不着色者多为白色或无色透明,多用于保护口唇,防止干裂之用。唇膏是以油、蜡质及色料为主要成分的基质,其中油类有石蜡油、蓖麻油、十四酸异丙酯等;蜡类,如石蜡、虫蜡、蜂蜡、地蜡、鲸蜡等;软脂类,如可可脂、羊毛脂、凡士林、氢化植物油等;无毒色素,如有机颜料、染料、色淀(Lake)等;其他添加物,如羊毛醇及其衍生物、合成高碳醇、防腐剂、抗氧剂、营养物质等,基质本身的油脂气很重。在常温下多半是呈固态,也有的呈液态。基质和添加物对唇膏的熔点、软化点及稳定性影响很大。

2. 加香工艺

唇膏的加香工艺流程见图6-4。加香不宜在膏坯温度很高时进行,较适宜的时间为膏体注入模型前。

原料熔化、颜料混合⟶真空脱泡⟶加香⟶浇模⟶冷却⟶加工包装⟶成品

图6-4 唇膏的加香工艺图

3. 对香精的要求

唇膏的加香要求较为严格。在香精中所用的香料，首先都应为允许食用的品种；对口唇无刺激；应能掩饰介质的不愉快气息；不能影响唇膏的色泽光彩和稳定性。

4. 香型及配方举例

唇膏中香精用量一般在 1.0%～3.0%。在香型选择上，宜多用果香型或花香—果香复方型。花香中宜多用轻香型，如玫瑰、橙花、桂花等，而一些花香，如水仙、晚香玉、兰花等不适合用于唇膏香精香韵。定香剂宜多用豆香香料，而动物香香料用量宜小。现列示范性配方如表 6－20、表 6－21 所示。

表 6－20　花香—果香型唇膏香精配方

香料品名	质量分数/%	香料品名	质量分数/%
苯乙醛(50%)	3.0	紫罗兰酮	4.0
芳樟醇	1.5	甲基紫罗兰酮	6.0
苯乙醛二甲缩醛	0.5	桂醇	2.5
乙酸苄酯	8.0	洋茉莉醛	6.5
香叶油	2.0	羟基香茅醛	10.0
苯丙醛(10%)	2.0	苯乙酸	0.5
乙酸苯乙酯	0.5	α-戊基桂醛	1.5
苯乙醇	8.0	水杨酸苄酯	2.0
柠檬醛	0.5	桃醛(10%)	1.5
松油醇	5.0	二苯甲酮	2.5
香叶醇	8.0	结晶玫瑰	2.5
香茅醇	20.0	苯甲酸苄酯	1.5

表 6－21　水蜜桃香型唇膏香精配方

香料品名	质量分数/%	香料品名	质量分数/%
丁酸丁酯	4.0	叶醇(10%)	10.0
桃醛	25.0	乙酸苄酯	3.0
己酸烯丙酯	1.0	芳樟醇	25.0
乙酸异戊酯	3.0	苄醇	6.0
γ-癸内酯	18.0	大茴香醛	1.0
α-突厥酮	4.0	—	—

五、皂用香精与加香

1. 基质情况

香皂按所用皂基不同可分为高档香皂和低档香皂。低档香皂即普通香皂，主要由脂肪酸、椰子油和牛油等混合制成;高档香皂也称化妆香皂或美容香皂,其中椰子油和游离脂肪酸的量更多些。另外,皂基中还常常加入一些填料、抗氧化剂、金属螯合物或增白剂、色素等。皂基的气息主要来自油脂类原料,其中高碳脂肪酸来自动物、植物的脂肪或油脂与合成脂肪酸的钠盐或钾盐,往往仍带有一定的脂肪油腻气息,特别是有的合成脂肪酸,因脱臭处理不尽完善,常带有不良的气息。

2. 加香工艺

香皂的加香工艺见图6-5。香皂生产的操作好坏对香气的影响很大,在研磨过程中,一般温度应控制在37~45℃,温度较高,香精易于挥发;另外,由于形成薄皂片,使表面积增大,不稳定香料容易氧化。在真空压条过程中,真空度不能太高,防止香料逸出,一般在6.7×10^4Pa(500mmHg)左右。

香精、色素、添加剂 ↓

皂基 ⟶ 干燥 ⟶ 拌料 ⟶ 研磨 ⟶ 真空压条 ⟶ 打印包装

图6-5 香皂的加香工艺图

3. 对香精的要求

香皂皂基对香气的影响最甚,最理想的皂基气息为一种新鲜的令人愉快的奶油味,然而它总带有一些刺激的腐臭气。它的碱性和脂肪酸中的不饱和键也易使香料组分的化学性质发生变化,因此对皂用香精的要求是:

(1)有一定的掩盖皂体中某些不良气息的能力。

(2)要有较长时间的稳定性,即香气强度和特征不变,在日光、空气和碱中较稳定,同时具有一定的透发度。

(3)要有适宜的价格,因此花香香料不宜用于皂用香精,净油类原料宜改用其浸膏或香树脂来代替,某些天然精油和动物性香料应改用相应的合成香料或人工配制的代用品,而合成香料品种有时也可采用其低规格的或其粗制品等。

(4)要求对皮肤、眼睛无刺激。

(5)要求水溶性较小而又有一定的留香(留于面巾或浴巾和皮肤上)能力。

皂用香精在皂基中的稳定性试验,常用方法为:

(1)架试1个月或2个月。

(2)60℃下在封闭容器中存放6天。

4. 香型及配方举例

香皂中香精用量在0.8%~2.5%,用量过多会影响皂体的硬度。香皂香型中有些是属于传统性的,如檀香型、茉莉型、玫瑰型、馥奇型、薰衣草型、力士型、佳美型、棕榄型等,也有属于流行型的,如草香型、果香型、海洋爽风型、青香型等。

表6-22~表6-24列举了一些适用于香皂加香的示范性应用香精配方。

表 6－22　茉莉香型香皂香精配方

香料品名	质量分数/%	香料品名	质量分数/%
乙酸苄酯	20.0	α-戊基桂醛	5.0
玫瑰木油	20.0	二甲苯麝香	3.0
橙叶油(Para)	15.0	苏合香树脂	5.0
水杨酸戊酯	5.0	松油醇	10.0
卡南加油	5.0	紫罗兰酮	5.0
丁香油	2.0	邻氨基苯甲酸甲酯	5.0

表 6－23　棕榄香型香皂香精配方

香料品名	质量分数/%	香料品名	质量分数/%
薰衣草油	10.0	檀香 208	3.0
芳樟醇	18.0	香豆素	5.0
苦橙叶油	8.0	溴代苯乙烯	4.0
香叶醇	1.0	树苔浸膏	3.0
香叶油	10.0	水杨酸异戊酯	3.0
丁香油	7.0	岩蔷薇浸膏	1.0
肉桂油	4.0	二甲苯麝香	2.0
广藿香油	5.0	麝香 105	3.0
柏木油	10.0	—	—

表 6－24　力士(LUX)香型香皂香精配方

香料品名	质量分数/%	香料品名	质量分数/%
乙酸苄酯	16.0	铃兰醛	1.9
α-已基桂醛	4.0	乙酸甲基苯基原酯	1.0
α-戊基桂醛泄馥基	3.0	乙酸苯乙酯	2.0
α-戊基桂醛二苯乙缩醛	6.0	苯乙酸对甲酚酯	1.0
芳樟醇	7.0	乙酸对甲酚酯	1.0
铃兰素	11.0	苯乙醛二桂缩醛	5.0
松油醇	6.0	溴代苯乙烯	1.0
香茅醇	3.0	卡南加油	3.0
大茴香腈	7.5	十一烯醛	0.1
苯乙酮	0.5	檀香 208	3.0
水杨酸异戊酯	3.0	麝香 105	2.0
香叶油	4.0	酮麝香	2.0
紫罗兰酮	3.0	洋茉莉醛	3.0

力士香型已有较长的历史，香气以清鲜香、醛香、花香和粉香为主，华贵、优雅、细致、扩散性好、特征性强，由香水香精“Miss Dior”衍变而来。

六、洗衣粉香精与加香

1. 基质情况

洗衣粉主要原料为表面活性剂（主要是阴离子型的，如烷基苯磺酸钠），辅助添加剂有无水硫酸钠、碳酸钠、硅酸钠、羧甲基纤维素钠、荧光增白剂和酶等，成品的 pH 值常在 9～10，呈粉状或小颗粒状。不加香产品常有不愉快的化学气息。

2. 加香工艺

洗衣粉的加香在加香机上进行，将香精溶解于酒精中，通过喷雾均匀地喷洒在洗衣粉上，而后进入包装工序。胶囊化的香精仅需在后配料工序中简单混合。

3. 对香精的要求

洗衣粉是固体粉末，与空气接触的机会较多，因而对香精的要求如下：

(1)有一定的抗氧化能力。

(2)在碱性介质中能稳定存在。

(3)在香气上能散发适宜的香气和修饰基质的不良气息，具有较高的香气效果和扩散力，有一定的留香。

(4)配方应简单，成本低廉。

(5)应注意不能因为加香而导致产品颜色变深和影响洗涤效果。

可进行若干试验来考察香精在洗衣粉中的稳定性，常用方法为：

(1)在 50℃下，在敞开体系中快速试验。

(2)在 70℃下，在封闭条件下试验。

(3)在 35℃下，在相对湿度为 80%～85%的条件下试验。

(4)在 22℃下，架试试验。

4. 香型及配方举例

洗衣粉的加香量一般在 0.1%(质量分数)左右，大多是铃兰、薰衣草、新鲜果香以及一些所谓具有独特清香的新香型。如以杂薰衣草油、迷迭香油为主，配以 α-戊基桂醛、乙酸松油酯、桂酸甲酯、丁香叶油、甲基壬基甲酮所构成的新型药草香精和以柠檬腈等香料配以橙花醇、香茅醇等所构成的清爽柑橘型香气的产品能激起人们良好的消费心理而受到欢迎。表 6-25～表 6-27 列举了一些洗衣粉用香精示范性应用配方。

表 6-25　Tide 香型洗衣粉香精配方

香料品名	质量分数/%	香料品名	质量分数/%
杂薰衣草油	4.0	甲基壬乙醛(10%)	1.0
癸醛(10%)	2.0	乙酸苄酯	7.0

续表

香料品名	质量分数/%	香料品名	质量分数/%
乙酸芳樟酯	7.5	香茅醇	12.5
卡南加油	7.0	水杨酸异戊酯	6.0
丙酸苄酯	1.0	香豆素	6.0
乙酸松油酯	7.0	洋茉莉醛	5.0
苯乙醇	8.0	桃醛(10%)	2.5
乙酸二甲基苄基原醇酯	6.0	茉莉香基(表6-26)	10.0
紫罗兰酮	7.5	—	—

以Tide为牌号的洗衣粉在国外拥有相当大的市场，它的香气代表了洗衣粉香精的常用香型。它以青香—青花香为主，伴随着青果香，香气清新透发强烈，清洁感明显。

表6-26　茉莉香基配方

香料品名	质量分数/%	香料品名	质量分数/%
乙酸苄酯	20.0	苯甲醇	24.0
乙酸芳樟酯	5.0	依兰油	2.0
乙酸苯丙酯	2.0	*N*-甲基邻氨基苯甲酸甲酯	2.0
吲哚(1%)	3.0	羟基香茅醛	5.0
水杨酸苄酯	32.0	桃醛(1%)	5.0

表6-27　柠檬香型洗衣粉香精配方

香料品名	质量分数/%	香料品名	质量分数/%
芳樟醇	10.0	桉叶素	1.0
柠檬烯	75.0	松油醇	0.5
乙酸松油酯	5.0	冷杉油	2.5
乙酸香茅酯	1.0	乙酸芳樟酯	0.5
柠檬醛	1.5	月桂烯	1.5
香叶醇	1.0	乙酸香叶酯	0.5

七、液体洗涤剂用香精与加香

1. 基质情况

液体洗涤剂包括洗发香波、洗发精、液体皂、餐具洗涤剂等产品。主要原料以合成洗涤剂为主，如脂肪醇硫酸盐、脂肪醇醚硫酸盐，低档的代之用烷基苯磺酸盐等。对于纯净的合成洗涤剂来说应是无味和中性的，但工业制品很难达到这一要求，许多都带有醚似的化学气。另外，作为调理剂加入洗发香波中的物质，如酶、水解蛋白质、氨基酸、中草药萃取物等，香波香精应设法掩盖这些物质的气息。工艺上对香气的影响主要是加香时料液的温度。

2. 加香工艺示例

洗发香波的加香工艺如图 6－6 所示。

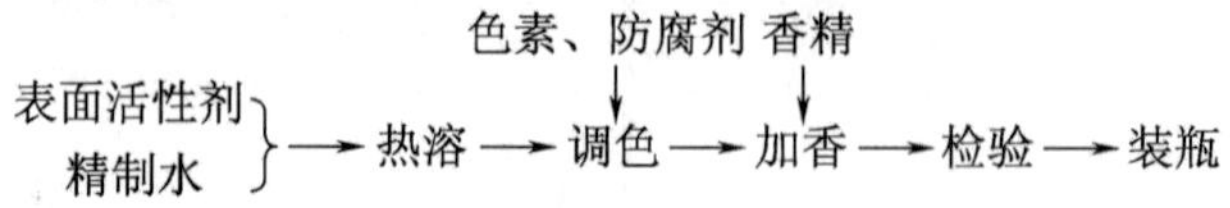

图 6－6　洗发香波的加香工艺图

3. 对香精的要求

这类制品用的香精配方，总体要求简单一些、成本低廉一些，同时也要求与加香工艺条件相适应。在加香时，需要考虑的主要因素是：

(1)因液体洗涤剂是含有大量水的乳状液体系，所以香精应有较好的水溶解度，否则需选用合适的香精增溶剂不致破坏乳状液的稳定性。

(2)应有适宜的香气，如洗发香波香精应与头发的气息相和谐而不能凌驾于它。

(3)香精的颜色应淡，不能影响介质的色泽。另外，在香料品种的选用上要恰当，如餐具洗涤剂香精应采用无毒害的食用级香料，洗发香波宜选用刺激性较小、不伤害眼睛的香料，且要有一定的留香能力。

4. 香型及配方举例

洗发香波香精的加香量一般为 0.5%，婴儿用的为 0.2%，对有药疗作用的香波来说，香精用量可根据具体情况而定，以其溶解度为最高范围。其他产品的加香量可以小一些，常在 0.1%～0.5%。洗发香波香精宜选择具有清洁滋润气息的香型为主，常见的香型有：果香型、草香型、青香型和清花香型等。液体皂香型同香皂香精类似。餐洗香精以果香型较为普通。表 6－28～表 6－30 列举了一些适用于液体洗涤制品加香的应用香精示范性配方。

表 6－28　草香香型洗发香波香精配方

香料品名	质量分数/%	香料品名	质量分数/%
冷杉油(Canadian)	7.0	格蓬树脂	2.0
鼠尾草油(Dakmatian)	6.0	甲基壬乙醛(10%)	1.0
柠檬醛	1.5	兔耳草醛	3.5
香茅醛	5.0	铃兰醛	3.0
春黄菊油(10%)	2.5	香豆素	1.0
芳樟醇	10.0	羟基香茅醛	2.5
乙酸芳樟酯	15.0	α-戊基桂醛	12.0
乙酸异龙脑酯	5.0	酮麝香	0.5
乙酸松油酯	5.0	邻苯二甲酸二乙酯	6.5
苯乙醇	10.0	—	—

表 6-29　花香香型洗发香波香精配方

香料品名	质量分数/%	香料品名	质量分数/%
芳樟醇	3.0	香茅醇	5.0
乙酸苄酯	15.0	兔耳草醛	1.5
十一醛(10%)	1.0	铃兰醛	0.5
苯乙醇	18.0	水杨酸异戊酯	1.0
苯乙醛	18.0	桂醇	6.0
松油醇	9.0	香豆素	0.5
大茴香醛	2.0	洋茉莉醛	3.0
柏木油	5.0	异丁香酚	1.5
香叶醇	5.0	α-戊基桂醛	5.0

表 6-30　水蜜桃香型餐洗香精配方

香料品名	质量分数/%	香料品名	质量分数/%
姥姆醚(Rum ether)	1.0	乙酸香茅酯	1.6
丙酸乙酯	1.0	香茅醇	4.0
乙酸乙酯	1.0	大茴香醛	1.0
丁酸乙酯	2.0	香叶醇	1.5
丁酸异戊酯	32.0	丁酸香茅酯	2.5
己酸乙酯	0.6	紫罗兰酮	1.0
庚酸乙酯	3.0	鸢尾浸膏(10%)	2.0
对甲基苯甲醛	0.5	香豆素	1.5
乙酸对甲酚酯	2.0	洋茉莉醛	3.0
壬醛(10%)	0.5	桃醛	25.0
香叶油	0.5	香兰素	1.0
苯甲醇	11.8	—	—

八、发用梳妆品用香精与加香

1. 基质情况

发用梳妆品种类很多，按油脂含量可分为非油性(如护发水等)、轻油性(如 O/W 型发乳等)和重油性(头油、发蜡、W/O 型发乳等)产品。女性用头油的主要原料为精制白油、精制石蜡油和植物油(蓖麻油)等，男性用发蜡的原料为凡士林、地蜡、矿蜡等。

2. 加香工艺

发油的加香工艺流程如图 6-7 所示。

3. 对香精的要求

由于基质有稍重的油脂气，因此应选择香气质量好的香料品种，且应避免使用在脂肪油中

图 6-7　发油的加香工艺图

溶解度很小的香料，如苯甲醇、苯乙醇、香兰素类，否则将有深色油状物沉淀析出。

4. 香型及配方举例

头油常用花香型香精，如玫瑰、茉莉、栀子、丁香及它们的复方香型；发蜡以清爽的香型为宜，一般为薰衣草香型，加香量为 0.5%或略高。

发乳中含有较多的水，对溶解度性能的要求不同于上者而同膏霜类香精相似，香型以古龙香型，柑橘、柠檬香型居多。加香时温度的控制很重要。

表 6-31～表 6-33 为示范性配方如下：

表 6-31　玫瑰香型头油用香精配方

香料品名	质量分数/%	香料品名	质量分数/%
香叶醇	10.0	橙花醇	3.0
香茅醇	5.0	香叶油	8.0
苯乙醇	25.0	香柠檬油	7.0
玫瑰醇	10.0	柠檬油	2.0
芳樟醇	7.0	桂醇	3.0
羟基香茅醛	5.0	壬醛(10%)	1.0
广藿香油	1.0	十一醛(10%)	2.0
愈创木油	2.0	α-紫罗兰酮	1.0
结晶玫瑰	2.0	檀香油	4.0
酮麝香	1.0	苯乙酸	1.0

表 6-32　茉莉香型发乳用香精配方

香料品名	质量分数/%	香料品名	质量分数/%
乙酸苄酯	30.0	柑橘油	4.0
丙酸苄酯	5.0	香柠檬油	4.0
α-戊基桂醛	10.0	依兰油	4.0
α-己基桂醛	8.0	香兰素	4.0
芳樟醇	15.0	柠檬醛	2.0
乙酸芳樟酯	8.0	苯丙醛	2.0
异茉莉酮	4.0	—	—

表 6-33　薰衣草香型发蜡用香精配方

香料品名	质量分数/%	香料品名	质量分数/%
薰衣草油	16.0	香柠檬醛	6.0
杂薰衣草油	9.0	癸醛(10%)	1.0
乙酸芳樟酯	8.0	乙酸苄酯	5.0
芳樟醇	7.0	羟基香茅醛	4.0
甲酸香叶酯	1.5	檀香 803	3.0
乙酸香叶酯	3.0	岩兰草油	1.0
乙酸龙脑酯	2.0	茉莉浸膏	1.0
玳玳叶油	5.0	α-己基桂醛	2.5
香紫苏油	2.0	甲基紫罗兰酮	3.0
香豆素	6.0	卡南加油	3.0
香叶醇	4.0	酮麝香	2.0
苯乙醇	5.0	—	—

第二节　食品用加香产品与加香

现代社会生活水平的提高、生活节奏的加快和科学技术的进步使食品工业得到了迅猛的发展。目前,我国食品工业的产值已经超过 10000 亿元,并且其发展速度远高于国民经济的平均发展速度。食品香精是食品工业必不可少的添加剂,能为食品提供宜人的香味,如软饮料、冰淇淋、果冻、糖果等;或能补充和改善食品的香味,如罐头、香肠、面包等。

一、软饮料用香精与加香

软饮料指的是经过包装的乙醇含量小于 0.5%的饮料制品。根据原料和产品形态的不同,软饮料多达八大类:碳酸饮料、果汁饮料、蔬菜汁饮料、乳饮料、植物蛋白饮料、固体饮料、天然矿泉水以及其他饮料,如茶饮料、橘子露、杨梅露等。

1. 汽水

汽水是含二氧化碳、糖、果汁(或不加果汁)、酸味剂、色素、食用香精等的饮料,分为果汁型(含天然果汁)、果味型(不含天然果汁),外观又分为澄清和混浊两类。

汽水除了含二氧化碳以外,与不含气的同类饮料所用原料区别不大,使用香料也可以没有区别,但风味区别很明显。因汽水中含有 2.5～3.5 倍的二氧化碳气,所以在饮用时,具有对口腔辣的刺激性。在炎热的夏天喝汽水会使人有清凉、爽快的感受。

(1)生产工艺:汽水的生产工艺一般有两种方式:一种是一次混合方式,即把调和好的糖浆和水连续地混合、冷却、吸收碳酸气的方式;另一种方式是二次混合方式,把糖液、酸味料、香精调合成有香味的甜酸液,定量注入瓶中,然后再充满碳酸水。汽水二次混合生产工艺流程如图6-8所示。

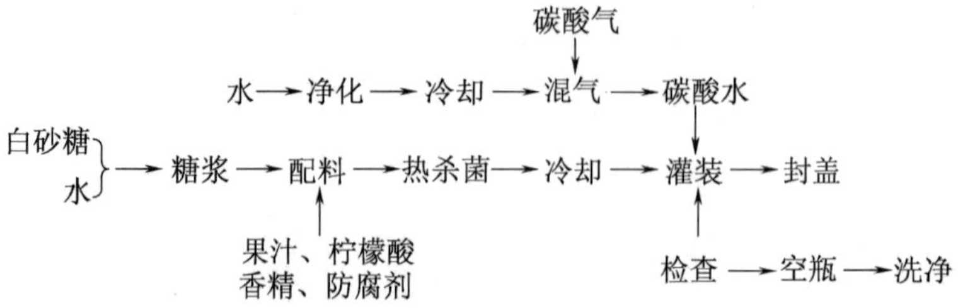

图6-8 汽水二次混合生产工艺流程

加香应在尽可能低的温度下迅速加入,设备不应敞口。相反,如果配料罐是敞口的,加入香精时温度较高,搅拌时间又长,在大量水蒸气蒸发的情况下,许多香料会挥发损失,就难以达到加香的效果。

(2)对香精的要求:常用的香精有果香的水质香精和乳化香精,要根据汽水的香味要求和汽水的外观选用合适的香精(表6-34)。

表6-34 汽水中使用的香精

汽水类型	汽水外观	香　　精	用量(质量分数)/%
含天然果汁	混浊型	果香型乳化香精	0.05~0.10
无天然果汁	混浊型	乳化香精	0.05~0.10
无天然果汁	澄清型	水质香精	0.05~0.10

(3)香型及配方举例:汽水以果香型居多。可乐、雪碧和橘子汽水,是市场上汽水品种中销量最大的3种,占总销量的80%以上。它们的共同点都是以柑橘香味为主的类型,调制香精使用的柑橘油有甜橙油、柠檬油和白柠檬油。

①可口可乐型汽水:可乐饮料是可口可乐的简称,首创于美国,随后逐渐遍布全球。当初的可口可乐,据说是配制的一种药液,里面含有可乐果和古柯叶的提取物。可乐果中含咖啡因,有兴奋作用。可见可乐饮料是属于柑橘与辛香混合香型,以白柠檬油为主,并以少量肉桂、肉豆蔻、姜、芫荽等辛香料调和。酸味料使用碳酸,着色剂使用焦糖色素。以上各种原料共同构成了可乐饮料的清爽和浓郁的独特风味。可乐汽水及可乐香精配方见表6-35和表6-36。

表 6－35　可乐汽水配方

原　　料	质量/kg	原　　料	质量/kg
白砂糖	80.000	苯甲酸钠	0.200
柠檬酸	0.500	糖精钠	0.132
甜蜜素	0.500	可乐香精(表 6－36)	1.000
焦糖色素	2.000	水	加至 1000
磷酸(85%)	0.500	—	—

表 6－36　可乐香精配方

香料品名	质量分数/%	香料品名	质量分数/%
除萜柠檬油	45.00	肉桂油	1.00
除萜白柠檬油	15.00	肉豆蔻油	0.30
除萜甜橙油	38.70	可乐果提取物	适量

②雪碧型汽水：雪碧的风味也属于柑橘类型，所使用的香料为柠檬与白柠檬混合型，只是白柠檬偏向药草和清凉的气味多些，比橘子、橙子的气味强烈，稍有刺激性。雪碧型汽水也是受消费者欢迎的一类，其配方见表 6－37。

表 6－37　雪碧汽水配方

原　　料	质量/kg	原　　料	质量/kg
白砂糖	124.00	柠檬—白柠檬香精	1.00
苯甲酸钠	0.13	水	加至 1000
柠檬酸	1.50	—	—

③橘子型汽水：多数人都喜欢这种香味。橘子汽水使用的是甜橙油，尤其是美国甜橙油，香气纯正，具有较好的清凉爽口感。橘子汽水配方见表 6－38。

表 6－38　橘子汽水配方

原　　料	质量/kg	原　　料	质量/kg
鲜橘汁	0.056	砂糖	75.000
甜橙乳化香精	0.675	苯甲酸钠	0.045
柠檬酸	0.675	水	加至 1000
糖精	0.068	—	—

2. 乳饮料

乳饮料是以乳或乳制品为原料，加入甜味剂、酸味剂、色素、香精及乳酸菌等混合制成的饮料。

(1)酸乳酪:酸乳酪是历史悠久的乳制品,有硬型与软型、无糖与加糖之分。一般酸乳酪的加香工艺流程如图6－9所示。

酵母 ↓ ; 香精 ↑

配料→杀菌→冷却→填充→冷藏→发酵→制品

图6－9　酸乳酪的加香工艺图

硬型酸乳酪可使用柑橘类香型或与香草香型并用,也可使用其他果香型香精。要求香精的香气和发酵乳的香气和谐一致,并有遮盖不快气味的效果,一般加香量为0.1%。

软型酸乳酪可加果肉,也可使用柑橘果汁和精油,或使用草莓、桃、菠萝等香精。这些香精能与酸乳酪的酸味和谐,加香量为0.1%～0.2%。

(2)乳酸菌饮料:乳酸菌饮料包括浓厚型和单纯型两种活菌饮料。一般乳酸菌饮料的加香工艺流程如图6－10所示。

脱脂乳→杀菌→冷却→接种→发酵→均质→加温→加糖→杀菌→加香→填充

图6－10　乳酸菌饮料的加香工艺图

浓厚型所用香料以甜橙、柠檬精油为主,也可并用。这种香型能够遮盖发酵乳特有的发酵气味,同时可产生清爽感。一般用量为0.5%左右。也可使用果汁,如甜橙汁、圆柚汁、葡萄汁、菠萝汁等。由于果汁和乳蛋白凝固后生成酪蛋白沉淀,所以必须采取加入稳定剂等措施防止凝固。

单纯型乳酸菌饮料使用的香精以香草香型为主,并适当加入果香香精,如甜橙、柠檬、草莓、葡萄、苹果等,能有效地遮盖发酵气味。

(3)牛奶饮料:牛奶饮料的种类很多,如牛奶咖啡饮料、牛奶水果饮料等。咖啡和牛奶的香味很谐调,牛奶的气味可以使咖啡香味变得柔和,而咖啡的香气则可起到掩盖牛奶膻味的效果。通常使用的咖啡香味料是咖啡提取液和咖啡香精,一般加香量为0.1%。通常是把香精加入牛奶、脱脂乳、砂糖、咖啡提取液或速溶咖啡的混合液中,然后加入酸,再经杀菌、冷却、填充等过程制得成品。

牛奶水果饮料中可使用甜橙、草莓、菠萝香精,有时也加入果汁。一般加香量为0.1%。加香时应在低温搅拌下把果汁加入牛奶、砂糖和稳定剂的混合液中,然后再加入香精和有机酸,经过杀菌、冷却、填充等过程制得成品。

二、糖果用香精与加香

糖果分为硬糖、软糖、半软糖、夹心糖、巧克力糖、口香糖等类型。同类糖果所用原料无多大差别,往往是加入的香精有所不同使糖果增加了许多花色品种。

1. 硬糖

（1）基质与加香工艺：硬糖是以砂糖为主，并与部分糖浆经过熬制、成型制成。熬糖分为常压熬糖和真空熬糖。常压熬糖出锅温度一般达到160～170℃；真空熬糖温度达到135～140℃。熬糖完成后的糖膏从锅内放出，温度逐渐下降，当降至100℃时，开始加入酸、色素、香精，进行混合、成型、冷却、包装。硬糖的加香工艺流程如图6－11所示。

色素、香精 ↓（加入混合）

砂糖、糖浆 →配料→溶化→过滤→熬制→冷却→混合→成型→包装→成品

图6－11　硬糖的加香工艺图

要使香精在糖果中混合均匀，必须掌握好加香时的适宜温度。一般糖膏温度在90～100℃，香精加入后迅速与糖膏混合，尽可能缩短香精停留在糖表面的时间，防止香精散发损失。若加香时的糖膏温度过低，香精在糖料中不易混合均匀。

（2）香型及要求：硬糖一般使用油质香精。这类香精能耐较高的温度，并且能很好地混合于糖膏中，不影响糖果的透明性。不可使用水质香精，因水质香精既不耐高温，又不能与糖膏混合，影响糖果的外观。

硬糖中常用的香精香型有：橘子、柠檬、菠萝、香蕉、杨梅、生梨、樱桃等水果型；可可、咖啡、杏仁、椰子、核桃、花生等坚果香型；薄荷、留兰香、桉叶等药草香型；玫瑰、桂花、茉莉等花香型；牛奶、奶油、白脱等奶香型；朗姆、白兰地、威士忌等酒香型。除使用香精外，也可使用天然香味物质，如乳制品、椰子汁、可可粉、咖啡粉、花生、松子等，但对糖果外观有一定影响。加香量一般在0.05%～0.10%。加香量太少起不到加香目的，而太多会使香味过浓，既不适口，又会增加成本。

（3）配方举例（表6－39、表6－40）：

表6－39　常压熬制水果硬糖配方

原　　料	质量/kg	原　　料	质量/kg
砂糖	10.00	油质果香香精	0.01
淀粉糖浆	2.50	色素	适量
柠檬酸	0.10	—	—

表6－40　真空熬制薄荷硬糖配方

原　　料	质量/kg	原　　料	质量/kg
砂糖	31.0	薄荷香精	0.1
淀粉糖浆	22.0	—	—

2. 软糖

软糖是软性的糖果，有透明和不透明之分。通常含有15%左右的水分。软糖按所用胶质不同分别称淀粉软糖、琼脂软糖、明胶软糖和果胶软糖等。

(1)加香工艺：软糖的生产过程比生产硬糖增加了胶体的处理部分，如淀粉的转化，琼脂、明胶和果胶的溶化。其加香工艺流程如图6－12所示。熬糖的温度通常在105～108℃，加香时的温度在85～90℃。

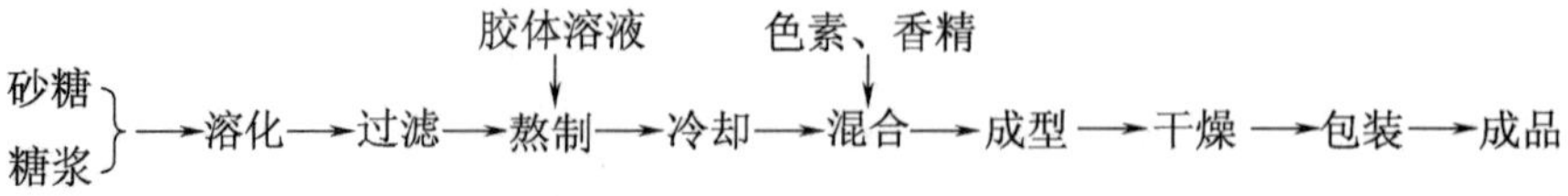

图6－12　软糖的加香工艺图

(2)香型及要求：软糖中常使用的油质香精香型有：水果型、坚果型、奶香型、花香型和清凉型，也可使用柑橘油、桉叶油、薄荷油以及桂花和甘草。由于加香后，糖果还要经过干燥过程，使香料有一部分损失，因此，软糖的加香量比硬糖偏高，一般在0.1%～0.3%。

(3)配方举例(表6－41～表6－44)：

表6－41　淀粉软糖配方

原　　料	质量/kg	原　　料	质量/kg
砂糖	43.50	柠檬酸	0.50
淀粉糖浆	43.50	色素	适量
变性淀粉	12.43	香精	0.06

表6－42　琼脂软糖配方

原　　料	质量/kg	原　　料	质量/kg
砂糖	60.00	柠檬酸钠	0.70
淀粉糖浆	40.00	色素	适量
琼脂	2.00	香精	0.15
水	70.00	—	—

表6－43　果胶软糖配方

原　　料	质量/kg	原　　料	质量/kg
砂糖	51.00	柠檬酸	0.40
淀粉糖浆	29.00	色素	适量
果胶	1.25	香精	0.12
水	40.00	—	—

表 6-44　明胶软糖配方

原　　料	质量/kg	原　　料	质量/kg
砂糖	20.00	柠檬酸	0.35
淀粉糖浆	35.00	色素	适量
明胶	4.00	香精	0.05

3. 巧克力

巧克力又称朱古力，是巧克力糖果的简称，是英文“Chocolate”的音译。

（1）基质情况：巧克力的基础原料是可可豆和砂糖，根据配方不同又可加入可可脂、乳制品、调味品、香精等。

可可植物的主要产地是非洲（加纳、尼日利亚等地），其次是拉丁美洲（巴西、厄瓜多尔等地）和亚洲（印度尼西亚、斯里兰卡等地）。可可果实经发酵、干燥后得到可可豆，进一步加工可制得可可液块、可可脂和可可粉。其加工过程如图 6-13 所示。

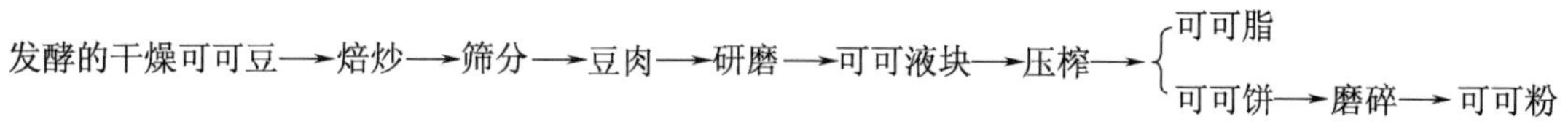

图 6-13　可可豆的加工图

（2）加香工艺：巧克力的加香工艺流程如图 6-14 所示。

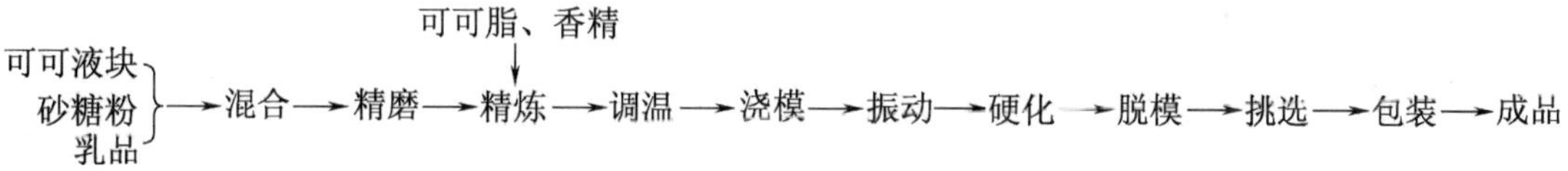

图 6-14　巧克力的加香工艺图

（3）香型及要求：巧克力中的香精一般是油质的巧克力、可可和奶油香型香精，也可使用一些起修饰香味作用的咖啡、杏仁、榛子、花生或柑橘和薄荷等香型。

（4）配方举例（表 6-45）：

表 6-45　巧克力配方

原　　料	质量/kg	原　　料	质量/kg
可可液块	8.0	磷脂	0.3
砂糖	36.1	脱脂奶粉	25.0
可可脂	30.0	油质巧克力香精	0.6

4. 口香糖

（1）基质与加香工艺：口香糖又称胶姆糖，可分为板式口香糖和泡泡糖。它是一种耐嚼性糖

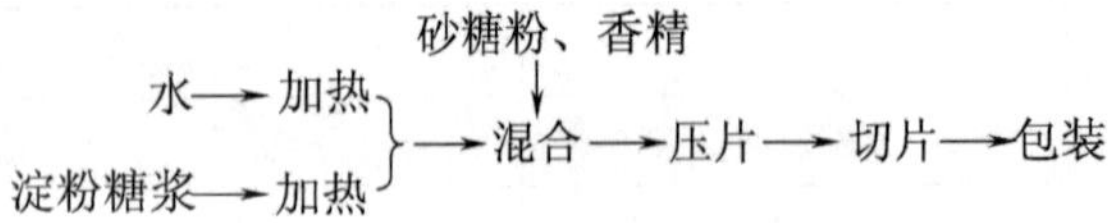

图 6－15　口香糖加香工艺图

果，以天然树胶或热塑性树脂类制成塑件胶基，加入蔗糖粉、淀粉糖浆及香精混合压制而成。其加香工艺流程如图 6－15 所示。

(2)香型及要求：口香糖的传统香型是留兰香型和薄荷香型。为了适应儿童的喜好，泡泡糖可使用水果香精。此外，不同地区或国家对口味的喜好也不同，朝鲜人喜欢菊花味、玫瑰味；非洲人喜欢麝香味；美国人喜欢葡萄味、桂皮味。口香糖还可使用咖啡、洋酒等香型。

口香糖是以香味为重点的糖果。在咀嚼过程中要有一定时间的足够香味，所以加入的香料应香气强烈、扩散性好，同时又有良好的持久性。可使用的香精有油质香精和粉末香精。加香量一般在 0.5%～1.0%(表 6－46、表 6－47)。

(3)配方举例：

表 6－46　板式口香糖配方

原　料	质量/kg	原　料	质量/kg
胶　基	22.0	葡萄糖	20.0
碳酸钙	2.0	淀粉糖浆	15.0
蔗糖粉	40.0	香　精	1.0

表 6－47　泡泡糖配方

原　料	质量/kg	原　料	质量/kg
胶　基	28.0	山梨醇	4.0
蔗糖粉	35.0	调湿剂	2.0
淀粉糖浆	4.0	香　精	2.0

三、肉类加工用香精与加香

肉类加工品，如肉类罐头、火腿、香肠等，品种很多，多属咸味食品。这类食品有较长时间的保质期，携带和食用比较方便。肉类罐头有牛肉、猪肉、鸡肉、兔肉等，分为清蒸原汁、调味汁和腌制等品种。

1. 加香工艺

清蒸原汁猪肉罐头和香肠的加香工艺流程如图 6－16、图 6－17 所示。

2. 对香精的要求

肉类加工品主要是咸味食品，早期使用的香味料多为辛香料，目的是为了有效地遮盖肉类的腥膻气味并赋予其特征风味。常用的辛香料有丁香、胡椒、肉豆蔻、肉豆蔻衣、众香子、月桂、

食盐、辛香料

↓

猪肉→解冻→去污→处理→切块→拌料→装罐→排气密封→杀菌冷却

图 6-16　清蒸原汁猪肉罐头的加香工艺图

原料→处理→腌制→斩拌→搅拌→灌肠→烟熏→预煮→冷却→装填→真空密封→杀菌冷却

图 6-17　香肠的生产工艺流程

肉桂、芹菜籽、大葱、洋葱、大蒜、芫荽等。辛香料，一般沿用粉状的，用量为 0.8%左右，也可用微胶囊型粉末辛香料，用量为 0.1%左右。

目前，国内外大部分肉味香精的生产中都使用了热反应技术，具体内容见第五章第五节中肉味香精的相关介绍。

3. 配方举例

香肠香精配方如表 6-48 所示。

表 6-48　香肠香精配方

香料品名	质量分数/%	香料品名	质量分数/%
肉豆蔻油	60.0	芫荽油	10.0
芥末油	1.7	月桂油	0.8
黑胡椒油	13.5	辣椒油树脂	10.0
丁香油	4.0	—	—

火腿和香肠的烟熏味，可以采用较原始的烟熏方法，也可使用烟熏味香料，如烟熏液来提供。烟熏液是由山胡桃木等不完全燃烧产生的烟气制成的。山胡桃木等不完全燃烧产生的烟气主要成分是酚类化合物，调香中可以直接使用酚类香料来增强烟熏味。熏猪肉香精配方如表 6-49 所示。

表 6-49　熏猪肉香精配方

香料品名	质量分数/%	香料品名	质量分数/%
盐	45.0	乙醇	0.1
山胡桃烟熏液	5.0	壬酸	0.1
糠醛	0.1	油酸	1.0
愈创木酚	0.1	阿拉伯胶	8.0
异丁香酚	0.1	水	40.5

第三节　香烟与加香

一、概述

1492～1500 年，哥伦布发现美洲大陆，将印第安人吸食的烟草带入欧洲大陆。据考证，在此之前，印第安人用草药、柠檬皮及油类对雪茄烟进行加香。19 世纪中期，国外有了手工卷烟工业。1881 年，卷烟机开始应用，卷烟开始大量工业化生产。卷烟已成为人们生活中的嗜好品与人们交际的用品之一。2002 年，全球卷烟消费总量为 55543 亿支(11109 万箱)。

中国、美国、巴西、土耳其和印度尼西亚是世界五大烟草生产国。我国是目前世界上最大的烟草生产和消费国家，卷烟总产量占世界卷烟总产量的 30%，烟草消费也约占世界的 1/3。2004 年，我国烟草行业实现工商税收超过 2100 亿元。

吸烟对人体的危害主要来源于烟气中的焦油和烟碱量，“降焦减害”是现代卷烟发展的方向。据文献报道，早期一支烤烟卷烟焦油含量为 33.1mg，一支白肋卷烟焦油含量为 25.6mg。经过几十年的努力，中焦油含量(每支烟的焦油含量为 15～21mg)、低焦油含量(每支烟的焦油含量为 8～14mg)和超低焦油含量(每支烟的焦油含量在 7mg 以下)已成为现代香烟的主流。2004 年，我国烟草行业卷烟焦油含量降至平均每支 13.6mg。

进一步降低卷烟焦油和烟碱含量依然是今后烟草工业的发展方向。但烟气中的香味，主要来源于焦油和烟碱，降低焦油和烟碱的含量，就意味着烟香和烟劲的下降。有烟无味、缺乏劲头的卷烟不会被消费者接受。为了解决低焦油烟香味不足的问题，就必须在烟草预处理、调整烟叶配方和加香等方面开展研究工作。

二、烟草的品种和类型

1. 烟草的品种

烟草按植物学分类可分为普通(红花)烟草(*Nicotiana tabacum L.*)与黄花烟草(*N. rustica L.*)。红花烟草种植面积最大，烤制后叶片呈橘黄色或柠檬黄色；黄花烟草烤制后叶片呈黄色或褐色。

2. 烟草的类型

(1)烤烟：原产于美国的弗吉尼亚，也称弗吉尼亚烟草、火管烤烟，是卷烟的主要原料。烟叶收获以后，放在干燥室内，用火力辐射热慢慢加热，使烟叶内的酶发生作用。干燥后的烟叶呈橘黄色或柠檬黄色，含糖高，总氮和蛋白质含量低，烟碱含量中等。吸食柔和，劲头适中。缺点是含焦油成分较多。

(2)晾烟：是制造混合型卷烟的主要原料。将烟叶或整株烟草在通风阴凉处调制而得。干燥后的烟叶呈红棕色或浅红棕色，含糖低，总氮和蛋白质含量高，焦油成分含量较少。烟味浓度大，劲头大。可分为淡色晾烟(白肋烟和马里兰烟)和深色晾烟(雪茄烟)，通常将白肋烟看做晾烟的代表。

(3)晒烟:烟叶采摘后在日光下照晒调制而得。根据晒后颜色可分为晒黄烟和晒红烟。烟叶含糖量较低,蛋白质和烟碱含量高,为多种烟制品的原料。

(4)香料烟:亦称东方烟、土耳其烟,主要产于地中海沿岸的土耳其、希腊、保加利亚等国家。收获后的烟叶于烈日下晒干而得,烟碱含量低,香气浓郁。通常将香料烟看做晒烟的代表。

三、烟草制品的种类

烟草制品有卷烟、雪茄、斗烟、鼻烟、嚼烟和水烟等品种。

1. 卷烟(Cigarette)

卷烟是目前烟草制品中最主要的品种。按卷烟类型可分为烤烟型卷烟、混合型卷烟、东方型卷烟、褐烟型卷烟、外香型卷烟和新混合型卷烟等。

2. 雪茄烟(Cigar)

雪茄烟也是烟草制品中较为重要的品种,其烟叶用量约占烟草总产量的9%～10%。基本是以晾晒烟叶为主,经醇化和重复发酵,使其自然产生的香味物质。雪茄以古巴的“哈瓦那雪茄”为极品,菲律宾的“马尼拉雪茄”为中高级品种。也有做成卷烟样式的,一般有尖头、平头、粗支、细支、长支等形状。

3. 斗烟(Pipe Tobacco)

斗烟也称旱烟或板烟,成品有板块状和条状。是用烤烟、红晒烟、白肋烟、香料烟调配而成,也有用烤烟配制比较淡的斗烟。有些直接添加天然香料及干花。

4. 鼻烟(Snuff)

鼻烟是古老的烟草制品之一,其制法可分为干法和湿法。据清代书画家赵之谦所著《勇庐闲诘》记载,我国最先传入的烟草制品是鼻烟,明万历九年(1581年)由意大利传教士利马窦带入。法国的让·尼古特因用鼻烟治好了法国皇太后的头疼病而备受赞赏,从此法国遍地种植烟草,吸食鼻烟也成为法国上层社会的时髦嗜好。目前已很少或已不用此产品。

5. 嚼烟(Chewing Tobacco)

嚼烟是以晾晒烟或烤烟为原料,并加入香料、树胶制成条状或索状的成品,供爱好者放在口中咬嚼。目前已很少生产这类品种,民间可能还会有一些制作。

6. 水烟

水烟是我国烟草制品的传统品种,早在1785～1845年间已有生产。它是用特制的烟具——水烟筒燃吸的,烟气通过筒内的清水,经过滤、洗涤作用,使烟气内的一部分烟碱和焦油溶于水后再进入口腔。水烟是以晒烟为原料,有特色的以福建的皮丝烟、山西的青条烟、江西的西条烟以及兰州的黄花种烟丝最有名。

四、烟草的加料与加香

烟草制品的香气和吸味主要取决于所用烟叶的种类及质量。卷烟生产中,不同批次的烟草常因各种影响因素的作用，使质量发生改变。为了维持卷烟原有的香气和吸味，一方面要调整叶组配方，选择更合适的烟叶原料；另一方面，要通过加料和加香，弥补叶组配方的不足，保持卷烟的品质。

1. 烟草的加料

加料是在卷烟的生产中，在烟叶（烟片）上喷洒“料液”的工艺过程。此料液即加料香精，是由多种烟用添加剂与丙二醇、乙醇和水调配而成的液体。通过加料，达到改善卷烟吸味、增加卷烟香气、提高烟丝的保润性、调整烟丝的燃烧性、防止烟丝霉变和调整烟丝颜色的目的。

(1)料液的分类：按照烟草加工工艺不同，烟草料液可分为烤烟叶片料液、混合型卷烟料液（包括里料和表料）、雪茄烟料液、梗丝料液和薄片料液。

(2)料液的组成：

①调味剂：包括糖类和有机酸类。糖类物质是最常用的调味添加剂，适用于各种烟草制品，尤其适合于含糖低、含烟碱和氮高、刺激性大、烟味浓烈的白肋烟、晒红烟的调味，常用的糖类有红糖、白砂糖、糖蜜、葡萄糖等。有机酸类物质可调节烟气 pH 值，减少烟气对喉头的刺激，常用的有乳酸、柠檬酸、苹果酸、酒石酸等。

②增香剂：可调节烟香、掩盖杂气。增香剂包括水果浓缩液、中草药提取物、辛香料提取物、豆香类、植物的叶或根提取物等天然香料以及合成香料。

常用的增香剂有：葡萄、葡萄干、草莓、荔枝、无花果、红枣、柠檬、柑橘、桃、李子、杏、菠萝等水果的浓缩液；甘草酊（浸膏）、白芷酊、独活酊、罗汉果酊、小茴香酊（浸膏）、肉豆蔻酊（浸膏）、丁香酊（浸膏）、肉桂皮酊（浸膏）、黑香豆酊（浸膏）、可可酊（浸膏）、咖啡酊（浸膏）、茅香浸膏、环己基环己酮、香兰素、乙基香兰素、麦芽酚、乙基麦芽酚、呋喃酮、羟甲基糠醛等。

③保润剂：保持烟片或烟丝的含水率，减少加工碎损，改善烟丝的物理性能，稳定烟香味。常用的保润剂有：乙二醇、丙三醇、山梨醇、木糖醇、乳酸、蜂蜜等。

④助燃剂：可促进烟丝燃烧，灰化完全。常用的助燃剂有硝酸钾、磷酸钾、碳酸钾、柠檬酸钾、草酸钾、酒石酸钾或其他有机酸钾盐。

⑤防霉剂：可使用食品常用的防霉剂，如苯甲酸（钠）、羟基苯甲酸、山梨酸、山梨酸钾、山梨酸钠等。

⑥着色剂：用于对叶组配方中的浅色材料进行着色。常用的着色剂有番茄红素、樱桃红素、姜黄素等。

(3)料液的调配要求：料液的配方，要根据叶组配方和产品特点等因素，经多次试验确定。烤烟型卷烟料液用量为叶片量的 0.01%～1.0%，调配料液时用水量为叶片量的 2%～4%。混合型卷烟里料料液用量为叶片量的 0.02%～2.0%，料液用水量为叶片量的 20%，表料料液与里料料液大致相同，调配料液时用水量为叶片量的 3%。

(4)加料工艺：有浸料法和喷料法两种。

①浸料法：该法主要用于混合型卷烟生产中的晾晒烟叶的加料，烟叶在料液料槽内浸透后取出，再进行挤压、松叶、焙干、回潮。该法加料效果好，但设备复杂、能耗较大。

②喷料法：目前晾晒烟叶和烤烟烟叶大多都采用喷料法加料。料液与蒸汽在润叶滚筒内一起喷洒在烟叶叶片上，加料回潮同时完成。该法设备简单、操作方便、经济实用。

(5)混合型卷烟加料用香精配方举例(表 6－50)：

表 6－50 混合型卷烟加料用香精配方

香料品名	质量分数/%	香料品名	质量分数/%
乳酸丙酯	5.0	核桃壳浸膏	5.0
甲基环戊烯醇酮	0.5	茅香浸膏	5.0
可可酊	20.0	菊苣浸膏	4.0
葡萄干浓缩果汁	10.0	芫荽浸膏	2.0
胡芦巴酊	10.0	烟花浸膏	1.0
白芷酊	3.0	丙二醇	14.0
排草浸膏	8.0	乙醇	12.5

2. 烟草的加香

烟草加香包括烟丝加香、烟草薄片加香、梗丝加香、卷烟纸与滤棒加香等。通过烟草加香，可以增强烟叶原有的优美香韵、弥补产品中不足的香气、协调不同叶组间的差异、掩盖杂气，在一定程度上可提高卷烟的品质、赋予卷烟独特的风味。

(1)对香精的要求：应注意烟用香精自身的香气协调、加香后烟草与烟用香精的嗅香协调以及卷烟燃吸时烟草与烟用香精的香味协调。例如，烤烟型卷烟的加香应突出芬芳馥郁、清甜柔和的烤烟自然香味特征，抑制或掩盖辛辣粗刺和令人厌恶的杂味，对叶组配方进行必要的修饰和强化，加香量为 0.2%～0.3%；混合型卷烟的加香应着重掩盖烟叶中的不良气息和吸味，增补白肋烟和香料烟应有的香味特征，加香量为 0.5%～1.8%。

(2)香精的制备：烟用香精的产品形式有水溶性香精、油溶性香精、乳化香精和粉末香精。乳化香精和粉末香精只有国外少量使用，国内使用的大部分为水溶性香精。常用溶剂有水、乙醇(60%或 70%)、乙二醇、1，2－丙二醇、甘油、三醋酸甘油酯等。

制备香精溶液时，对含有非水溶性化合物和天然精油的香精，应使用高浓度的乙醇溶液稀释；对原料为醇溶性和水溶性香料的香精，则使用较稀的乙醇水溶液稀释。配制好的香精溶液应澄清透明。

(3)加香工艺：卷烟加香主要采用喷雾法在滚筒内进行。加香设备包括香精储罐、空气压缩机、香精输送管道、流量计及喷雾嘴。香精溶液在压缩空气驱动下，经输送管道从滚筒的喷雾嘴呈雾状喷出，均匀喷洒在滚筒内不断翻动的烟丝上。

(4)卷烟用香精配方举例(表 6－51～表 6－56)：

表 6-51 弗吉尼亚(Virginia)烟用香精配方Ⅰ

香料品名	质量分数/%	香料品名	质量分数/%
乙酸芳樟酯	0.20	香豆素	0.70
甜橙油	0.25	丁酸乙酯	0.10
乙酸乙酯	0.25	香叶油	0.10
桂皮油	0.75	黑香豆酊	5.00
桂叶油	0.20	麦芽酚	0.03
薰衣草油	0.10	甘油	5.00
丁香油	0.25	乙醇	72.05
香兰素	0.02	蒸馏水	15.00

表 6-52 弗吉尼亚(Virginia)烟用香精配方Ⅱ

香料品名	质量分数/%	香料品名	质量分数/%
甜橙油	1.00	香苦木油	0.30
薰衣草油	0.80	戊酸异丁酯	0.50
丁香油	0.10	鸢尾酊	1.00
香豆素	0.70	香荚兰酊	0.40
香叶油	4.00	甘油	5.00
黑香豆酊	0.60	乙醇	70.00
玫瑰油	0.20	蒸馏水	15.00
香柠檬油	0.40	—	—

表 6-53 朗姆(Rum)型烟用香精配方Ⅰ

香料品名	质量分数/%	香料品名	质量分数/%
桦焦油	0.05	香豆素	1.00
乙酸乙酯	5.00	丁香油	0.50
丁酸乙酯	4.00	麦芽酚	0.05
丁酸戊酯	2.50	甘油	5.00
乙酸	3.00	乙醇	67.40
香兰素	1.50	蒸馏水	10.00

表 6-54　朗姆(Rum)型烟用香精配方Ⅱ

香料品名	质量分数/%	香料品名	质量分数/%
乙酸乙酯	10.50	丙酸乙酯	3.00
丁酸乙酯	5.50	甘草酊	0.60
乙酸	2.50	麦芽酚	0.05
香兰素	0.20	枣酊	1.00
秘鲁浸膏	1.00	甘油	5.00
酒香醚	10.00	乙醇	49.65
庚酸乙酯	1.00	蒸馏水	10.00

表 6-55　可可型烟用香精配方

香料品名	质量分数/%	香料品名	质量分数/%
可可酊	80.00	γ-戊内酯	0.10
香兰素	7.00	桂叶油	0.05
香豆素	1.00	麦芽酚	0.05
γ-壬内酯	0.10	乙醇	11.70

表 6-56　枣型烟用香精配方

香料品名	质量分数/%	香料品名	质量分数/%
乙酸乙酯	0.30	香兰素	1.00
丁酸乙酯	0.20	癸酸乙酯	0.10
壬酸乙酯	0.30	草莓酸	0.05
苯乙酸乙酯	2.00	异戊醇	0.20
香叶醇	0.10	枣酊	40.00
甲基环戊烯醇酮	0.05	乙醇	30.00
麦芽酚	0.20	甘油	25.50

第四节　其他加香产品与加香

一、芳香塑料与加香

自改革开放以来，我国的塑料工业得到了蓬勃的发展，年平均增长速度达到 10%以上。2001 年，我国塑料制品总产量已达 2000 多万吨，位居世界第二。塑料已成为与钢铁、水泥、木材并驾齐驱的新型材料产业，广泛应用于农业、包装、建筑及和人们日常生活相关的各种领域。

芳香塑料是一种具有新型功能的产品，由于在产品成型加工过程中加入了增香剂，使制品在使用时能发出芳香的气味，给人以新鲜、舒雅、清新的感觉，如塑料香花、塑料香味工艺品、塑料香味玩具等。

1. 基质情况

塑料是高分子聚合物，相对分子质量大，分子间距宽。在塑料分子结构中，既有分子规整排列的晶区，又有无序排列的无定形区，有的还含有极性基团，这就有利于用物理和化学方法使增香剂的有效性成分渗透到塑料分子中，形成增香剂与高聚物结构紧密的多相体。由于低分子物的易渗透性、挥发性及相溶性差别，使塑料中的增香剂不断由高浓度区域向低浓度区域扩散，再从表面挥发到环境中去，散发出芳香气味，从而达到长期散香的目的。

2. 对香精的要求

由于塑料加工时需要100℃以上的高温，因此必须选择沸点较高、耐温性能好、不易与塑料基体及其他助剂起反应、无毒性，且与塑料基体有一定相溶性的香精。当然，如果耐热性好而香精的释放量极低，也达不到使用要求。香料品种可在酯类、醇类、醛类、羧酸类香料中选择。

3. 加香工艺

芳香塑料通常是在塑料基体中添加香母粒制得。香母粒一般由载体、香精和添加剂组成，通过一定的工艺条件，将香精均匀地分散在基体材料中而制得。制备加香塑料的方法一般有下列几种：

(1)涂布法：将玫瑰香精加入到蔗糖双硬脂酸乙酸酯中，在50℃以下搅拌成透明黏稠状体，涂于塑料制品表面，可保香几个月。

(2)加压渗透法：将30g相对分子质量为2000的聚乙烯蜡与1.5g香茉油，在3.54×10^5Pa下搅拌15min，然后铸成2.5g的模块，可保香几个月。

(3)加温渗透法：将VA(醋酸乙烯)含量较高的EVA(乙烯—醋酸乙烯的无规共聚物)颗粒放入能控温的专用混合器内，随着树脂的不断翻滚将香精逐步加入，可制成20%～30%(质量分数，下同)的香味母粒。

(4)混炼造粒法：其配方为载体树脂57%，香精20%，二氧化硅20%，聚乙烯蜡3%。其工艺流程如图6－18所示。

图6－18　混炼造粒法工艺流程示意图

4. 香型及配方举例

目前塑料用香精的香型有：花香型，如茉莉、玫瑰、桂花、丁香、栀子花等；果香型，如柠檬、草莓、柑橘、水蜜桃、巧克力等；木香型，如松针、冷杉、樟脑、薄荷、檀香、冬青等；动物香型，如麝香、烤牛肉等。

适用于塑料制品加香的应用香精示范性配方如表 6－57、表 6－58 所示。

表 6－57　栀子花型塑料用香精配方

香料品名	质量分数/%	香料品名	质量分数/%
乙酸苏合香酯	4	吲哚	4
α-己基桂醛	20	乙酸芳樟酯	14
乙酸苄酯	20	芳樟醇	10
铃兰醛	5	甜橙油	5
新铃兰醛	5	柠檬醛	1
羟基香茅醛	10	椰子醛	2

表 6－58　檀香-玫瑰型塑料用香精配方

香料品名	质量分数/%	香料品名	质量分数/%
檀香 803	15	甜橙油	4
檀香 208	4	松油醇	12
血柏木油	18	二甲苯麝香	4
广藿香油	2	香兰素	2
玫瑰醇	11	苯乙醇	10
二苯醚	2	乙酸苯乙酯	2
紫罗兰酮	1	乙酸松油酯	4
芳樟醇	3	异长叶烷酮	4
乙酸芳樟酯	1	十一醛	1

二、芳香纸制品与加香

纸在生活中的应用非常广泛，与人们的衣食住行息息相关。书写、印刷需要大量的纸，日常生活对卫生纸、面巾纸的需求量同样很大，此外，还有信封、扑克、各种宣传画、包装盒、贺卡等。随着科技的发展和人们环保意识的提高，纸将发挥更大的作用，如塑料袋正在面临被环保纸袋取代的趋势。

给纸用品加香已经流行多年，加香能提高纸用品的档次、增加对消费者的吸引力、提高在市场上的受欢迎程度。给纸张加香已渐成趋势，而要保证芳香纸制品质量的重要因素是纸用香精的质量。

1. 基质情况

纸的主要化学成分是纤维素，纤维素几乎不与任何有机溶剂起化学反应，也不溶于绝大多数有机溶剂。因此，少量的香精加在纸制品里，一般不会有什么变化。

2. 对香精的要求

不同的纸制品所要求的香精是不同的，以最常见的书写印刷纸和面巾纸为例。书写印刷纸的成本不高，所以选用的香精成本也应该尽可能低；对白色纸制品来说，应尽量用无色或浅颜色、不变色的香精；人们往往不希望纸张的香气过于浓烈，而希望它的香气比较淡雅，所以可选择一些具有文化底蕴的气息，如梅、兰、竹、菊等香型和木香香型等；纸张一般都暴露在空气中，香气容易挥发，所以应该选择一些挥发度较低的香料。

与书写印刷纸一样，面巾纸也需要成本低、不变色的香精；由于不用担心油墨的问题，面巾纸可使用较高浓度的香精，使香气较为芬芳浓郁，但是这也要因人而异，因为有些消费者更喜欢清淡的香气。

3. 加香工艺

总体来说，相比于其他制品，纸制品的加香工艺算是比较简单的，具体方法有三种：传统的香精喷洒液、香味油墨和新兴的微胶囊香精加香。例如，报纸、杂志、书籍、传单、说明书、扑克等印刷品可以事先将香精加在油墨中，印刷以后这些制品就具有香气；卫生纸、卫生巾、纸巾、各种包装用纸、纸箱等可以在生产流水线上喷雾加香；油纸、油毡等可以预先把香精溶解在油里，也可在生产流水线上加香；用纸做的材料，可以先把纸浆与香精混合搅拌均匀再压制成型，这样香料进入纤维素材料里留香会较为持久一些，也可以在材料压制成型后在表面进行喷雾加香，香精通过纤维素的毛细管渗透到里面。微胶囊香精的成本会略高，加香时可将其直接加到纸制品中，随着消费者的使用，微胶囊破裂，释放出香气。

4. 香型及配方举例

纸制品用香精常见的香型有：果香，如青苹果、柠檬、桃、草莓、甜橙、椰子等；花香型，如玫瑰、茉莉花、薰衣草、梅花、菊花、兰花、橙花、桂花、康乃馨、铃兰、紫罗兰等；其他香型，如薄荷、森林、木香、素心兰、馥奇、辛香、香草、巧克力、可乐等。

各种纸制品的香精香型还要根据其不同用途来选择，如餐巾纸和餐具的加香可用水果、蔬菜、茶等的香气以增加食欲，如果采用浓郁的香水香气反而会倒胃口；各种宣传品的加香可以采用浓烈而独特的香气，以给人留下深刻的印象；贺卡、优惠券之类的则可采用素心兰、馥奇、木香等容易被人所接受的香型，配方举例如表 6－59、表 6－60 所示。

表 6－59　茶香型餐巾纸用香精配方

香料品名	质量分数/%	香料品名	质量分数/%
叶醇	5	橙花叔醇	30
二氢-β-紫罗兰酮	10	苄醇	5
二氢茉莉酮酸甲酯	15	芳樟醇	8
吲哚	3	芳樟醇氧化物	5
顺茉莉酮	2	香叶醇	15
苯乙醇	2	—	—

表 6-60　兰花香型纸用香精配方

香料品名	质量分数/%	香料品名	质量分数/%
二氢茉莉酮酸甲酯	20	乙酸芳樟酯	10
橙花叔醇	30	铃兰醛	10
芳樟醇	10	水杨酸戊酯	20

三、芳香涂料与加香

作为一种新型装饰材料，建筑涂料以其良好的经济性、美观性、安全性，被广泛运用于建筑物内外墙装饰及地板、屋顶、门窗、路标、桥梁和工业设施的维护，呈现出替代传统装饰材料的趋势，并逐步形成功能齐全、品种繁多的新型建材体系。建筑涂料是我国涂料产业增长最快的子产业。近年来，我国房地产业蓬勃兴起，为建筑涂料的应用提供了巨大的市场空间。有关资料显示，近几年来，我国每年对建筑涂料的需求达$(2\times10^{6})\sim(3\times10^{6})$t。

建筑涂料使用较多的是内墙涂料和外墙涂料。外墙涂料的加香不具有现实意义，但在内墙涂料中加香，可以掩盖其不良气味，并散发出清新气味，满足人们追求高生活质量的要求。这是建筑涂料今后发展的趋势，有其加香的必要性。

1. 基质情况

建筑涂料由基料、颜料、填料、溶剂(包括水)及各种配套助剂所组成。基料是涂料中最重要的组成部分，对涂料和涂膜的性能起着决定性作用。一般可分为以下几种类型。

(1)有机类：又可分为水溶性树脂、聚合物乳液和溶剂型高分子聚合物三种类型。

①水溶性树脂：如聚乙烯醇、聚乙烯醇缩甲醛等。

②聚合物乳液：如丙烯酸乳液、苯乙烯丙烯酸酯乳液、乙烯丙烯酸乳液、乙酸乙烯乳液、有机硅丙烯酸酯乳液等。

③溶剂型高分子聚合物：如丙烯酸树脂、丙烯酸聚氨酯树脂、有机硅改性丙烯酸树脂、氯化橡胶、环氧树脂等。

(2)无机类：有水玻璃、硅溶胶等类型。

(3)有机—无机复合类：如硅溶胶—苯乙烯丙烯酸酯乳液、硅溶胶—乙烯丙烯酸酯乳液、硅溶胶—乙酸乙烯乳液、聚乙烯醇—水玻璃等。

其中，使用最为广泛的是聚合物乳液及溶剂型高分子聚合物。基料中残留的游离单体和助剂常带有不愉快的化学气息。

2. 对香精的要求

内墙涂料一般为白色或浅色，这就要求香精的颜色不要太深，更重要的是不能变色；应有适宜的香气，且要有一定的留香能力。

3. 加香工艺

将香精加入内墙涂料中，混合搅拌均匀，由于涂料中有一定比例的乳化剂，加上涂料的黏性有利于不溶物悬浮而不易沉淀，所以一般情况下香精可分散于涂料中。

4. 香型及配方举例

目前市场上，在涂料中加入果香型和花香型香精，尤其得到人们的喜欢。常用的香型有青苹果、柠檬、香蕉、甜橙、哈密瓜、樱桃、草莓、茉莉和白兰等。

表6－61、表6－62是适用于内墙涂料用的香精配方，其中青苹果香型香精的加香量为0.5%，茉莉香型香精的加香量为0.2%。

表6－61　青苹果香型内墙涂料用香精配方

香料品名	质量分数/%	香料品名	质量分数/%
苹果酯	25.0	二甲基苄基原醇	1.0
乙酸异戊酯	1.0	乙酸诺卜酯	2.3
丙酸异戊酯	0.6	苯乙二甲缩醛	0.5
异戊酸异戊酯	1.0	乙酸苄酯	4.8
桃醛(10%)	4.3	丙酸苄酯	0.5
γ-癸内酯(10%)	0.5	二氢茉莉酮酸甲酯	2.8
柠檬油	1.2	α-己基桂醛	0.6
柠檬醛丙二醇缩醛	1.0	苯乙醇	2.1
己酸烯丙酯	0.5	香茅醇	1.0
苯甲醛(20%)	0.7	二氢月桂烯醇	2.2
反-2-己烯醇	0.5	甲基壬乙醛	0.4
女贞醛(10%)	3.0	佳乐麝香	2.2
乙酸苏合香酯	1.2	苯甲酸苄酯	35
乙酸芳樟酯	3.0	铃兰醛	1.1

表6－62　茉莉香型内墙涂料用香精配方

香料品名	质量分数/%	香料品名	质量分数/%
乙酸苄酯	26.8	吲哚(10%)	0.6
丙酸苄酯	5.3	苯乙醇	2.5
二氢茉莉酮酸甲酯	9.6	香叶醇	1.0
α-戊基桂醛	1.2	玫瑰醇	1.6
α-己基桂醛	3.7	苯乙醛	0.4
茉莉酯	1.2	乙酸香叶酯	1.2
芳樟醇	9.7	柠檬油	0.6
乙酸芳樟酯	10.1	苯甲醇	11.7
玳玳叶油	2.4	二甲基苄基原醇	2.4
配制橙叶油	2.4	羟基香茅醛	2.4
邻氨基苯甲酸甲酯	2.5	佳乐麝香	0.6

第七章　新技术在香料工业中的应用

近几年来，超临界流体萃取技术、分子蒸馏技术、生物工程技术、微波技术等在香料工业中的应用越来越广泛。这些新技术的应用，给古老的香料工业注入了新的生机和活力，在某些方面甚至带来了革命性的变化。如以天然动植物为原料采用酶解、发酵等技术生产的香料和香精属于天然品，适应了当今世界崇尚自然、回归自然的潮流，在国际市场上备受欢迎；将微波技术应用于某些香料合成，可使反应时间大大缩短；将超临界流体萃取技术用于天然香料提取，可使提取效率和产品质量大大提高。

第一节　新技术在香料合成中的应用

香料工业的不断繁荣与发展对丰富人们的物质生活等方面作出了重要的贡献，但也带来了一些负面影响，特别是合成香料的生产过程中产生的有害副产物对生态环境造成了严重的污染和破坏，低的生产效率也对资源和能源造成了浪费。如今，可持续发展已成为全球发展战略，不断开发和采用绿色新技术，从源头上消除或减轻污染，节省资源和能源，生产环境友好产品等将成为香料工业发展的主要趋势。以下就新技术在香料合成工业中的应用做简单介绍。

一、生物技术

天然香料不断增长的市场需求，促进了香精香料生产技术的迅速发展。人们在广泛追求自然的同时就必然会与天然香料来源的有限性产生矛盾，生物技术作为近二十年发展起来的一项极富潜力和发展空间的新兴技术，它的出现为天然香料的开发开辟了一个全新的方向。生物技术法是利用包括诸如酶工程、发酵工程、植物细胞工程、基因工程等手段，将天然原料转化为人们所期望获得的各类香料物质的一种新途径。它的主要优势在于，酶或微生物进行催化反应的专一性强，特别是立体选择性很高，而且生产过程中反应条件温和、节能，对环境友好。采用生物技术生产的香料，已被欧洲和美国的相关法律界定为“天然”的产品，因此可视为“等同天然香料”，具有良好的市场价值。

1. 酶工程

生物技术在香料开发中影响最大的就是酶工程和发酵工程。酶工程是指在一定的生物反应器内，利用酶的催化作用生产各种有价值物质的技术。目前，已有 100 多种化学工业生产利用生物催化反应，实验室规模的酶催化更有 13000 种之多。香料合成中应用较多的是脂肪酶、酯酶、蛋白酶、核酸酶和糖苷酯酶等，而脂肪酶又是其中研究最多、实际应用最广的一类。有报道的酶促反应工艺过程包括：将醇进行酶催化反应得到异丁酸等酸类香料；脂肪酶催化生产醇、酯及其内酯类香料；不饱和的脂肪酸经酶转化成低分子量的醛类与醇类香料，如反-2-己烯醛和顺-3-己烯醇的生产等。

(1)在酯合成中的应用：采用酶法合成的酯类香料化合物最为广泛，到目前为止，已有50多种的酯可由酶法合成。芳香酯是调制水果香型等日化和食用香精中常用的香料，在酿酒行业的高需求量尤为突出，仅浓香型白酒用的己酸乙酯在全国的产量就在3000t左右，产值上亿元。利用米氏毛霉脂肪酶(MML)在正庚烷中催化合成芳香酯，每千克MML每小时可产生288kg己酸乙酯。

(2)酶法制备乳制品香料：因为乳制品(如奶酪、奶油和人造黄油)中的香味化合物是其中的脂肪、蛋白质和乳糖代谢的产物，因此，脂肪酶和蛋白酶被广泛地用于制备乳制品香料，如加快奶酪的熟化和香味物质的产生。用脂肪酶处理过的乳制品比未处理的具有更好的香味和可接受性。

2. 发酵工程

发酵工程是以工农业废料为原料，利用微生物的生长代谢活动来生产各种天然香料的技术。微生物发酵可以产生很多香味物质，如酯类、酸类和碳基化合物等。利用突变技术可以提高微生物生产天然香料物质的能力，采用细胞固定化等技术手段还可以大大提高天然香料的产量。

(1)在香兰素合成中的应用：香兰素是一种用途广泛的香料，主要存在于香荚兰豆中，含量为7%左右，目前国际市场上只有0.2%香兰素是天然的，其余都是化学合成的。受货源限制、高昂的价格以及人们对天然产品依赖性不断增强的驱使，人们开发出大量的香兰素生物合成路径，其相关报道在所有香料化合物生物合成中也最多。一些微生物以阿魏酸、丁香酚、异丁香酚、姜黄素和泰国安息香树脂等化合物为前体，经发酵可获得香兰素，而转化率一般能达到30%左右。

阿魏酸[3-(4-羟基-3-甲氧基)丙烯酸]由于与香兰素的化学相似性，被认为是很有前途的前体物质，该物质大量存在于谷糠、甜菜糖浆等农业废料中，从这些原料中提取纯化阿魏酸，用来发酵生产香兰素，可大大提高谷物与甜菜的综合利用率。当前，已有用谷糠和甜菜糖浆生产天然香兰素的相当成熟的工艺：

①从谷糠和甜菜糖浆中提取纯化阿魏酸。

②通过微生物发酵把阿魏酸转化为香兰素。

③采用超滤分离和去除微生物。

④从发酵液中萃取除去副产物，多次重结晶后得到高纯度的香兰素。

(2)在内酯合成中的应用：在日化及食品工业中，内酯化合物是常用的香料，γ-内酯和δ-内酯通常具有水果香味，而某些大环ω-内酯具有麝香香味。工业上采用微生物发酵来生产一些重要的内酯，通常是利用羟基脂肪酸的β-氧化生产的。例如，用*Yarrowia lipolvtica*酵母或其他微生物降解天然蓖麻油酸来生产 γ-癸内酯，起始原料 R-蓖麻油酸是蓖麻油中的主要脂肪酸，所得的 γ-癸内酯与 R-蓖麻油酸的手性中心相同，且具有很高的光学纯度，通常包含 98%以上的 R-(+)-对映体。德国的 Symrise 公司就有利用生物发酵方法制备的 R 型 γ-癸内酯出售。一些微生物还能直接利用非羟基脂肪酸作为前体合成内酯。例如，*Sporobolomyces odorus* 能将癸酸转化成 γ-癸内酯，*Mortierella* 属的某些菌种能从辛酸合成 γ-辛内酯，*Mucor* 属的某些菌株能从 C_4～C_{20} 的羧酸转化成 γ-内酯或 δ-内酯。这无疑为这类内酯的大规模市场化提供了良好的途径。

3. 细胞工程

细胞工程是应用细胞生物学方法，按照人们预定的设计，有计划地保存、改变和创造遗传物质的技术。近年来，细胞工程的开发和应用主要集中在细胞杂交、快速无性繁殖和细胞育种等方面。利用细胞杂交和细胞培养可生产独特的食品香味添加剂。以植物组织培养的技术生产草莓香料为例，首先使用各种香味的草莓来获取一种组织培养，然后将组织培养疏散到一种液体媒质中，从而由细胞产生所需要的草莓香料。利用上述方法提取出的香味物质与植物栽培法相同，极大地提高了植物香料的产量。

4. 基因工程

基因工程，也可称为 DNA 重组技术，是指在分子水平上，通过人工方法将外源基因引入细胞，而获得具有新遗传性状细胞的技术。例如，日本山形县工业技术中心采取突变法，将产香能力强的遗传因子导入酵母菌中，经过两年时间培育出了新酵母菌。用这种新酵母菌酿制葡萄酒及一些果酒，可提高酒中乙酸异戊酯等 7 种香气的含量，使酒味香气浓郁。而将柠檬香叶遗传基因转移入天竺属香叶中，经转基因的香叶含香叶醇和香茅醇的量分别上升了 4 倍和 13 倍。可见，基因工程技术的潜力是巨大的。

利用具有生物活性的酶、微生物等生物催化功能生产香料、香精，与合成法相比较具有无可比拟的优点，它不仅带来生产方法的变革，而且所生产出的香料香精产品属于“绿色”范畴，符合当今发展的趋势。与此同时，我们也应该注意几个问题，其一是：某些动植物来源的酶提取途径较为复杂以及某些作为起始物的天然原料本身成本较高，这都有可能增加生产成本；其二是：利用基因工程技术所获得的香料化合物对其安全性还存在一定的争议，这也有可能影响该技术在香料工业中的发展。但我们相信：随着科技工作者进一步探明动植物体内香料的合成途径以及人类认识水平的提高，生物技术在香料开发中的应用必将越来越广泛。

二、美拉德反应

几乎所有含有羰基（来源于糖或者油脂氧化酸败过程中产生的醛和酮）和氨基（来源于蛋白质或氨基酸）的食品在加工（如烘、烤、炒、炸、煮）或长期储存后均能发生美拉德（Maillard）反应，有时是需宜性的，如焙烤面包产生的金黄色、酿造啤酒的黄褐色、酿制酱油与醋的褐黑色以及松花蛋蛋清的茶褐色等;但有时是不利于食品质量要求的,如乳品加工中的褐变等。美拉德反应技术在香料工业中的应用打破了传统的香精调配和生产工艺的范畴,因能赋予食品独特的风味和色泽,成为食品研究中的热点。

1. 反应机理

美拉德反应的复杂性和反应产物的多样性,引起了很多不同研究领域的科学家的研究兴趣,但是它的反应机理仍然是一个有争议的问题。食品化学家霍奇(Hodge)提出的方案比较详细,被广大学者所认可。他认为美拉德反应过程可以分为初期、中期和末期,而每一阶段又可细分为若干反应。

(1)初期阶段:氨基酸或蛋白质的游离氨基酸与还原糖的羰基之间发生缩合反应失去一分子水生成亚胺衍生物(Schiff′s Base),该产物不稳定,随即环化成 *N* -葡萄糖基胺。后者在酸的催化下经阿姆德瑞(Amadori)重排生成有反应活性的 1 -氨基- 1 -脱氧- 2 -酮糖,即果糖基胺。此外,酮糖还可与氨基化合物生成酮糖基胺,而酮糖基胺可以经过海因斯(Heyenes)重排异构成 2 -氨基- 2 -脱氧葡萄糖。Maillard 初级反应产物不会引起食品色泽和香味的变化,但其产物是不挥发性香味物质的前体成分。

(2)中期阶段:

①果糖基胺在 pH≤5 时,经脱水、脱氨残基等步骤生成羟甲基糠醛(Hydroxymethylfur Fural,HMF),HMF 的积累与食品褐变速度有显著相关性,当 HMF 积累到一定程度后即发生褐变。

②果糖基胺在 pH>5 时,还可脱去氨残基重排生成还原酮类(Reductones),后者进一步脱水后可以与胺类缩合,或裂解成相对分子质量较小的二乙酰、乙酸、丙酮、醛等。这两种途径生成的环状化合物迅速聚合产生不溶于水的含氮化合物类黑精色素(图 7 -1),除了产生 HMF 和还原酮外,还有吡嗪和咪唑环化合物。

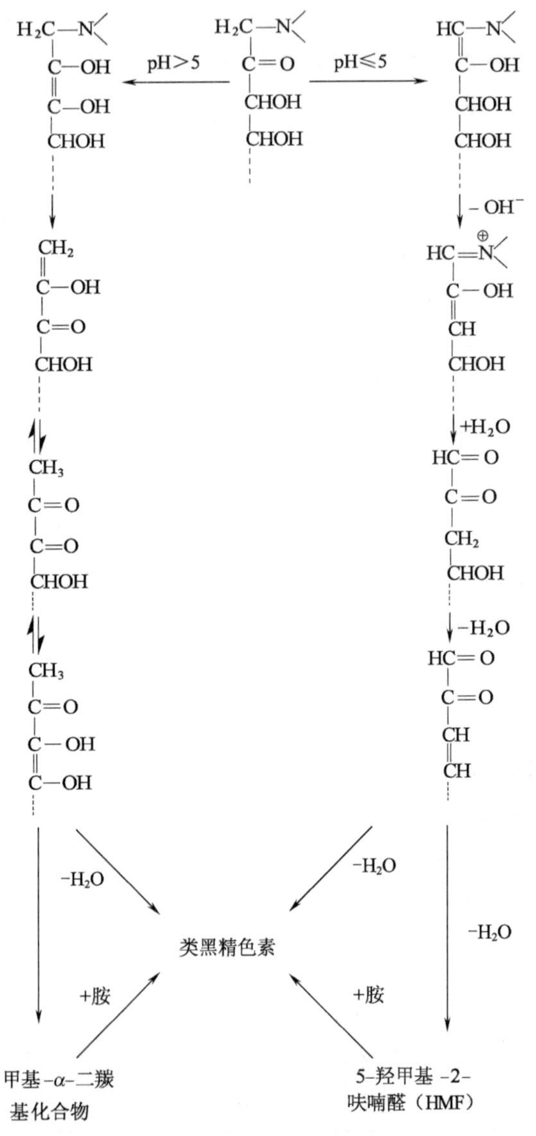

图 7 - 1　果糖基胺形成类黑精色素的途径

③氨基酸与二羰基化合物发生斯特勒克尔(Strecker)降解反应：氨基酸脱 CO_2、脱氨，生成少了一个碳的醛等，而二羰基化合物接受氨基后聚合成褐色色素。在食品生产过程中常常利用 Strecker 反应产生的挥发性产物，如醛、吡嗪和糖的裂解产物，使某些食品，如面包、蜂蜜、枫糖浆、巧克力等产品具有特殊的风味。

(3)末期阶段：

①两分子醛自相缩合，脱水成为稳定的不饱和醛。

②有羰基的中间产物——糠醛、二羰基化合物、Strecker 降解产物等进一步缩合、聚合成高分子黑色素。含脂肪酸氧化产物(羰基)也可发生此反应，如干制的猪肉易褐变。

2. 在咸味香精中的应用

咸味香精是由热反应香料、食品香料化合物、香辛料(或其提取物)等香味成分中的一种或多种与食用载体或其他食品添加剂构成的混合物，主要用于咸味食品，如肉制品行业、速冻食品、米面制品、膨化休闲食品等的加香，补充和改善咸味食品的香味。从品种来看，主要包括牛肉、猪肉、鸡肉等肉味香精，鱼、虾、蟹、贝类等海鲜香精，各种菜肴香精及其他调味香精。从某种意义上讲，咸味香精已经成为肉类香精的代名词。

目前，咸味食品香精大部分是以动植物中的氨基酸和还原糖为主要原料，通过热反应制备的。随着技术人员的深入研究，各种合适的天然原料，如水解植物蛋白(HVP)、酵母抽提物(YE)、水解动物蛋白(HAP)、酱油、废骨抽提物、类脂肪质等都作为氨基酸来源制备香精，这些原料的应用可以使产品的风味更加多样化。张彩菊等利用鱼的酶解产物、谷氨酸糖类等物质制备鱼味香料；马家津等利用美拉德反应模拟北京烤鸭的香味；华婧等研究了利用大豆蛋白水解物通过美拉德反应制备热反应肉类香精；张谦益等以牛肉酶解物、木糖和半胱氨酸盐酸盐为主要原料，制备出了强烈而谐调的带有烤牛肉味的香物质(美拉德反应制备肉类香精的相关例方见第五章)。

另据报道，脂肪氧化产物中的小分子醛、酮、羧酸等含羰基化合物及其与氨基酸、肽、多肽、蛋白质等含氨基化合物进行美拉德反应的产物，具有较强的挥发性，可产生不同种类肉的特征风味。成坚等利用氧化鸡油通过美拉德反应制备了鸡肉风味物质；谢建春等研究了鸡脂控制氧化工艺并将鸡脂氧化产物应用到美拉德反应中制备了鸡肉香精；彭秋菊等用牛脂氧化制备的肉味香精，具有脂香、肉香和烤香，饱满而具天然感；欧阳杰等报道以脂肪为原料，经过空气氧化，过氧化值达到 8～10meq/kg 后，再加入糖类、含硫化合物、氨基酸混合物进行美拉德反应得到了集肉香、脂香和烤香于一体的脂肪香精。

3. 在烟草香精中的应用

热反应型的烟用香精是利用阿麦多重排反应和美拉德反应制备的，它可以直接用于烟草加香，也可以与其他香料调和配制成新的烟用香精。郭俊成等从原料的选择、反应条件以及香味成分的鉴定等方面进行了烟用香料研究，美拉德反应产物的制备和品质鉴定结果如表 7－1 所示。

表 7-1　美拉德反应产物的制备与鉴定

序号	氨基酸	糖	催化剂	反应介质	反应温度/℃	反应时间/h	反应产物香味描述	加香效果
1	甘氨酸	葡萄糖	丙二酸	醇水溶液	130	2.0	浓厚牛肉香味	与烟香不谐调
2	亮氨酸盐酸盐	葡萄糖	丙二酸	醇水溶液	90	1.5	鲜鸡肉香	杂气减轻、烟香略改
3	谷氨酸	葡萄糖	丙二酸	醇水溶液	120	2.0	肉香味	有陈烟香气
4	脯氨酸高级脂肪酸	葡萄糖、蜂蜜	氨水	醇水溶液	150	2.0	爆米花香	显著增强和改善烟香味
5	精氨酸	葡萄糖	丙二酸	醇水溶液	105	2.0	烤甜香	显著减少杂气和刺激性，余味微苦
6	天门冬氨酸	葡萄糖	Vc	醇水溶液	105	1.2	烤甜香	能增强烟香气、减少杂气和刺激性
7	天门冬氨酸、脯氨酸	葡萄糖	氨水	醇水溶液	105	1.0	坚果香	能增强和谐调烟香气，刺激性减轻明显
8	浓缩黄豆芽汁	葡萄糖	氨水	丙三醇	110	1.5	藕甜香	减少杂气和刺激性，改善余味
9	蛋白质水解物	葡萄糖	氨水	丙三醇	105	1.5	烧烤香	烟香微改，刺激性减轻，余味欠佳
10	烟末	葡萄糖	氨水	醇水溶液	110	1.0	烤香	增强烟香味，余味微涩
11	缬氨酸	葡萄糖	氨水	醇水溶液	105	1.2	树脂香	烟香增浓，欠谐调
12	苯丙氨酸	葡萄糖	Vc	醇水溶液	110	1.5	清香气	能增强和谐调烟香
13	高级脂肪酸	葡萄糖	氨水	醇水溶液	110	2.0	焦糖香	增加烟味浓度，余味欠佳
14	丙氨酸	葡萄糖	无	丙二醇	105	6.0	醛香味	增加烟味浓度，但与烟香谐调欠佳

对加香效果最好的 4 号试样进行色谱分析，共鉴定出 12 种对烟香气有贡献的挥发性化合物，结果列于表 7-2 中。

表 7-2　4 号组合美拉德反应产物挥发性成分、含量及香气特征

序号	保留时间/min	产物名称	含量/$\mu g \cdot g^{-1}$	香气特征
1	5.208	2-甲基四氢呋喃酮	184.90	鲜果清香、膏香
2	6.642	6-甲基-5-庚烯-2-酮	8.62	烤面包香、透发爆米花香
3	10.020	糠醛	5.47	甜香味
4	11.127	乙酰基呋喃	1.88	脂香、清甜香
5	12.357	芳樟醇	18.28	清新的花香、柔和透发

续表

序号	保留时间/min	产物名称	含量/$\mu g \cdot g^{-1}$	香气特征
6	13.391	2-环戊烯-1,4-二酮	3.93	焦辛甜香、甘草甜香
7	14.090	环柠檬醛	7.25	柠檬香气
8	14.451	丁内酯	4.45	坚果、豆香的香韵
9	15.651	糠醇	7.91	甜香味
10	22.450	苯乙醇	7.82	清甜香气、玫瑰香气、蜂蜜香
11	23.465	新植二烯	5.57	辛香气
12	24.105	乙烯基吡咯	4.55	烤面包香气、炒榛子香气

其中,2-甲基四氢呋喃酮、2-环戊烯-1,4-二酮、乙酰基呋喃和乙烯基吡咯具有烤面包、炒坚果、新鲜而诱发的爆米花香气及浓郁焦甜香,这部分香味成分可以成为烟用香料的基香,使卷烟获得充足的香味,去除部分杂气,改善余味;而苯乙醇、芳樟醇具有清新飘逸的清香气,可使卷烟产品获得独特的风格,产生诱人的嗅香;6-甲基-5-庚烯-2-酮和环柠檬醛的主要香气特征是清甜的水果香气,可以起到协调叶组配方的香气和减少杂气的作用;2-环戊烯-1,4-二酮为强烈的焦辛甜香,略有甘草甜味,而新植二烯为辛香气,这部分香味成分可以起到矫正卷烟的吃味、减少刺激性的作用。

三、有机电合成技术

有机电合成技术始于19世纪初,在1960年前后取得实质性进展,获得了工业化应用。有机电合成有不同的分类方式,按电极反应的不同,分为直接有机电合成和间接有机电合成。其中,直接有机电合成是指有机合成反应直接在电极表面完成。间接有机电合成是利用水溶性无机氧化还原电对作为媒质,与有机物反应,然后将水相与有机相分离,获得产物;而水相中失去氧化(或还原)能力的媒介,则通过电极反应氧化(或还原)后再生,可反复使用。有机电合成具有以下优点:洁净,以电子得失完成氧化还原反应,是绿色化学工艺;条件温和,在常温、常压下即可完成有机合成,反应易控、节能;副产物少。

目前,国外有一百多家公司采用有机电合成技术生产几十种有机产品,代表性的公司有:美国纳尔柯(Nalco)公司、杜邦(Du Pont)公司、孟山都(Monsanto)公司,德国巴斯夫(BASF)、拜耳(Bayer)及齐格勒(Zeigler)公司,日本旭化成、东洋曹达、住友化学等公司。有机电合成技术在一些香料及香料合成中间体,如苯甲醛、茴香醛、水杨醛、对甲基苯甲醛、香兰素、洋茉莉醛、枯茗醛、乙醛酸、丁酸丁酯等合成中有较好的应用效果。

1. 电化学合成苯甲醛

苯甲醛具有强烈的苦杏仁气息,主要用于食用香精配方,少量用于日化香精和烟草香精中,亦可大量用于制造其他合成香料。苯甲醛的电合成早在20世纪初就有报道,早期使用的原料为苯甲醇，多采用阴离子类氧化还原电对（如 $S_2O_8^{2-}/SO_4^{2-}$、$Cr_2O_7^{2-}/Cr^{3+}$、BrO^-/Br^-、ClO^-/Cl^- 等）和槽内式间接电解氧化方式。目前绝大多数的苯甲醛电合成方法以甲苯为原料，采用 Mn^{3+}/Mn^{2+}、Ce^{4+}/Ce^{3+} 等阳离子类氧化还原电对，一般选用硫酸、高氯酸等强酸作支持电解质。德国、印度已实现了以 Mn^{3+}/Mn^{2+} 为电对合成苯甲醛的工业化或中试规模的生产。

2. 电化学合成乙醛酸

乙醛酸是应用较多的香料合成中间体，它有许多合成方法，其中之一为草酸电解还原法，目前日本大赛璐公司使用此法生产乙醛酸。张忠诚等使用草酸为原料，配制成 8.8g 草酸/100g 水的溶液，在隔膜式电解池内，使用金属铅电极进行电解制备乙醛酸。电解时的电流密度为 $8A/cm^2$，电解时间为 5h，摩尔产率可达 80%以上。廖松等研究了隔膜电膜草酸法生产乙醛酸的工艺，首次使用了性能优良的远新型阳极材料钽铱电极和 HF－101 型强酸型阳离子交换膜，在优化条件下反应，乙醛酸的产率达 96.13%。

我国有机电合成的研究开展得比较晚，主要集中在近二十年，研究成果大多处于实验室水平，与发达国家差距明显。加速开发新的电极材料和离子膜、设计新的电解槽、改进旧的电解工艺、多开展生产应用研究是今后大力探求的方向。

四、微波技术

1986 年，加拿大的 Gedye 及其合作者研究了在微波炉中进行的酯化反应，这是微波促进有机合成化学（Microwave Induced Organic Reactions Enhancement Chemistry）开始的标志。由于能提高反应速率数倍甚至数千倍，具有操作简便、副产物少、产率高、易纯化及环境友好等优点，该技术已发展成为一个极为引人注目的新领域。

微波是频率介于$(300\times10^6)\sim(300\times10^9)$Hz 的电磁波。在通常情况下，进行化学反应的极性分子呈杂乱无章的运动状态，当微波炉磁控管辐射出频率极高的微波时，微波能量场以每秒 24.5 亿次的速度不断地变换正负极性，分子运动发生了巨变，分子排列起来并高速运动，互相碰撞摩擦、挤压，从而使微波能转化为热能，这就是微波加热的基本原理。由于此种能量来自样品内部，本身不需要传热媒体，也不靠对流，样品温度便可以很快上升。

微波合成技术可广泛地应用于酯类、醛类、醚类、羧酸类和杂环类香料的合成。例如，苯甲酸酯是一类重要的高级香料，常用于食用、烟酒用及日用香精。目前，工业上苯甲酸乙酯的生产是由苯甲酸与乙醇在浓硫酸催化下直接酯化而得，此方法存在反应时间长，且会导致一系列副反应的发生，使反应后处理繁杂、产品色泽深，并产生大量的废液、污染环境等缺点。邓斌等利用微波辐射技术以纳米稀土复合固体超强酸 $SO_4^{2-}/ZrO_2—Nd_2O_3$ 为催化剂，采用相同的起始原料，确定了合成苯甲酸乙酯的最佳反应条件。同传统酯化方法相比，缩短了反应时间（仅需 10min），酯转化率高（97%以上），操作简单。同时催化剂易分离，并可重复使用，符合绿色合成、清洁生产的要求，具有潜在的应用前景。又如，大茴香醛具有强烈的山楂样茴青香气，作为常用香料，可用于调制花香型和果香型日用香精和食用香精。工业上多采用对羟基苯甲醛法，即以对羟基苯甲醛和硫酸二甲酯为原料合成大茴香醛，此法产率高达 93%以上，但硫酸二甲酯毒腐蚀性大，具有潜在危险。张小朋等以四丁基溴化铵为相转移催化剂，以 K_2CO_3 为固体碱催化剂，利用绿色甲基化试剂碳酸二甲酯(DMC)，于微波辐射下合成了大茴香醛。研究发现，微波辐射相转移催化合成大茴香醛反应速率快(仅需 15min)、产率高(91.2%)，且操作简便、工艺绿色。

微波技术在香料工业的应用必将进一步推动香料工业的发展，并为社会带来巨大的经济效益。与此同时，微波技术在香料工业中的应用要注意下面两个问题：

(1)微波化学作为一门新兴的交叉学科，在理论上尚缺乏系统性，存在不少需要进一步深入研究的问题，如微波如何改变反应的活化能、微波为何能改变反应机制而使传统方法不易进行的反应得以顺利进行等。

(2)虽然人们设计出许多性能优良的反应装置，但安全性仍然是困扰液相微波反应的一个问题。因为溶剂介质中的反应受到有机溶剂的挥发、易燃等因素的限制。而微波干法有机反应是以无机固体物为介质、无溶剂参加的有机反应，不会产生高压爆炸的危险，可在敞口容器中进行；同时干反应减少了大量有机溶剂的使用，对解决环境污染具有现实意义。因此，干法有机反应成为微波促进有机化学反应研究的热点。

第二节　新技术在香精香料加工中的应用

一、分子蒸馏技术

分子蒸馏(Molecular Distillation)又叫短程蒸馏(Short - path Distillation)，是基于一定温度和真空度下不同物质的分子平均自由程的差异而实现分离的一种新型液—液分离技术。

在极高真空度下，依据混合物分子运动平均自由程的差别，在远低于其沸点的温度下蒸馏。蒸馏物料的分子由蒸发面到冷凝面的行程不受分子间碰撞阻力的影响，对于组成固定的混合物轻分子的平均自由程大，重分子的平均自由程小。若能恰当地设置一块冷凝板，冷凝面与蒸发面的间距小于轻分子的平均自由程，而大于重分子的平均自由程，则轻分子达到冷凝板被冷凝并排出，而重分子达不到冷凝板沿混合液排出。这样，便达到物质分离的目的。

分子蒸馏技术有如下优点：

(1)操作温度低(远低于沸点)、真空度高(空载≤0.1Pa)、受热时间短(以 s 计)、分离效率高，特别适宜于高沸点、热敏性和易氧化物质的分离。

(2)可有效地脱除低分子物质(脱臭)、重分子物质(脱色)及脱除混合物中的杂质。

(3)因其分离过程为物理分离过程，故可防止分离物质被污染，特别是可保持天然提取物原来的品质。

(4)分离程度高，高于传统蒸馏。有关分子蒸馏技术的应用研究，尤其是利用分子蒸馏技术分离纯化天然活性成分备受研究者们的关注。如任艳奎等利用刮膜式分子蒸馏装置对玫瑰精油的提纯进行了研究，优化了提取工艺，得到了纯度达 86%以上的玫瑰精油；应安国等利用分子蒸馏技术对合成胡椒基丁醚产物进行提纯得到了纯度为98.35%的胡椒基丁醚;黄敏等报道了从天然香料肉桂油和山苍籽油中分离提纯肉桂醛和柠檬醛,在较优条件下,可获得含量为98.2%的柠檬醛和含量为98.7%的肉桂醛。

二、超临界流体萃取技术

早在1879年,英国科学家Hanny和Hogarth就发现了超临界流体(Super Critical Fluid,SCF)的独特溶解现象,但这并未引起人们的注意。直到1970年,Zosel采用超临界CO_2萃取技术从咖啡豆中提取咖啡因,超临界流体萃取(Super Critical Fluid Extraction,SFE)技术开始引起人们的极大关注,在基础理论和应用研究等方面都取得了很大进展。

1. 基本概念

SCF是指超过临界温度和临界压力下的流体。当流体处于超临界状态时具有独特的物理化学性质,兼具气体和液体的优点:黏度小(近似于气体)、密度大(接近于液体),扩散系数是液体的几十倍甚至上百倍,因而具有惊人的溶解能力,能溶解在一般溶剂中不溶或微溶的化合物,对有机化合物有较强的选择溶解能力。特别是在超临界区内,有机化合物在SCF中的溶解度与流体的密度有极大的关联度,微小的温度和压力变化就能导致流体密度的改变,从而引起化合物在SCF中的溶解度发生变化。人们就能通过调节温度、压力等参数控制流体的密度,进而达到用SCF进行选择萃取化合物的目的。

2. 应用

可用于超临界萃取的流体有二氧化碳、氨、乙烷、丙烷、乙烯、甲苯和氟利昂等。一般在工业上,常用的超临界流体是CO_2。使用CO_2作为溶剂有如下优点:

(1)无毒、无臭、不燃烧、价廉易得。

(2)CO_2的临界温度为31.1℃,接近常温,临界压力为7.37MPa,临界条件容易达到。在这样比较低的温度条件下进行萃取,热敏性食用香料植物中的挥发成分损失较小,而且氧化反应可控制到最低限度。

(3)对芳香物质的提取有选择性。

(4)溶质和溶剂的分离不需使用以往的蒸馏操作,可在减压下简单地完成,从而可避免加热浓缩中所带来的热敏物质的分解变化。

(5)制成的产品,保存中不易变质,从蒸发器中放出的气体,可再经过压缩回收利用,绿色环保。

这些性质使得超临界CO_2萃取法特别适合天然植物中脂溶性挥发油、膏状物、树脂和热敏性产品的提取。其近常温的操作温度,可几乎保留全部天然香气本香成分物质,故产品香气天然感好、香气纯正、得率高,大大优于传统的常规提取方法。张鑫等运用超临界CO_2萃取辛夷挥发油,并与水蒸气蒸馏法相对比。结果表明,超临界CO_2萃取挥发油的得率较水蒸气蒸馏法平均高出73%,而且超临界CO_2萃取制得的挥发油香气品质好,味浓、清雅、无杂气。

SFE 技术在烟草行业也有一定的应用前景。由于 SCF 萃取基本不破坏被萃取物的形态，可以利用 SFE 技术对烟丝进行预处理，提取出部分烟碱或其他物质，改善烟丝的燃吸品质，这对降低卷烟有害成分及低次烟叶的处理都有一定的意义。此外，SFE 技术在烟草香味成分分析和有害物质分析方面也具有相当高的应用价值。

研究者还尝试将超临界技术与其他分离技术相联合。SFE 技术的一个缺点是无法得到纯度较高的产品。虽然使用改性剂可以改变 SCF 的部分性质，萃取出不同极性的产物，但无法选择性地萃取出被萃取物中某一二种特定组分或多种有效组分。这就要求 SCF 萃取技术必须和其他分离提纯技术相结合，对超临界萃取产物进行再次提纯分离，得到高纯产物。如 Chang 等在提取分离绿茶精油时，将 SFE 技术与吸附分离技术相联合，收到了提高分离效率之功效。

三、多元溶媒转移萃取法

将传统萃取技术加以巧妙地改进，利用不同的溶剂对天然植物中不同的成分有不同的溶解能力，将天然植物中的各种成分最大限度地萃取出来，转移到一个统一的溶剂中，形成一个稳定的产物，它具有天然植物的逼真香气和淳厚味感。

四、微波辐射诱导萃取技术

微波萃取（Microwave Extration，ME）技术始于 1986 年，匈牙利学者 Ganzler. K 等首次报道了应用微波能加速提取食品中的某些有机成分。不久，该课题组又将微波萃取技术应用于提取植物细胞中的天然产物，并获得了极大的成功。

微波辐射诱导萃取技术是将微波萃取的原料浸于某选定的溶剂中，通过微波反应器发射辐射能来加热植物叶片，而叶片组织内部的水是极性分子，能吸收微波透过介质的能量，并产生热量。由于植物材料内部温度突然升高，并保持此温度直至其内部压力超过细胞壁膨胀的能力，细胞破裂，细胞系统中所含的精油从细胞壁中自由流出，被萃取剂捕获并溶解其中。

20 世纪 90 年代，借助微波萃取有应用价值的化学、医药组分，受到了以加拿大、美国为首的研究人员的广泛重视。近年来，我国的科技工作者也在这方面进行了广泛的探索性研究，并获得了大量的研究成果。例如，微波辐照诱导短时间萃取所得薄荷油的质量优于水蒸气蒸馏法所得的薄荷油，20s 的微波诱导提取与 2h 的水蒸气蒸馏或 6h 的索氏提取效果相当。可见，与传统提取方法相比，微波萃取法具有操作简便、经济、省时、有效保护功能成分和风味物质等优点，同时可以提高产品的收率和纯度。虽然目前的微波萃取技术也有一些缺点，如设备很难有效防止微波泄露，但是经改进后，该技术作为一种新型、高效、节能的方法，应用前景十分广阔。

五、香精香料的微胶囊化

1. 微胶囊香精简介

微胶囊（Micro Encapsualtion）技术是利用天然或合成的高分子材料，将敏感物料包裹后形成封闭性较好的微小胶囊的一项技术。微胶囊直径一般为 1～1000μm。香精香料微胶囊是微胶囊技术中的一个重要分支，指的是以芯材为液体香精香料的微胶囊。

在欧美发达国家，超过 50％的香精均采用了微胶囊技术。香精香料微胶囊化的主要作用有：

(1)减少敏感性物质和外界环境的接触，从而防止变质和损失。例如，橘油中的 烯易被氧化，导致香气的变质；还有一些芳香物质含有酐类化合物，它会和蛋白质反应，这使得在高蛋白质食品中保持风味存在困难。如将香精香料进行微胶囊化就起到了保藏和持留香气的作用。

(2)可以保证香精产品在货架期内香气强度和香型不发生变化。

(3)使香精具有缓释作用，典型的例子就是口香糖中的微胶囊化香精。

(4)将液体香精香料变成固体粉末，便于加工、运输和储藏。

(5)消除一些芳香化合物对加工的影响，如肉桂中的肉桂醛可以阻滞焙烤食品的酵母发酵。

香精香料的微胶囊化和其他微胶囊技术相比，有其自身的特点：

(1)一个香精或天然精油往往含有几十种不同的组分(醇、酸、酯、酮等)，它们对水和油的溶解性各不相同，因此在微胶囊化过程中难免有所损失。

(2)香料化合物的沸点一般为 30～180℃，挥发性强，易损失。

(3)许多香料化合物对 pH 值、氧、光、热有苛刻的要求，给微胶囊制作带来了难度。

(4)香精从微胶囊中的释放问题尤为重要，这也给壁材选用及制造工艺带来了更复杂的问题。

其实，早在 1932 年，英国就已经开始利用阿拉伯胶进行香精微胶囊的研制工作。令人惊奇的是，至今这方面的研究仍然处于方兴未艾之势，每年与此相关的文献报道、专利申请层出不穷，这正说明了这项技术的挑战性。

香精香料微胶囊的壁材可依芯材而定，一般要求是材料性能稳定、无毒、无副作用、无刺激性、有配伍性、不影响香精香料的作用，并且要有符合要求的黏度、渗透性、有一定强度和可塑性等。香精微胶囊技术中常用的壁材有植物胶类(阿拉伯胶、海藻酸钠、卡拉胶等)、淀粉及其衍生物(各种类型的糊精、低聚糖、淀粉衍生物等)、蛋白质类(明胶、酪蛋白、大豆蛋白、乳清蛋白等)、多种纤维素衍生物(羟甲基纤维素、乙基纤维素、甲基纤维素等)以及蜡(虫蜡、石蜡、蜂蜡等)等。实际应用中，很少只用一种包膜材料来实现微胶囊化，而是常常采用两种或两种以上的壁材复合来达到要求的包埋效果。

微胶囊化的常用方法已达二百多种，而目前研究较成熟的香精微胶囊化的技术主要有喷雾干燥法、挤压法、络合法、聚合法、共结晶法、多重乳浊液法、喷雾冷凝法和空气悬浮包埋法等。

2. 香精微胶囊技术发展趋势

(1)壁材的选择：对新壁材的开发研究一直是一个重要的课题，如具有优良特性的变性淀粉是在对淀粉进行必要的修饰后得到的，其乳化性、包埋性和成膜性远远优于其他物质；蛋白原料一直是现代社会所承认的一种高附加值物质，通过高温高压的手段对蛋白进行变性处理来包埋活性香精分子，芯材损失小、工艺步骤简单、易于控制，得到的胶囊表面比喷雾干燥法得到的胶囊光滑且无凹痕，只是该方法包埋率较低；让蛋白原料和碳水化合物反应得到的美拉德产物也是很好的包埋原料。

诱变或驯化特异微生物种来合成优质包埋材料也是一个很有意义的研究方向，但是这方面的工作开展不多。天然存在的微生物胶囊无毒、可生物降解、尺寸大小均匀，只要来源易得，成本就很低。英国在这方面的研究已走在世界前列，人们曾先后对纤维状真菌、原生虫和酵母菌等各类微生物进行研究，经过比较发现，以酵母菌做微胶囊原料的效果最好。在崇尚回归自然的21世纪，天然绿色的产品更符合消费者的心理需求，配合微生物合成的天然壁材原料制得纯生物微胶囊制剂，必将在不久的将来拥有最广阔的市场。

由陶瓷工业演化而来的溶胶—凝胶体系，也很适合香精分子的包埋，因为该技术能得到中空的拥有很薄壁膜的粒径很小的微胶囊，而且操作条件特别温和、颗粒大小合适、原材料便宜，易于规模化生产。

(2)玻璃化技术：玻璃化微胶囊技术是目前被认为最有前景的香精香料微胶囊化方法，特别适合热敏性香精的包埋。首先将芯材微细化稳定分散于黏流态的壁材体系中，然后通过特殊的工艺在极短的时间使壁材从黏流态迅速转变成玻璃态包埋住分散其中微细化的芯材。微胶囊化过程中，随着温度的变化，壁材可表现出玻璃态、高弹态和黏流态三种力学状态。玻璃态与高弹态之间的转变，称为玻璃化转变，转变时对应的温度为玻璃化转变温度(Glass Transition Temperature，T_g)。物质在 T_g 以下呈玻璃态，此时其自由体积非常小，体系具有较大的黏度，高达 $10^{12} \sim 10^{14}$ Pa·s，分子流动阻力较大，使得体系中的分子扩散速率很小，分子间相互接触和反应速率亦很小，加香产品中常见的氧化、褐变、风味散失等很缓慢。通过玻璃化微胶囊技术，将香精包封于玻璃态壁材中，可抑制香精的挥发损失、保护香精敏感成分、避免香精成分与其他食品成分反应以及达到控制释放效果。但是该方法需要特殊的挤出设备、物料挤出前需惰性气体保护、产品粒度大，且加工成本高。

国外有100余种风味剂通过该方法包埋，产品稳定性好，风味滞留期可达2～3年。瑞士Firmenich公司采用专利产品Durarome玻璃化微胶囊技术已开发出系列微胶囊香精，产品不需要使用抗氧化剂，仍具有超强的氧化稳定性，保质期可长达4年，可以为顾客提供天然、健康、新鲜的产品。近年推出的肉味增强剂嘟喃酮(Duraneol)，就是这类产品的典型代表，已经广泛应用于牛肉和鸡味汤料等中，可使口味更加丰满柔顺。

(3)纳米微胶囊技术：纳米微胶囊是纳米加工学和纳米材料学的科学综合，纳米级颗粒使其具备完美的分散性和融合性，因而稳定性更高、储存时间更长，胶囊化效果更好。这是微胶囊技术发展的一个新方向。

(4)脂质体俘获技术：该技术是近年来引起人们极大兴趣的一种包覆形式，最早用于医药及化妆品领域，现在也应用于食品工业。脂质体是由类脂组成的双分子层的空心小球，类脂是一种天然表面活性剂，具有独特的亲水亲油结构，如卵磷脂，分散在水中时会自发地形成空心的双层球，两亲分子的亲水基定向地指向空心小球的内部和其外表层，亲油基则指向双层结构的中间部分(图 7－2)，在球的内部密封亲水的活性成分，而在双层膜的中间则可加载油溶成分。由于脂质体具有与生物体细胞相类似的结构，因此该技术制备的微胶囊可以具备更好的生物相容性和持香性。

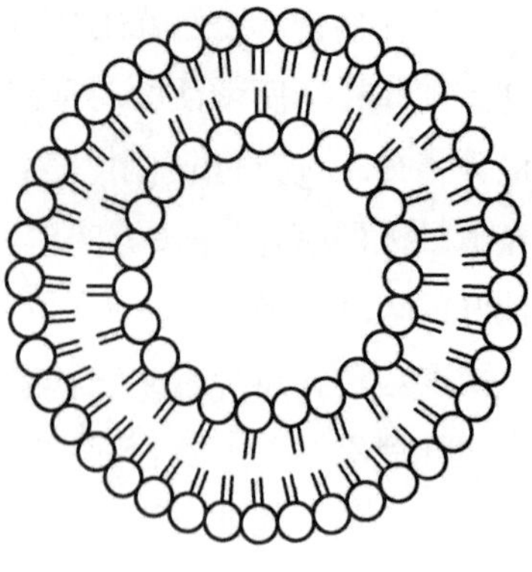

图 7－2　单层脂质体结构图
○—亲水头部　=—亲脂尾部

第三节　新技术在仪器分析中的应用

常规的分析方法很难将香料香精中的挥发性成分予以全面分析，因此必须借助现代仪器分析手段，如气相色谱法、高效液相色谱法、质谱法、红外吸收光谱法等技术以及它们的联合应用。两种或两种以上的分析技术的联用，可优势互补，能发挥出 1 加 1 大于 2 的作用。然而，面对品种繁多的天然香料和合成香料产品，仅仅对其结构分析是远远不够的，一般还需通过嗅觉感官分析来获得多组分混合香气的综合感觉，作为香气鉴定的宏观依据。

一、气相色谱/质谱联用技术

1. 气相色谱分离

香精香料按照其沸点高低大致可分为挥发性组分(如萜、醇、酯、烃等)和不挥发性组分(如香豆素、黄酮、黄烷酮、花青素等)两类。对于挥发性组分的分析，气相色谱(GC)仍为当前最为常用的方法。GC 最先是用填充柱来分离香气成分，但它的柱效不高，难以满足分析复杂的香精香料样品的要求。现在柱效更高的毛细管柱成为分析香气成分的主要工具。另外，随着毛细管柱外涂层技术的发展，出现了使用温度为 440℃的高温毛细管柱，使得分离对象的沸点范围得到大幅度提高。

(1)二维色谱(GC＋GC)：一根色谱柱仅适用于几十种到几百种物质的样品分析，复杂的香精样品往往难以得到预期的分离效果。偶合柱系统是研究分离复杂香精成分的新方法。GC＋GC 一般采用中心切割法，从第一根色谱柱预分离后的部分馏分，被再次进样到第二根色谱柱作进一步分离，而样品中的其他组分或被放空或也被中心切割。这样可以通过增加中心切割的次数来实现对感兴趣组分的分离。1998 年，Nadjoua Chanegriha 等将两根极性不同的毛细管柱连接建立所谓“极性偶合柱系统”，考察了一种复杂混合物(含有 19 种成分的精油，其中 13 种成分在任何一根单独色谱柱上都难以分离)在几种不同构造的体系(相对长度和连接顺序不同)上的分离情况。结果表明:在其中构造最好是一组偶合柱上,所有19种成分都能得到很好的分离。极性偶合柱系统是把第一根色谱柱流出的馏分在第二根色谱柱上进一步分离。其中两根色谱柱之间的接头无死区是影响分辨率的关键所在。

(2)全二维气相色谱(GC×GC):是多维色谱的一种,但又不同于通常的二维色谱,而提供了一个真正的正交分离系统。它把分离机理不同而又相互独立的两根色谱柱以串联的方式结合组成二维气相色谱。它在两根色谱柱之间装一个调解器,该调解器起捕集再传输的作用。经第一根柱分离后的每一馏分,先进入调解器,进行聚焦后再以脉冲方式送到第二根色谱柱进行进一步的分离,所有组分从第二根色谱柱进入检测器。信号经数据处理后,得到以第一根柱上保留时间为第一坐标,第二根柱上的保留时间为第二坐标,信号强度为纵坐标的三维色谱图或二维轮廓图。

GC×GC具有分辨率高(是两根色谱柱各自分辨率平方和的平方根)、峰容量大(是两根色谱柱各自峰容量的乘积)、灵敏度高(比通常的一维色谱高20～50倍)、分析时间短、定性可靠性增强等特点。如今,GC×GC已经成功运用在茶树油对映异构体的分离,运用第一根柱将对映异构体与其他组分分离,第二根柱分离对映异构体。由于GC×GC具有高峰容量和高分辨率,使得这项技术将会在复杂样品体系,如中草药中挥发性化合物和白酒中风味成分以及多环麝香化合物的分离分析中发挥更重要的作用。

2. 质谱检测

质谱(Mass Spectrometry,MS)分析是根据有机化合物的分子离子和碎片离子所提供的信息来推测化合物的相对分子质量和分子结构的一种方法,是目前最有效的定性分析手段之一。

MS是最早实现和GC联用的定性分析仪器,GC/MS联用使香精香料成分研究的效率得到了大幅度提高。由于GC具有灵敏度高、分离效率高、定量分析准确等特点,而MS的特点是鉴别能力强、响应速度快、适于对单一组分进行定性分析,两者都具备较高的灵敏度、最小检出量都十分接近,与此同时,两系统都要求样品必须转换成气体状态,因此GC和MS的共性特点为联用技术的成功奠定了基础。GC/MS联用是当前香精香料分析中应用最多的方法,它综合了两种分析技术的优势,弥补了相互间的不足,实现了多组分混合物的一次性定性、定量分析。近年来,发展了许多特殊离子源和质谱分析器,不同类型的质谱分析器在同时分析中发挥了重要的作用。

(1)飞行时间质谱(TOF/MS):是在1990年前后,随着快速信号采集和处理技术的发展而迅速发展起来的新型质谱分析技术。它是以飞行时间(TOF)作为质量分析器的MS检测器,采用了延迟引出技术和离子反射技术,高速扫描(>100次/s),分辨率达到20000以上。全二维气相色谱与飞行时间质谱的联用(GC×GC/TOF/MS)将成为分析挥发性组分最为有力的分析手段。Shellie等运用GC×GC/TOF/MS技术鉴别了薰衣草中的香气成分,其对于重叠的组分峰的分离得到大幅度提高。

(2)同位素质谱(IRMS):是近几年才被用作在线检测器的,GC/IRMS联用不仅可用于分析复杂混合物中的组分,而且可以推断组分来源。1998年,Auerbach等率先建立了通过燃烧接口连接的气相色谱偶合同位素质谱，并通过测定香味物质中各组分的$^{13}C/^{12}C$剖析出其组成。2000年，Christiane 等报道了一种新的接口方法，即将 GC 分离出的组分，经过热裂解器（接口）裂解为H_2后，再导入 IRMS 测定。他们应用此方法分别测定了不同厂商提供的、不同方法合成的以及不同天然产物提取的苯甲醛样品中$\delta^2 H/\delta^1 H$的比例，结果表明，不同来源苯甲醛的$\delta^2 H/\delta^1 H$的比例存在显著的差异，可以通过比较$\delta^2 H/\delta^1 H$的比例推断出该化合物的来源。研究结果表明，提取方法及记忆效应对结果的准确性没有显著影响，线性范围也能满足测试的要求。

（3）串联质谱（MS/MS）：MS/MS 技术是将两个质量分离器串联起来，在电子轰击源（EI）基础上，进一步将分子离子碎裂成碎片离子的技术。它可以将色谱上不能分开的共流物利用时间编程和多通道检测将其完全分开，尤其是一些空间异构体的分离。例如，利用 GC/MS/MS 对玫瑰精油中的β-大马烯酮进行分析时，在 MS 中信号相当弱的$m/z=190$和$m/z=175$的碎片通过 MS/MS 检测可以得到更好的识别。MS/MS 的问世为复杂的香精香料定性定量分析提供了新途径。

随着仪器分析的不断发展，近年来又将高效液相色谱/质谱联用法（HPLC/MS）引入到香味检测中，其分离效能、分析速度、检测灵敏度比经典液相色谱（LC）有了很大的提高。但是，目前 HPLC 在固定相的分离效率、检测器的检测范围以及灵敏度等方面，还不如 GC。

二、顶空技术

一种香味化合物内在必有的特性是其挥发性，顶空（Head Space）技术，又称气体萃取技术，利用的就是这一性质。顶空分析法是一种简单可靠的测定微量挥发性化合物的分析方法，也是一种有效的气味提取法，按照挥发性组分的提取方式不同，可分为静态顶空法和动态顶空法。

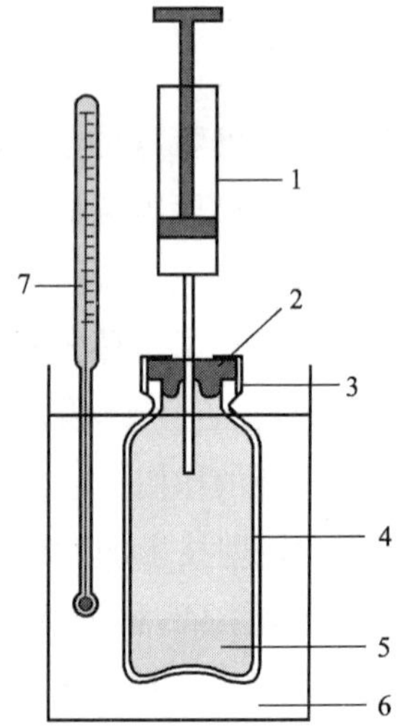

图 7-3　SHS 的典型装置

1—注射器　2—密封隔垫
3—螺帽　4—容器
5—样品　6—恒温浴
7—温度计

1. 静态顶空

静态顶空（Static Head Space，SHS）技术又称为“一步气体萃取”，从原理上讲是最简单的顶空技术。SHS 的典型装置如图 7-3 所示，将样品置于一个密闭的容器中，挥发性成分在样品基质和周围顶空物之间达到平衡后，用气密性注射器抽取样品上方的气体进行分析。该平衡受到容器温度、样品尺寸、平衡时间等因素的影响。SHS 法用于定性分析非常简便，但仅适于高度挥发性或高含量组分的检测。

2. 动态顶空

动态顶空（Dynamic Head Space，DHS）技术又称为吹扫—捕集法（Purge and Trap，PT），使用吹扫气体连续萃取样品，将一些顶空挥发性组分连续地排出，这些挥发性物质随后被捕集在吸附物质上（通常是多孔聚合物）或通过低温捕集而得以富集，再热解析进行 GC 分析，其典型装置如图 7－4 所示。它是“连续气体萃取”，不必等到样品瓶中两相达到平衡和抽取等分的顶空样品进行测定。目前，DHS 是应用于肉类食品风味研究的较为普遍的技术。用 DHS 方法提取的挥发性物质较接近人体嗅觉所能感觉到的真实香味组成，但其主要缺陷在于，对低挥发性组分的提取效率低下。

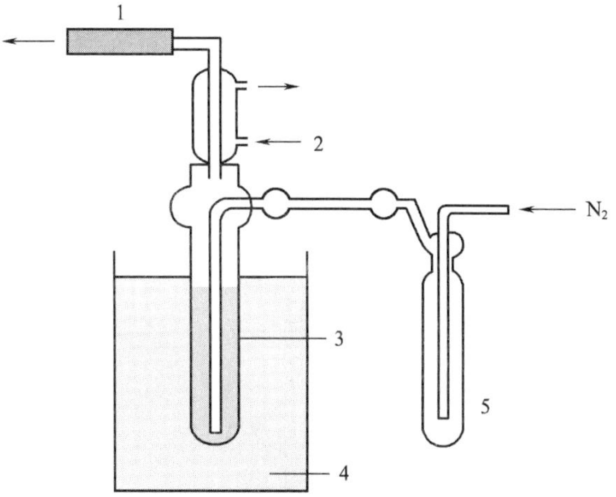

图 7－4　DHS 的典型装置

1—捕集管　2—冷却水　3—样品管　4—水浴　5—洗气瓶

顶空法在对容易分解和无法直接进样的液体和固体样品进行分析时，显示了独特的优势；而且，由于该法具有样品制备简单、检测限低、分析结果代表性强、操作简单、快速以及避免人为因素的影响、不受非挥发性组分的干扰等优点，自问世以来在香料、食品、烟草等香气和风味的分析方面，得到了广泛的应用。李炎强等采用 SHS/GC/MS 对 47 个不同类型的烟叶样品（烤烟、白肋烟和香料烟）的顶空成分进行了分析，将顶空成分与感官评价相结合，利用主成分分析算法可以对不同类型的卷烟进行评价。

三、固相微萃取技术

固相萃取（Solid Phase Extraction，SPE）是利用固体吸附剂将样品中的目标化合物吸附，然后再用洗脱液洗脱或加热解吸附，从而达到分离和富集目标化合物的目的。SPE 法采用高效、高选择性的吸附剂，大大简化了样品处理过程。与液—液萃取相比，SPE 法不需要大量的纯溶剂，无相分离操作，且处理过程不会产生乳化现象，但分析物回收率和精密度要低于液—液萃取。

固相微萃取（Solid Phase Micro Extraction，SPME）是在固相萃取的基础上发展起来的一种用于富集挥发性化合物的新技术，通过一根熔融石英纤维丝或涂有一层具有选择性固相或液相聚合薄膜的石英纤维头对样品中有机成分进行萃取预富集。SPME 装置（图 7－5）已由美国的 Supelco 公司在 1993 年实现商品化。SPME 有两种萃取方式：一种是将萃取纤维直接暴露在样品中的直接萃取法，适用于分析气体样品和洁净样中的有机化合物；另一种是将纤维暴露于样品顶空中的顶空萃取法，广泛适用于油脂、高分子量腐殖酸及固体样品中挥发、半挥发的有机化合物的分析。SPME 萃取待测物后可与 GC、GC/MS、LC、LC/MS 联用进行分离和检测。对于气相色谱，萃取纤维插入进样口后进行热解吸，而对于液相色谱，则是通过溶剂进行洗脱。

作为一种新型样品处理技术，SPME 的显著优点是将萃取和浓缩合二为一，无需有机溶剂、

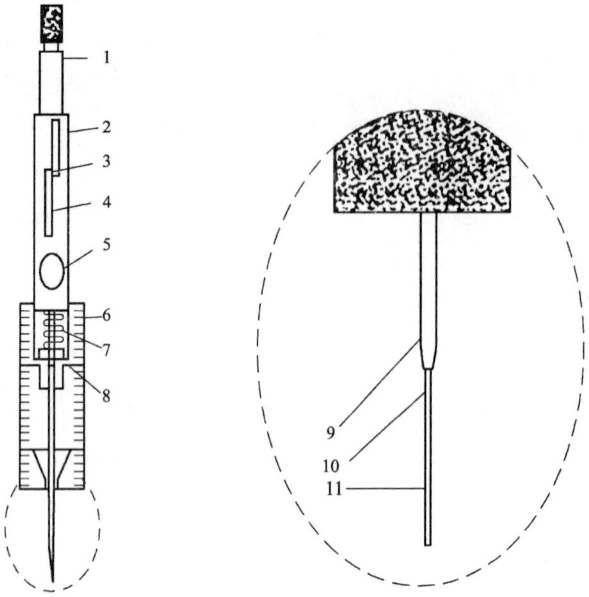

图 7－5　SPME 装置结构图

1—压杆　2—筒体　3—压杆卡持螺钉　4—Z 形槽　5—筒体视窗　6—调节针长度的定位器　7—拉伸弹簧　8—密封隔膜　9—注射针管　10—纤维连接管　11—熔融石英纤维

成本消耗低、操作简单，并能较真实地反映样品特别是活体样品的风味组成。目前，SPME 技术已成功应用于食品及香精香料中的挥发性、半挥发性组分的提取和分析。采用顶空固相微萃取/气相色谱/质谱联用技术检测鲜花（如桂花、水仙、腊梅等）、水果（如草莓、水蜜桃、苹果等）、蔬菜（如芹菜、黄瓜等）、香辛料（如生姜、白胡椒粉、芥末膏等）、中药（如野菊花、鱼腥草、苍术等）及香精中的挥发性成分，均取得了良好的效果。

四、气相色谱/嗅觉检测器（GC/O）法

1. 概述

传统的 GC/MS 能够在一次运行中分离和检测数百种挥发性化合物，但是事实上并非所有的挥发性物质对整体香气都有贡献。为了确定这些挥发性物质是否具有香味活性（Aroma Active），人们通过主观嗅觉，来评定气相色谱流出成分的气味，这种方法即为气相色谱/嗅觉检测器法（GC/Olfactometry，GC/O）。其原理非常简单，在 GC 末端安装分流口，分流样品到 FID 检测器/嗅觉检测器。将经过前处理的样品注入在检测器端连有嗅觉检测器的 GC 中，而嗅闻人员则坐在嗅觉检测器的出口处，记录他们在气体流出物中所闻到的香味。由 GC/O 不但可以对单一组分进行定性，还能检测出复杂风味中起决定性作用的香气成分，并且可以定量单一组分对风味体系香气的贡献。

早在 1964 年，Fuller 等就报道了最简单形式的气相色谱/嗅觉检测器联用仪，即直接吸闻从 GC 中流出物的气味，但由于实验的重现性不好，1971 年 Dravnieks 等对该技术进行了改进，将 GC 流出组分增加了湿润的空气再进行吸闻，以减少嗅觉器官的干燥感，他们的设计理念一直沿用至今。

2. GC/O 的分析方法

经过 40 多年的发展，GC/O 技术已派生为以下四大类：

(1)稀释分析法：将样品梯度稀释至阈值，得到表征香气物质重要性的数值。该类中具有代表性的方法是 Charm 分析法和芳香萃取物稀释分析法(Aroma Extract Dilution Analysis，AEDA)。稀释法操作起来相对简便，而且连续嗅闻同一萃取样品的稀释物使得最终结果较为有效。这种方法可以用来确定许多不同食品中香气化合物的贡献大小，如烤牛肉、烘烤咖啡、茶叶、爆米花、谷物类、鸡汤、白酒和鳕鱼等。但这类方法存在两个缺点，首先非常耗时，其次会把在最高稀释度闻到的物质想当然地认为是最重要的香气物质，事实上嗅觉响应高和有重要贡献还是有所区别的。

(2)频度法：将能够闻到某物质气味的感官鉴定人员人数记作该物质的香气强度。该方法克服了感官鉴定人员人数少带来的误差，不需要使用阈值。频度法可以用来评价胡椒粉、炸土豆、巧克力、奶酪、矿泉水和咖啡等食品中的香气化合物。不过此方法亦有缺陷，尽管响应频度和感觉强度两者存在良好的相关性，但直接获得的并不是真正的强度。

(3)强度法：芳香萃取物只注射一次，感官鉴定人员通过使用可变电阻器移动来记录香气随时间变化的强度。这种方法也成功应用于苹果、橘子汁、干奶酪和牛奶等香气的分析，但其应用范围并不广，这与感官鉴定人员间的结果差异较大有关。

(4)时间/强度法：通过每个时间段色谱峰流出物的强度加和来进行定量，最常用的是 Osme 技术。Osme 一词来源于希腊语，意思为“闻香”。经过训练的闻香人员在闻香口直接记录感知到的香气化合物强度和持续时间，并且描述该香气化合物的香气特征。同时，计算机记录持续时间的图谱，以帮助闻香人员判别香气化合物的出现位置。在此实验中，需要一组人员用于鉴定香气物质强度和浓度之间的联系。香气化合物的最大强度和峰面积都与该香气化合物的浓度有很好的线性关系。目前来说时间/强度法在 GC/O 中的应用不是很多，报道的文献有酒香、苹果和奶酪的香气分析。

总之，在选择检测方法上应根据研究目的、闻香人员的水平及计划所需的时间等因素来综合考虑。例如，频度法能够用最少的时间确定香味活性化合物而不要求闻香人员经过特殊的训练，而时间/强度法则比频度法有更好的精确性。

此外，GC/O 还可与 SPME 和 MS 等技术联用，相互取长补短，在应用于香味研究中发挥着越来越广泛而重要的作用。然而，由于不同的人对不同香味敏感度不同，每个人的嗅闻灵敏度在长时间中甚至是同一天的不同时段都会存在差异等方面的原因，造成了 GC/O 应用中的不足。

五、电子感官分析

1. 电子鼻

电子鼻也称人工嗅觉系统，是应用了先进的传感器和计算机技术模仿生物嗅觉系统的电子仪器，可用来检测、分析和识别复杂嗅味和大多数挥发性化学成分。其最早应用可追溯到1982年，英国Warwick大学的Persaud和Dodd教授用3个商品化的SnO_2气体传感器模拟哺乳动物嗅觉系统对乙酸戊酯、乙醇、乙醚、戊酸、柠檬油、异茉莉酮等有机挥发气体进行了类别分析。

电子鼻一般由气敏传感器阵列、信号预处理单元和模式识别单元三大部分组成，其工作原理与生物嗅觉相似：首先气体分子被传感器阵列吸附，产生信号；然后将信号经各种方法处理和传输；最后将处理后的信号经模式识别系统作出判断，如图7－6所示。

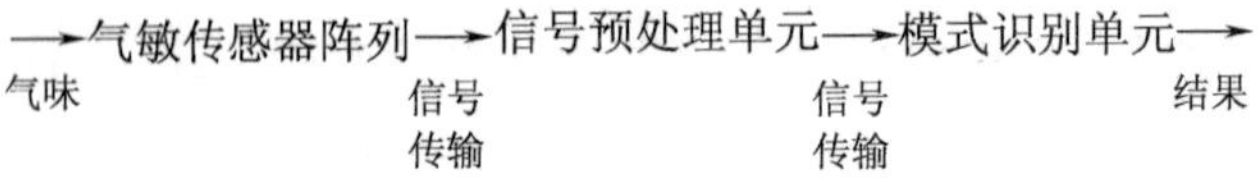

图7－6　电子鼻的工作原理

气敏传感器阵列用来感应气体中的化学成分，产生可以用来测量的物理量的变化。它是由多个单独的传感器组成，具有交叉灵敏度高、响应频带宽等特点。正确地选择传感器的种类和材料对于整个电子鼻系统的性能有着很大的影响。

信号预处理单元对传感器阵列的响应模式进行预加工，完成滤波、交换和特征提取，其中最重要的就是对信号的特征提取。如在气味或气体的定性辨识中，采用归一化处理可在一定程度上消除浓度对传感器输出响应的影响。

模式识别单元相当于动物和人类的神经中枢，把提取的特征参数进行模式识别，运用一定的算法完成气味或气体的定性定量辨识。

凭借分析快速、简便、客观和重现性好等特点，电子鼻已在食品、烟草、医学、环境监测和公共安全等诸多领域得到应用。在食品工业中，电子鼻可以用来检测鱼、肉等的新鲜度，判别储藏的粮食是否发生霉烂变质；评价水果的成熟度，评价和识别不同品牌的白酒、葡萄酒、牛奶、茶叶以及果汁等；实现食品生产过程的监测。在烟草行业中，电子鼻越来越广泛应用于卷烟质量评价与真伪鉴别。

如今，电子鼻在香精香料行业中的应用也日益增多。田怀香等利用电子鼻快速鉴定金华火腿原料与调配的金华火腿香精的香气差别；陈晓明等将电子鼻应用于检测不同生产时期的天然苹果香精，初步筛选出建立天然苹果香精质量检测标准的样品，为质量控制提供指导；李永宏等采用电子鼻比较法国罗地亚公司的4种商品化檀香的香气，结果发现4种檀香的香气有一定的差别，电子鼻能够对罗地亚檀香进行区别。

近二十年来，电子鼻研究取得了长足的进展。尽管受敏感膜材料、制造工艺、数据处理方法等方面的限制，电子鼻的检测与识别范围与人们的期望还存在距离，但是，将之应用于香精香料、食品和化妆品的香气质量评定的时机已经成熟。

2. 电子舌

电子舌也称人工味觉系统，是1种模仿生物味觉系统的智能仪器，具有识别单一和复杂味道的能力。它主要由味觉传感器阵列、信号处理以及模式识别系统三部分组成，其中味觉传感器阵列如同人的舌头感受溶液的味道，将味觉感知信号转换成容易分析处理的电信号；信号处理模块将样本收集并存储在计算机内存中；模式识别系统则是利用化学计量学等数学手段，模拟人脑将采集的电信号加以分析、识别。

自1990年，Toko教授研制开发出世界上第一个电子舌系统至今，电子舌的应用研究异常活跃，在酒饮料鉴别、茶叶品质评价、发酵过程控制以及食品安全等食品领域中应用相对广泛。如Vlasov等利用电子舌对啤酒、咖啡、茶、果汁、矿泉水和软饮料等饮料类食品进行了分析检测，然后利用主成分分析的方法对传感器的输出响应进行处理和识别。结果显示，不同样品之间的差异性能够被非常明确地区别出来，而且重现性较好。Lvova等利用电子舌对茶叶滋味进行分析评价，研究表明，采用电子舌技术可以很好地区分红茶、绿茶和咖啡，并且也能很好地区分不同品种的绿茶。国外的一些研究者还尝试把电子舌与电子鼻这两种技术融合在一起，模拟人的味觉与嗅觉的结合，从不同角度分析同一个样品，这在一些情况下能大大提高识别能力。此外，电子舌还可应用于环境、医药等多种领域。

第八章　实　验

实验一　水蒸气蒸馏法提取姜油

【实验目的与要求】

(1)了解常压水蒸气蒸馏法的原理,学习利用该方法提取姜油。

(2)了解姜油的制备工艺流程。

【实验原理】

水蒸气蒸馏法是利用互不相溶的两种混合液(水和精油)的蒸气压等于各组分蒸气压之和的原理,使沸点较高的精油(有机混合物)在低于 100 ℃下随蒸汽一同蒸出,再经油水分离后,即得精油。水蒸气蒸馏方法生产精油有三种形式:水中蒸馏、水上蒸馏和水汽蒸馏。本实验采用水中蒸馏法制备姜油,其工艺流程见图 8－1。

水蒸气 ↓（加入蒸馏）

鲜姜 → 晒干 → 破碎 → 蒸馏 → 油水分离 → 蒸馏姜油

图 8－1　水蒸气蒸馏法提取姜油工艺图

【实验试剂】

干姜粉 200g。

【实验步骤】

1. 提取

(1)如图 8－2 所示安装好水蒸气蒸馏装置。

(2)称量 200g 干姜粉装入蒸馏瓶,加入 700mL 热水,加热蒸馏瓶。

(3)水蒸气蒸馏,至蒸出馏分无油滴为止,停止加热。

2. 分离

(1)用油水分离器从馏液中分出姜油。

(2)称量,并计算产率。

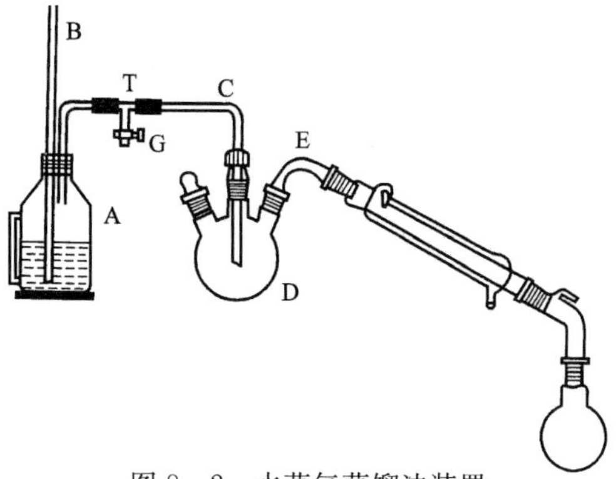

图 8－2　水蒸气蒸馏法装置

A—水蒸气发生器　B—安全管　C—水蒸气导管　D—三口烧瓶

E—弯接管　G—弹簧夹或螺旋夹　T—T 形管

(3)评价所得姜油的香气品质。

3. 产物测定

测姜油折射率。

【注意事项】

姜油的质量指标为:相对密度 d_4^{25} 0.872～0.895,折光指数 n_D^{20} 1.4800～1.4980,旋光度 $[\alpha]_D^{20}$ －25°～－55°,酸值 0～2,酯值 1%。

【实验结果】

产率________,香气评价:____________________。

【思考题】

(1)适宜用水蒸气蒸馏来分离和提纯的有机化合物应具备哪些基本条件?

(2)若蒸馏瓶中的液体发生倒吸现象,应如何操作?

实验二　浸提法制备山楂浸膏

【实验目的与要求】

(1)通过实验了解浸提的基本原理及操作方法。

(2)了解山楂浸膏的制备工艺流程。

【实验原理】

浸提法亦称萃取法，是用挥发性有机溶剂将原料中某些成分提取出来，其过程是一种物质传递的物理过程。浸提法制备山楂浸膏的工艺流程如图 8－3 所示。

干山楂 → 破 碎 → 乙醇浸提 → 过 滤 → 滤液浓缩 → 山楂浸膏

滤液浓缩 ↓ 回收乙醇

图 8－3　浸提法制备山楂浸膏工艺图

【实验试剂】

干山楂 100g。

【实验步骤】

1. 合成

(1)在 500mL 的三口烧瓶中，加入 100g 破碎的干山楂。

(2)三口烧瓶中间装搅拌器，两侧分别装回流冷凝管和空心塞。

(3)量取 160mL 乙醇加入三口烧瓶中，并开启搅拌。

(4)加热回流 2h 后，冷却浸提液[1]。

2. 分离

(1)过滤，滤饼回收。

(2)滤液转入 250mL 的蒸馏瓶中，常压回收乙醇后即得山楂浸膏[2]。

(3)称重，并计算产率。

(4)评价所得山楂浸膏的品质。

【注意事项】

[1] 浸液呈浅棕色流动液体。

[2] 成品山楂浸膏为红色膏状物，含有浓厚的果酸香味和天然山楂乌梅香气。

【实验结果】

产率____________，香气评价：________________________。

【思考题】

(1)本实验的萃取溶剂除乙醇之外，还可以用什么？应依据什么原则来选择浸提溶剂？

(2)影响浸提效率的因素有哪些？

实验三 冻析法提纯制薄荷醇

【实验目的与要求】

(1)了解冻析法的基本原理,学习利用该方法从天然薄荷原油中分离出薄荷醇。

(2)进一步掌握减压抽滤的正确操作方法。

(3)了解熔点的定义和测试方法,并测定所得薄荷醇的熔点。

【实验原理】

结晶分离技术是利用相变化进行分离纯化产品,即利用液固相平衡原理进行分离。通常晶体物质被加热到一定温度时,就从固态转变为液态,此时的温度可视为该物质的熔点。理论上它应是个点,但实际测定这一点有困难。一般在测定固体有机化合物的熔点时,通常是测定一个温度范围,即从开始熔化(初熔)至全部熔化(全熔)时的温度变动,该范围称为熔点范围,亦称熔程或熔距。

【实验试剂】

天然薄荷原油 50g。

【实验步骤】

1. 结晶

(1)在 100mL 烧杯中称量 50g 天然薄荷原油。

(2)在另一个 250mL 烧杯中先放入由 5 层纸巾叠成的隔热层,然后将盛有薄荷原油的 100mL 烧杯放入其中,在 250mL 烧杯上盖一表面皿。

(3)将两个烧杯放入冰箱中,调节温度在 0～4℃,静置 3 天以上,原油中的薄荷醇即自然析出,为针状结晶。

2. 分离

(1)如图 8-4 所示,将抽滤瓶、布氏漏斗、抽气装置(真空泵或水泵)、真空橡皮管按抽滤装置要求安装好。

(2)把滤纸放入漏斗内,用少量水润湿滤纸,微开真空,滤纸便吸紧在漏斗上。

(3)抽滤时,将烧杯中的原油先慢慢倒入布氏漏斗中,再将烧杯中的结晶与原油一并倒入布氏漏斗中(注意:过滤物不要超过漏斗总容量的 2/3),在减压状态下吸干母液,至晶体比较干燥为止。

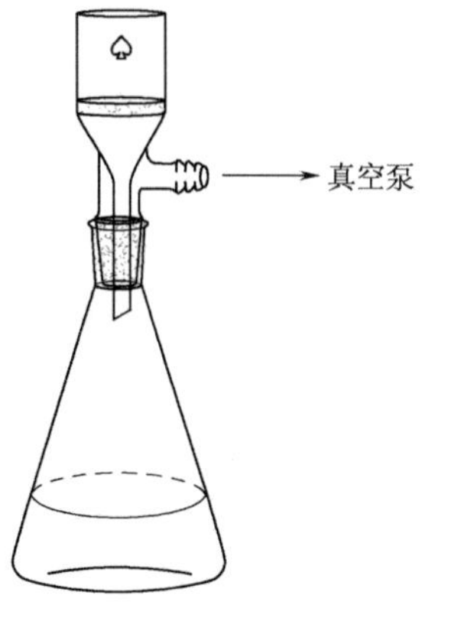

图 8-4 抽滤装置图

(4)抽滤完毕,先拔掉真空橡皮管,再关掉真空泵或水泵,以防滤瓶内压力低于外界压力而使机油或水吸入滤瓶，产生倒吸。

(5)将晶体烘干称重，并计算产率。

(6)评价所得薄荷醇的香气品质。

3. 熔点的测定

(1)将样品装入熔点管[1]中，至有 2～3mm 高为止。

(2)开启熔点仪，稳定 20min，设定起始温度，选择升温速率。

(3)达到起始温度后插入样品管。调电表指示为零。

(4)按动升温钮，观察熔点仪的读数变化。记录产品的初熔和终熔读数[2]。关闭熔点仪。

【注意事项】

[1] 测熔点毛细管，由中性硬质玻璃制成，一端熔封，管长约 100mm，内径约 1.0mm，壁厚 0.10～0.15mm。

[2] 纯净薄荷醇的熔点为 42～44 ℃。

【实验结果】

产率__________，熔点__________℃，香气评价：______________________。

【思考题】

(1)从结晶液中分离结晶和母液，除了减压抽滤之外，还有什么方法？

(2)样品的装填操作应该注意哪些方面？

实验四 草莓醛的制备

【实验目的与要求】

(1)了解 Darzens 缩合反应在合成香料中的应用。

(2)掌握低温操作与分离的技巧。

【实验原理】

Darzens 反应是以醛或酮在强碱(醇钾、醇钠或氨基钠)作用下与含有氢原子的卤代羧酸酯发生的缩合反应，生成 α,β-环氧羧酸酯(即缩水甘油酸酯)。

本实验用苯乙酮与氯乙酸乙酯在强碱乙醇钠的催化下，通过 Darzens 缩合反应制备草莓醛。其合成反应式为：

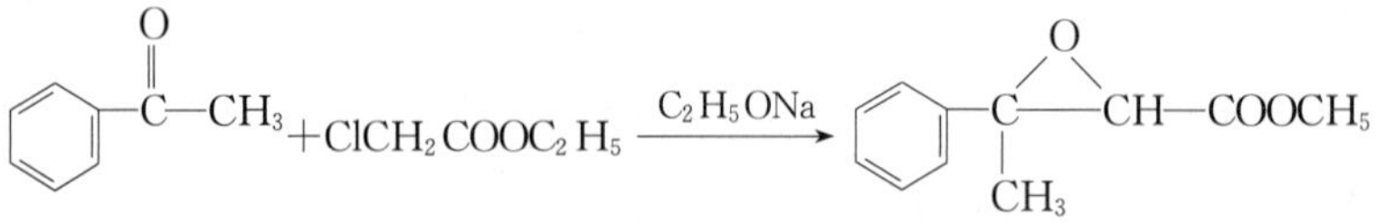

【实验试剂】

苯乙酮 11mL（12g，0.1mol），氯乙酸乙酯 21mL（24.4g，0.2mol），乙醇钠 14.28g（0.21mol），苯，饱和 NaCl 溶液，无水 Na_2SO_4。

【实验步骤】

1. 合成

(1)在 250mL 三口烧瓶中，加入 14.28g 乙醇钠、50mL 无水苯[1]，混合均匀。

(2)三口烧瓶中间装搅拌器，两侧分别装滴液漏斗和回流冷凝管。

(3)先将内温降到 10 ℃，后滴入 21mL 氯乙酸乙酯和 11mL 苯乙酮的混合物，内温控制在 0～18 ℃，滴加时间 0.5～1h。滴加完毕后，控制内温在 18 ℃左右反应 3h。

2. 分离和提纯

(1)将反应混合物倒入冰水中(20g 冰＋30～40mL 水)，充分搅拌。

(2)将反应液移入分液漏斗，分出油层。水层用 10mL 苯萃取两次。萃取液和油层合并，用饱和 NaCl 溶液洗至中性。用无水 Na_2SO_4 干燥。

(3)将干燥后的粗酯液先常压蒸馏回收苯，然后进行减压蒸馏[2]收集草莓醛。

(4)称量或量取产品体积，并计算产率。

(5)评价所得草莓醛的香气品质。

3. 产物测定

(1)测产物折射率。

(2)测产物的红外光谱。草莓醛的标准红外光谱见图 8－5。

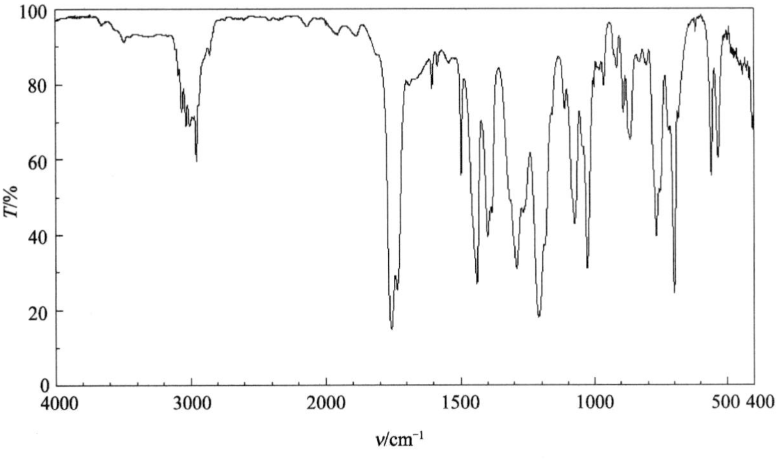

图 8－5 草莓醛的标准红外光谱

【注意事项】

[1] 反应体系不能有水，否则

$$ClCH_2COOC_2H_5 + H_2O \longrightarrow HOCH_2COOC_2H_5 + HCl$$

故本实验合成中所有仪器均应干燥。苯必须事先用无水 $CaCl_2$ 干燥。

[2] 草莓醛在常压下蒸馏易重排生成 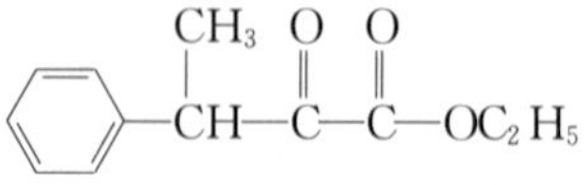

，故只能采用减压蒸馏。蒸馏时，温度不能太高，时间不能太长。

【实验结果】

产率__________，折射率__________，香气评价：____________________。

【思考题】

(1)试写出本合成反应的反应机理。

(2)本实验中为什么要加饱和 NaCl 溶液？是否可以用水洗涤？为什么？

实验五　肉桂酸的制备

【实验目的与要求】

(1)了解珀金(Perkin)反应机理，学习利用该反应制取肉桂酸的方法。

(2)进一步熟悉回流、水蒸气蒸馏、重结晶等操作技术。

【实验原理】

芳香醛与含有 α-氢原子的脂肪酸酐在碱性催化剂作用下共热，可发生缩合反应，生成 α,β-不饱和芳香酸。这种缩合反应称为 Perkin 反应。在 Perkin 反应中，催化剂通常是相应酸酐的羧酸钾盐或钠盐，有时也用碳酸钾或叔胺。

本实验用苯甲醛和乙酸酐在无水乙酸钾作用下进行缩合反应制备肉桂酸，主要反应式为：

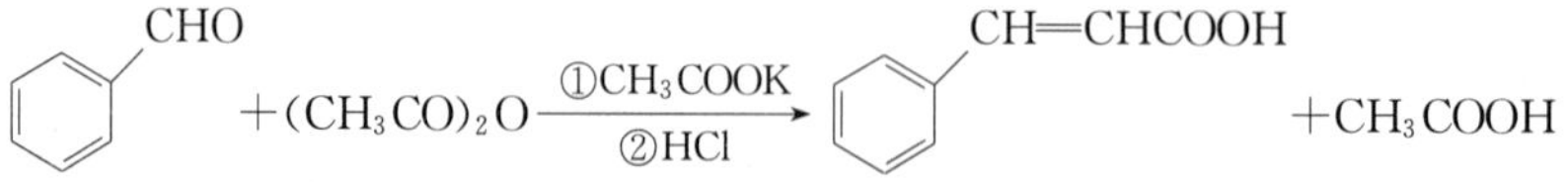

回流反应结束后，反应混合物中除了生成的肉桂酸外，还有少量未反应的苯甲醛，可采用水蒸气蒸馏的方法除去。水蒸气蒸馏时，为了防止肉桂酸随水蒸气蒸出，可先用氢氧化钠将肉桂酸转变成肉桂酸钠盐，然后酸化即得肉桂酸。

【实验试剂】

苯甲醛 50mL（52.3g，0.49mol），乙酸酐 71mL（76.8g，0.75mol），无水乙酸钾 30g（0.31mol），氢氧化钠溶液（15%），活性炭，HCl（1∶1）。

【实验步骤】

1. 合成

（1）在 500mL 三口烧瓶中，依次加入 50mL 新蒸馏的苯甲醛[1]，31mL 乙酸酐和 30g 无水乙酸钾，加入几粒沸石混合均匀。

（2）三口烧瓶两侧分别装上滴液漏斗（事先加入 40mL 乙酸酐）和温度计，中间装上韦氏分馏柱，在分馏柱侧面装上直型冷凝管，直型冷凝管下端装上蒸馏瓶。

（3）将反应混合物加热并平稳回流 1h 后，开始滴加滴液漏斗内的乙酸酐，在滴加过程中不断有乙酸馏出，滴加完毕后，继续蒸馏乙酸[2]，当烧瓶中有大量肉桂酸析出，且不再有乙酸流出时停止加热。

2. 分离和提纯

（1）将反应混合物稍冷却后，加入氢氧化钠溶液（15%）120mL 左右，使固体溶解，且溶液呈微碱性。

（2）混合物进行水蒸气蒸馏，直至馏出液无油珠为止。馏出液倒入分液漏斗内分去水层，回收苯甲醛。

（3）在水蒸气蒸馏的残液中，加入适量活性炭并煮沸 5～10min，趁热过滤。

（4）滤液用 1∶1 的 HCl 酸化至溶液呈酸性[3]，此时有大量肉桂酸沉淀析出。

（5）待溶液充分冷却后，抽滤并用少量冷水洗涤滤饼，至滤液呈中性。烘干后称重，计算产率。

（6）粗肉桂酸可用热水或 1∶3 的稀乙醇[V(乙醇)∶V(水)＝1∶3]进行重结晶[4]。精制后产品烘干后再次称重，并计算产率。

3. 产物测定

（1）测定产物熔点[5]。

（2）测定产物的红外光谱。肉桂酸的标准红外光谱见图 8－6。

【注意事项】

[1] 苯甲醛久置后会氧化生成苯甲酸。不仅影响产率而且难以分离。所以本实验所需苯甲醛应事先蒸馏，取 170～180℃的馏分。

[2] 蒸出乙酸的温度必须控制在 120℃左右，过高，将有未反应的原料蒸出。

[3] HCl 的用量应计量。可用刚果红试纸检验，刚果红试纸由红变蓝则说明溶液已为

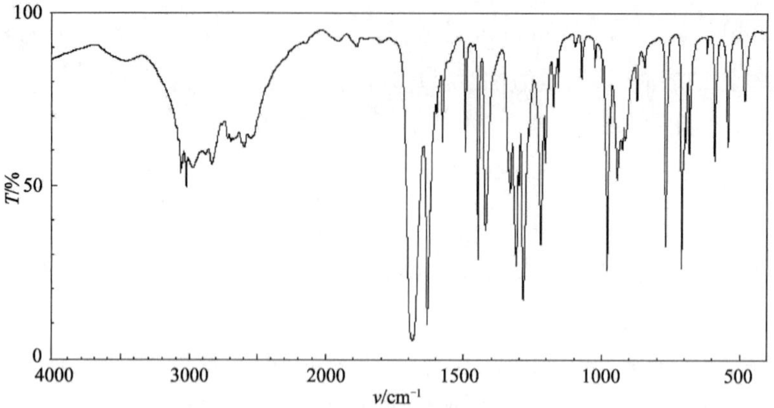

图 8－6　肉桂酸的标准红外光谱

酸性。

［4］使用有机溶剂或有机溶剂—水的混合溶剂进行重结晶时，应该使用回流装置配制饱和溶液。肉桂酸 25 ℃下在水中的溶解度为 0.06g，在无水乙醇中的溶解度为 22.03g。

［5］肉桂酸有顺反异构体，但 Perkin 反应只能得到反式的肉桂酸，其熔点为 133～134 ℃。

【实验结果】

产率＿＿＿＿＿＿，熔点＿＿＿＿＿＿℃，香气评价：＿＿＿＿＿＿＿＿＿＿。

【思考题】

(1)本实验用水蒸气蒸馏除去未反应的苯甲醛。你认为还可以采用什么方法？

(2)本实验中，如果原料苯甲醛中含有少量苯甲酸，对实验结果有什么影响？应采取什么措施？

实验六　桂酸乙酯的制备

【实验目的与要求】

了解酯化反应原理，学习利用该反应来制取桂酸乙酯的方法。

【实验原理】

本实验以肉桂酸和乙醇为原料，在浓硫酸催化作用下，合成桂酸乙酯。其主反应式为：

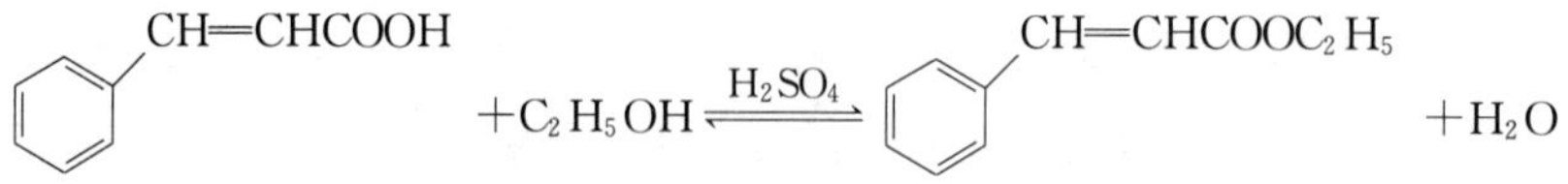

为了提高桂酸乙酯的产率，本实验采用反应原料乙醇过量来达到目的。

【实验试剂】

桂酸 15g（0.10mol），乙醇（95%）110mL（21g，0.46mol），浓硫酸 2mL，Na_2CO_3 溶液（10%），饱和 NaCl 溶液，HCl(1∶1)，无水 $MgSO_4$。

【实验步骤】

1. 合成

(1)在 250mL 三口烧瓶中，依次加入 15g 桂酸，110mL 乙醇(95%)，分批加入 2mL 浓硫酸后混合均匀[1]，加入几粒沸石。

(2)三口烧瓶中间装上回流冷凝管，两侧分别装上温度计和空心塞。

(3)在油浴内加热，保持平稳回流 3h，期间油温控制在 125～128℃。

2. 分离和提纯

(1)待反应混合物稍冷却后，改为蒸馏装置，回收过量乙醇。

(2)将烧瓶内的残液移入分液漏斗，用 15mL 水进行洗涤。分出水层后，有机层每次用 10% Na_2CO_3 溶液洗涤两次[2]。合并有机层并用 10mL 饱和 NaCl 溶液洗涤一次[3]。

(3)分出水层以后将有机层移入干燥洁净的锥形瓶中，用 2g 左右的无水 $MgSO_4$ 干燥。

(4)经干燥后的粗产品转入圆底烧瓶，减压蒸馏收集桂酸乙酯的馏分。称量或量取产品体积，并计算产率。

(5)将上述分出碱液用 HCl(1∶1)进行酸化，得乳白色固体，抽滤，回收桂酸。

3. 产物测定

(1)测定产物折射率。

(2)测定产物的红外光谱。桂酸乙酯的标准红外光谱见图 8－7。

【注意事项】

[1] 加浓硫酸时应不断振荡，缓慢加入，否则会使部分反应物脱水、聚合。

[2] 用 Na_2CO_3 溶液洗涤时，会产生大量的 CO_2 气体，应注意及时放气。用 Na_2CO_3 溶液洗涤以后的有机层，应呈中性或微碱性(可用 pH 试纸检验)，否则桂酸乙酯在蒸馏时，会发生分解反应。

[3] 饱和 NaCl 溶液可以降低酯在水中的溶解度。同时还可以防止乳化，便于分离。

【实验结果】

产率____________，折射率____________，香气评价：____________________________。

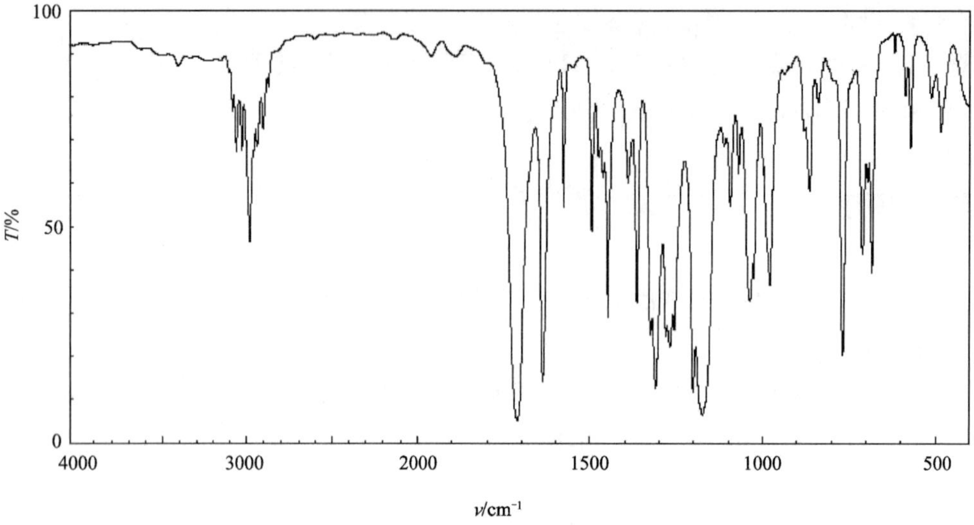

图 8－7　桂酸乙酯的标准红外光谱

【思考题】

(1)在酯化反应中,为了提高产率,通常有哪些方法?

(2)请你设计一个以苯甲酸和乙醇为原料,合成苯甲酸乙酯的实验。

实验七　茉莉花香精主体香料的嗅辨

【实验目的与要求】

(1)正确掌握香料的嗅辨方法。

(2)能根据香气辨别茉莉花香精的主体香料。

【实验原理】

广泛采用的液体香料辨评方法是纸条辨香法。嗅辨时,首先要在辨香纸上写明被辨对象的名称或号码,然后将其一头浸入拟辨香料(或其稀释溶液)中,蘸取 1～2 cm,对比时蘸取的高度应相等。样品不能触及鼻子,要有一定距离,刚可嗅到香气为宜。

【实验试剂】

10 种茉莉花香精主体香料:乙酸苄酯、丙酸苄酯、α－戊基桂醛、α－己基桂醛、二氢茉莉酮酸甲酯、茉莉酯、芳樟醇、乙酸芳樟酯、依兰油、小花茉莉浸膏(10%,苄醇),辨香纸。

【实验步骤】

(1)在实验架上找出所需的天然香料和合成香料。

(2)对这些香原料进行辨香,熟悉并掌握各种香原料的外观及香气特征。

(3)由老师从中任选几种香料,进行测试。

【实验结果】

序 号	香料名称	香气特征
1		
2		
3		
4		
5		

【思考题】

(1)如果是固体香料,正确的辨香方法应如何操作?

(2)影响香料质量变化的因素有哪些?

实验八 茉莉花香精的调配

【实验目的与要求】

(1)掌握调配茉莉香精所需的各种合成香料和天然香料的香气、香韵的特点。

(2)了解并掌握组成茉莉香精的几路香韵及其各自的质量分数。

(3)初步了解设计配方和调整配方的过程。

(4)最终配制出一个具有花香特征、香韵和谐的茉莉香精。

【实验原理】

香精由各种香原料组成,根据茉莉香精的香气特征,可选择性地使用各种香原料,调配出一个具有花香特征、香韵和谐的茉莉香精。

【实验试剂与仪器】

香原料:30种左右;滴管、玻璃瓶(调制用)、辨香纸、叔丁基对羟基茴香醚(BHT)、电子天平。

茉莉酮青香韵:茉莉酮、二氢茉莉酮酸甲酯、α-戊基桂醛、α-己基桂醛、茉莉酯等。

乙苄青香韵:乙酸苄酯、丙酸苄酯。

特征青香韵:芳樟醇、乙酸芳樟酯、二氢月桂烯醇、橙叶油等。

浊香香韵：吲哚、邻氨基苯甲酸甲酯、乙酸对甲酚酯等。

叶青香韵：叶醇、乙酸叶醇酯、辛炔羧酸甲酯、苯乙醛二甲缩醛等。

果香香韵：苯甲醛、桃醛、乙酸香叶酯、乙酸香茅酯、香柠檬油等。

梧青香韵：松油醇、乙酸松油酯等。

辛甜香韵：丁香酚、异丁香酚等。

醇甜香韵：香叶醇、香茅醇、苯乙醇等。

蜜甜香韵：苯甲醇、紫罗兰酮、桂醇等。

增加天然感的香料：依兰油、小花茉莉浸膏等。

【实验步骤】

(1)在实验架上找出所需的合成香料和天然香料。

(2)对这些香原料进行辨香，熟悉并掌握各种香原料的外观及其香韵特性。

(3)根据所配茉莉香精的特点，拟定初步理论配方。

(4)在电子天平上进行小样的调配，经过反复评香，调整茉莉香精的配方结构至所需香精香气的“三青一浊”香韵合和、谐调，具有天然花香特征。

(5)在香精中加入抗氧剂 BHT 2～3 粒，搅拌至溶解，静置。

【实验基础配方】

香料品名	质量分数/%	香料品名	质量分数/%
乙酸苄酯	25.0～30.0	香柠檬油	0.5～3.0
丙酸苄酯	5.0～10.0	苯甲醛(10%)	0.5～3.0
α-戊基桂醛	4.0～7.0	羟基香茅醛	1.0～3.0
α-己基桂醛	5.0～10.0	甲基紫罗兰酮	0.5～2.0
二氢茉莉酮酸甲酯	8.0～12.0	香茅醇	0.5～2.0
茉莉酯	2.0～4.0	香叶醇	0.5～1.0
茉莉素	1.0～3.0	乙酸叶醇酯(10%)	0.1～0.5
芳樟醇	5.0～10.0	丁香酚	0.5～1.0
乙酸芳樟酯	2.0～5.0	风信子素	0.5～1.5
橙叶油	1.0～3.0	香豆素	0.2～0.8
橙花素	2.0～5.0	邻氨基苯甲酸甲酯	1.0～3.0
吲哚(3%)	0.5～2.0	桃醛(10%)	0.1～0.5
依兰油	1.0～3.0	苯乙二甲缩醛	0.1～0.5
乙酸三环癸烯酯	0.5～1.5	乙酸苏合香酯	0～0.5
松油醇	1.0～5.0	辛炔羧酸甲酯	0～0.5
乙酸松油酯	1.0～5.0	小花茉莉浸膏	0.1～0.5

【实验结果】

名 称	香气评价
配方一	
配方二	
配方三	

【思考题】

(1)大花茉莉和小花茉莉的香气特征有什么异同?

(2)对最终得到的茉莉香精配方加以解说。

实验九 玫瑰花香精的调配

【实验目的与要求】

(1)掌握调配玫瑰香精所需的各种合成香料和天然香料的香气、香韵的特点。

(2)了解并掌握组成玫瑰香精的几路香韵及其各自的质量分数。

(3)进一步了解设计配方和调整配方的过程。

(4)最终配制出一个具有花香特征、香韵和谐的玫瑰香精。

【实验原理】

香精是由各种香原料组成,根据玫瑰香精的香气特征,可选择性地使用各种香原料,调配出一个具有花香特征、香韵和谐的玫瑰香精。

【实验试剂与仪器】

香原料:30种左右;滴管、玻璃瓶(调制用)、辨香纸、叔丁基对羟基茴香醚(BHT)、电子天平。

醇甜香韵:香茅醇、玫瑰醇、香叶醇、苯乙醇、四氢香叶醇、橙花醇等。

蜜蜡甜香韵:壬醛、癸醛、十一醛、壬醇、癸醇、山萩油等。

酿甜香韵:庚酸乙酯、康酿克油等。

辛甜香韵:丁香酚、异丁香酚、丁香油等。

酮甜香韵:紫罗兰酮、甲基紫罗兰酮、金合欢醇等。

桂甜香韵:桂醇、桂酸乙酯等。

果甜香韵:乙酸苯乙酯、乙酸香茅酯、乙酸香叶酯、甲酸香叶酯等。

玫瑰木青香韵:芳樟醇、乙酸芳樟酯、二氢月桂烯醇、橙叶油等。

叶青香韵:叶醇、乙酸叶醇酯、苯乙醛二甲缩醛等。

特征性香料:玫瑰醚、突厥酮、玫瑰精油、墨红浸膏等。

【实验步骤】

(1)在实验架上找出所需的合成香料和天然香料。

(2)对这些香原料进行辨香,熟悉并掌握各种香原料的外观及其香韵特性。

(3)根据所配玫瑰香精的特点,拟定初步理论配方。

(4)在电子天平上进行小样的调配,经过反复评香,调整玫瑰香精的配方结构至所需香精香气的"三甜"香韵合和、谐调,具有天然花香特征。

(5)在香精中加入抗氧剂 BHT 2～3 粒,搅拌至溶解,静置。

【实验基础配方】

香料品名	质量分数/%	香料品名	质量分数/%
香叶醇	10.0～50.0	乙酸苄酯	0～3.0
苯乙醇	10.0～60.0	羟基香茅醛	0～4.0
玫瑰醇	10.0～30.0	丁香酚	0.5～5.0
香茅醇	10.0～30.0	苯乙二甲缩醛	0.5～2.0
四氢香叶醇	0.5～2.0	紫罗兰酮	1.0～5.0
香叶油	1.0～5.0	甲基紫罗兰酮	1.0～5.0
壬醛(10%)	0.5～2.0	乙酸香叶酯	0.5～5.0
庚酸乙酯	0.1～1.0	乙酸香茅酯	0.5～5.0
苯乙酸乙酯	0.5～1.0	桂醇	1.0～5.0
苯乙酸异丁酯	0～1.0	香兰素	0.2～0.8
苯乙酸	0～1.0	乙酸叶醇酯(10%)	0～0.5
芳樟醇	5.0～10.0	桃醛(10%)	0～0.5
乙酸芳樟酯	1.0～5.0	玫瑰醚	0～1.0

【实验结果】

名　称	香气评价
配方一	
配方二	
配方三	

【思考题】

(1)对最终得到的玫瑰香精配方加以解说。

(2)红玫瑰和粉玫瑰的香精配方在选料和用量上有何区别?

实验十 化妆香水的制作

【实验目的与要求】

(1)了解并掌握常见香水香型的香气组成。

(2)掌握化妆香水制作的全过程。

(3)最终配制出一瓶透明亮丽、香气谐调的香水。

【实验原理】

根据香水香型的香气组成,可选择性地使用各种香原料,调配出一个具有特征香气、香韵和谐的香水香精。

化妆香水中的香精含量一般为5%～15%(质量分数),乙醇浓度为75%～90%(体积分数)。将香水香精加入到乙醇溶液中,经调色、冷冻、过滤,即可得透明的化妆香水。

【实验试剂与仪器】

香原料:40种左右;滴管、玻璃瓶(调制用)、辨香纸、叔丁基对羟基茴香醚(BHT)、脱醛乙醇、电子天平、量筒、玻璃棒、三角漏斗、滤纸。

花香韵:玫瑰香基、茉莉香基、铃兰香基、橙花香基、紫罗兰香基、玳玳花油、依兰油、薰衣草油等。

木香香韵:檀香208、檀香803、香根油、乙酰基柏木烯、异长叶烷酮、广藿香油等。

膏香香韵:安息香香膏、吐鲁香膏、秘鲁香膏、芸香香膏等。

动物香韵:赖百当、佳乐麝香、酮麝香、吲哚等。

果香香韵:椰子醛、桃醛、凤梨醛、甜橙油、柠檬油、香柠檬油等。

青香香韵:辛炔羧酸甲酯、二氢月桂烯醇、苯乙醛、风信子素、松油醇、芳樟醇、羟基香茅醛等。

豆香香韵:香兰素、香豆素、洋茉莉醛等。

辛香香韵:丁香酚、异丁香酚、芹菜籽油等。

草香香韵:水杨酸异戊酯、桉叶油、迷迭香油等。

【实验步骤】

(1)任选一款男(女)用化妆香水香型,根据所配香型的香气特点,拟定初步理论配方。

(2)在电子天平上进行小样的调配,经过反复评香,调整香精的配方结构至香气合和、谐调。称完后加入抗氧剂BHT 2～3粒,搅拌至溶解。

(3)取5%～15%(质量分数)的香精样品加入到30mL脱醛乙醇中,室温下用玻璃棒搅拌均匀,调色。置于冰水浴中冷却10～15min,过滤,装瓶。

(4)存放一定时间,考察其持久性(香气是否变化)和稳定性(色泽、外观是否变化)。

【实验基础配方】

1. 男用古龙香型化妆香水香精配方

香料品名	质量分数/%	香料品名	质量分数/%
茉莉香基	5.0~10.0	依兰油	0.5~3.0
玫瑰香基	1.0~5.0	羟基香茅醛	1.0~3.0
橙花香基	15.0~50.0	薰衣草油	0.5~5.0
铃兰香基	2.0~8.0	洋茉莉醛	0.5~5.0
苯乙醛	2.0~8.0	香豆素	0.5~5.0
香柠檬油	5.0~15.0	桉叶油(10%)	0~2.0
柠檬油	2.0~8.0	松油醇	0.5~5.0
甜橙油	0.5~5.0	芳樟醇	9.0
二氢月桂烯醇	5.0~10.0	丁香酚	0.5~5.0
酮麝香	2.0~8.0	迷迭香油	0.5~1.5
佳乐麝香	2.0~8.0	—	—

2. 女用东方香型化妆香水香精配方

香料品名	质量分数/%	香料品名	质量分数/%
茉莉香基	5.0~10.0	广藿香油(10%)	1.0~5.0
玫瑰香基	5.0~20.0	佳乐麝香	1.0~5.0
铃兰香基	1.0~5.0	酮麝香	1.0~5.0
橙花香基	2.0~8.0	吲哚(10%)	0.5~1.5
甲基紫罗兰酮	1.0~5.0	辛炔羧酸甲酯	0.2~0.8
丁香酚	0.5~5.0	二氢月桂烯醇	0~5.0
苯乙醛	1.0~5.0	椰子醛	0.2~0.8
檀香 208	5.0~10.0	桃醛	0.2~0.8
檀香 803	2.0~5.0	凤梨醛	0.2~0.8
香根油(10%)	2.0~8.0	香兰素	0.2~0.8
乙酰基柏木烯	2.0~8.0	香豆素	0.5~5.0
异长叶烷酮	1.0~3.0	异丁香酚	0.5~1.5
吐鲁香膏(20%)	5.0~10.0	芹菜籽油	0.2~0.8
芸香香膏(20%)	5.0~20.0	水杨酸异戊酯	0.2~0.8
秘鲁香膏(20%)	5.0~10.0	玳玳花油(10%)	0.5~2.0
赖百当(10%)	2.0~8.0	—	—

【注意事项】

[1]实验中所需香基品种可由教师准备。

[2]茉莉香基和玫瑰香基也可用实验二和实验三中学生自配的产品。

【实验结果】

名　　称	香气评价
配方一	
配方二	
配方三	

【思考题】

(1)香水类香精应具备什么条件?

(2)影响香料持久性的因素有哪些?

实验十一　草莓香精的调配

【实验目的与要求】

(1)掌握调配草莓香精所需用的各种合成香料及天然原料香气、香韵的特点。

(2)了解并掌握组成草莓香精的几路香韵及其各自的质量分数。

(3)最终配制出一个天然感强的草莓香精。

【实验原理】

香精是由各种单体香原料组成,根据草莓香精的香气特征,可选择性地使用各种香原料,调配出一个香韵和谐、天然感强的草莓香精。

【实验试剂与仪器】

香原料:30种左右;滴管、玻璃瓶(调制用)、辨香纸、电子天平等。

青(清)香韵[1]:乙酰乙酸乙酯、叶醇、乙酸叶醇酯、丁酸叶醇酯、己酸叶醇酯、辛炔羧酸甲酯、庚炔羧酸甲酯、茉莉净油、乙酸苄酯、顺式茉莉酮等。

甜香韵:草莓醛、桂酸甲酯、桂酸桂酯、香兰素、麦芽酚、乙基麦芽酚、呋喃酮、玫瑰精油等。

酸香韵:2-甲基丁酸、草莓酸、己酸等。

牛奶香韵[2]:γ-癸内酯、δ-癸内酯、丁二酮等。

果香韵:乙酸乙酯、丙酸乙酯、丁酸乙酯、乙酸异丁酯、己酸乙酯等。

特征香韵:二甲基硫醚、二甲基二硫醚等。

溶剂:酒精、丙二醇等。

【实验步骤】

(1)在实验架上找出所需的合成香料和天然香料。

(2)对这些香原料进行辨香,熟悉并掌握各种香原料的外观及其香韵特性。

(3)根据所配草莓香精的特点,拟定初步理论配方。

(4)在电子天平上进行小样的调配,经过反复评香,调整草莓香精的配方结构至所需香精香气的青、甜、酸各路香韵合和、谐调,接近天然草莓香味。

【实验基础配方】

香料品名	质量分数/%	香料品名	质量分数/%
乙酰乙酸乙酯	0.1～5.000	呋喃酮	5.000～20.000
叶醇	5.000～15.000	玫瑰精油	0.100～1.000
乙酸叶醇酯	1.000～5.000	2-甲基丁酸	0.500～5.000
丁酸叶醇酯	1.000～5.000	草莓酸	1.000～5.000
己酸叶醇酯	3.000～10.000	己酸	0.100～2.000
辛炔羧酸甲酯	0.001～0.050	γ-癸内酯	0.500～2.000
庚炔羧酸甲酯	0.001～0.050	δ-癸内酯	0.500～2.000
茉莉净油	0.100～1.000	丁二酮	0.300～1.000
乙酸苄酯	0.100～1.000	乙酸乙酯	3.000～10.000
顺式茉莉酮	0.030～0.080	丙酸乙酯	1.000～5.000
草莓醛	1.000～10.000	丁酸乙酯	10.000～20.000
桂酸甲酯	3.000～10.000	乙酸异丁酯	3.000～10.000
桂酸桂酯	1.000～5.000	己酸乙酯	3.000～10.000
香兰素	0.100～1.000	二甲基硫醚	0.100～0.300
麦芽酚	3.000～10.000	二甲基二硫醚	0.030～0.100
乙基麦芽酚	3.000～10.000	—	—

【注意事项】

[1]若青韵太重,可降低叶青之类的单体香原料。

[2]若奶味重、偏酸气,可降低酸类及奶香韵原料。

【实验结果】

名　　称	香气评价
配方一	
配方二	
配方三	

【思考题】

(1)香气是否近天然,香气的圆和、谐调、饱满程度如何?

(2)不足之处应如何改进?

参考文献

[1] 张承曾，汪清如．日用调香术[M]．北京：中国轻工业出版社，1989.

[2] 中国香料香精化妆品工业协会．中国香料香精发展史[M]．北京：中国标准出版社，2001.

[3] 范成有．香料及其应用[M]．北京：化学工业出版社，1990.

[4]《天然香料加工手册》编写组．天然香料加工手册[M]．北京：中国轻工业出版社，1997.

[5] 夏铮南，王文君．香料与香精[M]．北京：中国物资出版社，1998.

[6] 黄致喜，王慧辰．萜类香料化学[M]．北京：中国轻工业出版社，1999.

[7] 刘树文．合成香料技术手册[M]．北京：中国轻工业出版社，2000.

[8] 文瑞明．香料香精手册[M]．长沙：湖南科学技术出版社，2000.

[9] 孙宝国，何坚．香料化学与工艺学[M]．北京：化学工业出版社，2004.

[10] 孙宝国．食用调香术[M]．北京：化学工业出版社，2003.

[11] 林翔云．日用品加香[M]．北京：化学工业出版社，2003.

[12] 辛羚，俞苓，齐凤兰，等．天然香精香料与生物技术[J]．食品科技，2004(11)：49－51.

[13] 欧阳杰，韦立强，武彦珍，等．2006年中国香料香精学术研讨会论文集[C]．中国香料香精化妆品协会，2006：72－75.

[14] 陈海燕，姜梅．美拉德反应及其在咸味香精生产中的应用[J]．中国调味品，2008，33(10)：37－41.

[15] Martins S I F S, Jongen W M F, Boekel M A J S. A review of Maillard reaction in food and implications to kinetic modelling[J]. Trends in Food Science & Technology, 2000, 11(9－10): 364－373.

[16] 毕良武，刘先章，许鹏翔，等．有机电合成技术在香料合成中的应用[J]．林产化学与工业，2002，22(3)：70－74.

[17] Alvarez H M, Barbosa D P, Fricks A T, et al. Production of piperonal, vanillin, and p－anisaldehyde via solventless supported iodobenzene diacetate oxidation of isosafrol, isoeugenol, and anethol under microwave irradiation[J]. Organic Process Research & Development, 2006, 10(5): 941－943.

[18] 胡燕霞．微波技术在香料工业中的应用研究进展[J]．北京工商大学学报(自然科学版)，2004，22(3)：1－4.

[19] 张小朋，杨波，赵榆林．微波辐射合成大茴香醛[J]．香料香精化妆品，2008(6)：13－16.

[20] 黄敏，刘杰凤，周如金，等．分子蒸馏新技术在天然香料分离中的应用[J]. 化工进展，2006，25(3)：340－342.

[21] 吕丽爽，陶菲．香精香料分析方法进展[J]. 食品科学，2005，26(8)：478－482.

[22] Chang C J，Chiu K L，Chen Y L，et al. Separation of catechins from green tea using carbon dioxide extraction[J]. Food Chemistry，2000，68 (1)：109－113.

[23] Wampler D J. Flavor encapsulation：a method for providing maximum stability for dry flavor systems[J]. Cereal Foods World，1992，37 (11)：817－820.

[24] 于海艳，杨剑，张兴．香精微胶囊制备技术新进展及其发展趋势分析[J]. 食品与发酵工业，2007，33(2)：108－113.

[25] Etievant P X. Artifacts and contaminants in the analysis of food flavor[J]. Critical reviews in food science and nutrition，1996，36(7)：733－745.

[26] Reineccius G. Biases in analytical flavor profiles introduced by isolation method [M]. New York：Marcel Dekker，1993：61－76.

[27] Bicchi C，Rubiolo P，Cordero C. Separation science in perfume analysis[J]. Analytical and Bioanalytical Chemistry，2006，384(1)：53－56.

[28] 李炎强，冼可法. 测试顶空气相成分评价不同类型烟草质量[J]. 烟草科技，2000，154(3)：27－33.

[29] Deng C H，Song G X，Hu Y M. Application of HS－SPME and GC－MS to characterization of volatile compounds emitted from osmanthus flowers[J]. Annali di Chimical，2004，94(12)：921－927.

[30] Deng C H，Song G X，Hu Y M. Rapid determination of volatile compounds emitted from chimonanthus praecox flowers by HS－SPME－GC－MS[J]. Zeitschrift für Naturforschung C，2004，59(9－10)：636－640.

[31] Song G X，Xiao J，Deng C H，et al. Use of solid－phase microextraction as a sampling technique for the characterization of volatile compounds emitted from Chinese daffodil flowers[J]. Journal of Analytical Chemistry，2007，62 (7)：674－679.

[32] Williams A，Ryan D，Guasca A O，et al. Analysis of strawberry volatiles using comprehensive two－dimensional gas chromatography with headspace solid－phase microextraction[J]. Journal of Chromatography B，2005，817(1)：97－107.

[33] 李明，王利平，张阳，等．水蜜桃品种间果香成分的固相微萃取—气质联用分析[J]. 园艺学报，2006，33(5)：1071－1074.

[34] 吴继红，张美莉，陈芳，等．固相微萃取 GC－MS 法测定苹果不同品种中主要芳香成分的研究[J]. 分析测试学报，2005，24(4)：101－104.

[35] Deng C H，Song G X，Zheng X H，et al. Analysis of the volatile constituents of

Apium graveolens L. and Oenanthe L. by gas chromatography－mass spectrometry，using headspace solid－phase microextraction[J]. Chromatographia，2003，57(11－12)：805－809.

[36] 刘春香，何启伟，刘扬岷．黄瓜香气成分的顶空固相微萃取气质联用分析[J]. 园艺学报，2002，29(6)：581－583.

[37] 宋国新，邓春晖，吴丹，等．固相微萃取—气相色谱/质谱分析生姜的挥发性成分[J]. 复旦大学学报(自然科学版)，2003，42(6)：939－944.

[38] 李祖光，乔剑峰，胡伟，等．固相微萃取—气相色谱/质谱法分析白胡椒粉的风味成分[J]. 理化检验—化学分册，2005，41(11)：820－822.

[39] 刘百战．固相微萃取和同时蒸馏萃取与气相色谱/质谱法分析芥末膏制品的风味成分[J]. 分析化学，2000，28(12)：1489－1492.

[40] Shen S，Sha Y F Quality assessment of *Flos Chrysanthemi Indici* from different growing areas in China by solid－phase microextraction－gas chromatography－mass spectrometry. Journal of Chromatography A，2004 (1047)：281－287.

[41] Liang M M，Qi M L Gas chromatography－mass spectrometry analysis of volatile compounds from Houttuynia cordata Thunb after extraction by solid－phase microextraction，flash evaporation and steam distillation[J]. Analytica Chimica Acta，531 (2005)：97－104.

[42] 宋国新，余应新，王林祥，等．香气分析技术与实例[M]. 北京：化学工业出版社，2008：101－109.

[43] Arora G，Cormier F，Lee B. Analysis of odor－active volatiles in Cheddar cheese headspace by multidimensional GC/MS sniffing[J]. J Agric Food Chem，1995，43(3)：748－752.

[44] Ruth S M. Methods for gas chromatography－olfactometry：a review[J]. Biomolecular Engineering，2001，17(4－5)：121－128.

[45] Deibler K D，Acree T E，Lavin E H. Solid phase microextraction application in gas chromatography / olfactometry dilution analysis[J]. J Agric Food Chem，1999，47(4)：1616－1618.

[46] Persaud K，Dodd G H. Analysis of discrimination mechanisms of the mammalian olfactory system using a model nose[J]. Nature，1982，299：352－355.

[47] Luo D H. Application of ANN with extracted parameters from an electronic nose in cigarette brand identification[J]. Sensors and Actuators B，2004(99)：253－257.

[48] 毛友安，刘巍，黄建国，等．用电子鼻技术评价烟叶挥发性组分的研究[J]. 化学传感器，2007，27(4)：36－42.

[49] Bhattacharyya N，Seth S，Tudu B，et al. Monitoring of black tea fermentation

process using electronic nose[J]. Journal of Food Engineering, 2007, 80(4): 1146 - 1156.

[50] Barbria N E, Llobet E, Bari N E, et al. Application of a portable electronic nose system to assess the freshness of Moroccan sardines[J]. Materials Science and Engineering C, 2008, 28(5 - 6): 666 -670.

[51] Zhang Z, Tong J, Chen D H, et al. Electronic nose with an air sensor matrix for detecting beef freshness [J]. Journal of Bionic Engineering, 2008, 5(1): 67 - 73.

[52] 邹小波，赵杰文．电子鼻快速检测谷物霉变的研究[J]. 农业工程学报，2004，20(4)：121 - 124.

[53] 田怀香，孙宗宇．电子鼻在金华火腿香精识别中的应用[J]. 中国调味品，2008(11)：61 - 64.

[54] 陈晓明，马明辉，李景明，等．电子鼻在天然苹果香精检测中的应用[J]. 食品科学，2007,28(3)：261 - 265.

[55] 李永宏，毛海舫，田怀香，等．用电子鼻比较罗地亚檀香系列的香气[J]. 香料香精化妆品，2009(2)：4 - 7.

[56] Lvova L, Legin A, Vlasov Y, et al. Multicomponent analysis of Korean green tea by means of disposable all - solid -state potentiometric electronic tongue microsystem[J]. Sensors and Actuators B, 2003, 95(1 - 3): 391 - 399.

[57] Vlasov Y G, Rudnitskaya A M, Amico A, et al. "Electronic tongue"—new analytical tool for liquid analysis on the basis of nonspecific sensors and methods of pattern recognition[J]. Sensors and Actuators, 2000, 65(1 - 3): 235 - 236.

[58] 刘兰图，邵秀芝，李爱珍，等．电子舌、电子鼻技术在食品加工中的应用研究[J]. 粮油加工，2009(6)：138 - 140.

[59] 王昊阳，郭寅龙，张正行，等．顶空—固相微萃取—毛细管气相色谱—质谱联用方法快速分析香精中挥发性化学成分[J]. 分析化学，2005，33(2)：245 - 247.

[60] 周耀华，肖作兵，张赟彬，等．食用香精制备技术[M]. 北京：中国纺织出版社，2007.

[61] 刘湘，刘士荣．有机化学实验[M]. 北京：化学工业出版社，2007.

[62] 金其璋．IFRA 实践法规至 42 次修改后所限用物质的新标准[J]. 香料香精化妆品，2007(3)：48 -51.

附　录

附录一　香料管理机构及其缩略语

1. 中国香料香精化妆品工业协会(Chinese Association of Fragrance Cosmetic Industry,CAFFCI)

2. 联合国粮农组织/世界卫生组织联合食品法典委员会(Joint FAO/WHO Codex Alimentarius Commission,FAO/WHO－CAC)

3. 国际标准化组织(International Organization for Stantardization,ISO)

4. 国际日用香料研究所(Research Institute for Fragrance Materials,RIFM)

5. 国际日用香料香精协会(International Fragrance Association,IFRA)

6. 国际食品香料香精工业组织(International Organization of the Flavor Industry,IOFI)

7. 国际精油和香料贸易联合会(International Federation of Essential Oil and Aroma Trades,IFEAT)

8. 欧洲理事会及食品香料物质专家委员会(Council of Europe and Experts on Flavoring Substances,COE－EF5)

9. 美国食品及药物管理局(Food and Drug Administration,FDA)

10. 美国食品香料与萃取物制造者协会(Flavor and Extract Manufactures Association of the United States,FEMA)

11. 美国日用品香料协会(Fragrance Materials Association of the U. S. ,FMA)

12. 美国调香师学会(American Society of Perfumers,ASP)

13. 美国食品香料化学师学会(Society of Flavor Chemists,SFC)

14. 美国水果、香料和糖浆协会(National Association of Fruits Flavors and Syrups,NAFFS)

15. 美国化妆品、盥洗品与日用香料香精协会(The Cosmetic Toiletry and Fragrance Association,CTFA)

16. 国际精油、香料和香精会议(International Congress of Essential Oils ,Fragrances and Flavors,ICEFF)

17. 美国食用化学品法规(Food Chemicals Codex,FCC)

18. 一般认为安全(Generally Recognized As Safe,GRAS)

附录二　QRA 对产品的 11 种分类

根据 QRA（日用香料香精对皮肤过敏的定量危险评估），对产品的 11 种分类如下。

1 类产品：所有类型的唇用产品（固体和液体唇膏、香脂、透明或彩色的等）；玩具。

2 类产品：所有类型的祛臭和抑汗产品（喷雾的、棒状的、走珠式腋下和身体用等）。

3 类产品：用于刚剃过须毛的皮肤上的水醇基产品；所有类型的眼用产品[眼影、睫毛油（膏）、眼线膏（笔）、眼美容品、眼罩、眼枕等]；男性脸用膏霜；棉塞（止血塞）；婴幼儿膏、霜、露、油。

4 类产品：用于未剃须毛皮肤上的水醇基产品；定发助剂、所有类型的喷发产品（泵压式、气溶胶、喷雾等）；体用膏、霜、油、露，所有类型生香膏霜（婴幼儿膏霜露除外）；成套芳香产品组成；用于成套化妆品的日用香精；香垫、箔包；水醇基产品用香条；护足产品；发用祛臭剂。

5 类产品：女性脸用膏霜/脸部美容品；手用膏霜；面膜；婴幼儿用粉和滑石粉；长期烫发剂和其他头发化学处理剂（如直发剂），但不包括染发制品；脸、颈、手、体用擦拭物或清新纸巾。

6 类产品：漱口水；牙膏。

7 类产品：私生活用擦拭用品；婴幼儿用擦拭用品；昆虫驱避剂（有意用在皮肤上的）。

8 类产品：所有类型的卸妆用品（不包括脸用清洁剂）；所有非喷雾型的定发助剂（摩丝、凝胶、滞留型调理剂等）；护甲用品；所有粉类制品和滑石粉（不包括婴幼儿用粉和滑石粉）；染发用品。

9 类产品：块皂（香皂）；浴用凝胶、泡沫、摩丝、盐、油和加入洗澡水中的所有产品；所有类型的身体洗涤用品（包括婴幼儿洗涤用品）；即洗型调理剂；脱毛用品；所有类型的脸部清洁剂（洗涤用品、凝胶、磨面用品等）；脸用纸巾；妇女卫生垫；液皂；餐巾；纸巾；所有类型香波（包括婴幼儿用香波）；所有类型的剃毛（须）膏霜（棒状、凝胶状、泡沫状等）；其他气雾胶产品（包括空气清新喷雾剂，但不包括祛臭/抑汗用品、定发喷雾助剂）。

10 类产品：所有类型手洗衣服洗涤剂；包括织物柔软片在内的所有类型的织物柔软剂；其他家用清洁用品（织物清洁剂、软表面清洁剂、地毯清洁剂）；机用衣服洗涤剂（液、粉、片等）包括洗衣漂白剂；手工清洗餐具洗涤剂；所有类型的硬表面清洁剂（浴室和厨房清洁剂、家具上光剂）；婴儿尿布；宠物用香波；干洗成套用品；座厕座位擦洗品。

11 类产品：所有不与皮肤接触或偶尔与皮肤接触的产品，包括所有类型的空气清新剂和芳香用品[插入式、固体底物型、膜传递型、电热式、组合式、粉末状、香袋（囊）、线香、重注液]；动物用喷雾用品；蜡烛；猫砂；不与皮肤接触的祛臭剂/掩盖剂（如织物干燥机除臭剂、地毯粉）；地板蜡；加香灯环；燃料；杀虫剂（如蚊香、纸、杀虫电器、防昆虫衣服）；朝用香；机用衣服洗涤剂（如泡腾片）；加香蒸馏水（可加入蒸汽熨斗中）；涂料；塑料制品（不包括玩具）；簧片扩散器；鞋油；座厕去垢剂；处理过的纺织品（如淀粉喷雾剂、洗涤后加香的织物、织物祛臭剂、加润湿剂的紧身衣）。

附录三 IFRA 实践法规至 42 次修改后所限用物质的新标准

（在 11 类分类中使用限量情况，11 类分类法见附录四）

1	α-戊基肉桂醇				CAS:101-85-9			NESIL 值：3500 μg/cm^2			
在各类别中的使用界限	1	2	3	4	5	6	7	8	9	10	11
	0.1%	0.1%	0.5%	1.6%	0.8%	2.5%	0.3%	2.0%	5.0%	2.5%	—
2	α-戊基肉桂醛				CAS:122-40-7			NESIL 值：23600 μg/cm^2			
在各类别中的使用界限	1	2	3	4	5	6	7	8	9	10	11
	0.7%	0.9%	3.6%	10.7%	5.6%	17.1%	1.8%	2.0%	5.0%	2.5%	—
3	α-己基肉桂醛				CAS:101-86-0			NESIL 值：23600 μg/cm^2			
在各类别中的使用界限	1	2	3	4	5	6	7	8	9	10	11
	0.7%	0.9%	3.6%	10.7%	5.6%	17.1%	1.8%	2.0%	5.0%	2.5%	—
4	α-甲基肉桂醛				CAS:101-39-3			NESIL 值：3500 μg/cm^2			
在各类别中的使用界限	1	2	3	4	5	6	7	8	9	10	11
	0.1%	0.1%	0.5%	1.6%	0.8%	2.5%	0.3%	2.0%	5.0%	2.5%	—
5	对甲氧基苯甲醇				CAS:105-13-5			NESIL 值：1500 μg/cm^2			
在各类别中的使用界限	1	2	3	4	5	6	7	8	9	10	11
	0.04%	0.1%	0.2%	0.7%	0.4%	1.1%	0.1%	1.5%	5.0%	2.5%	—
6	苯甲醇				CAS:100-51-6			NESIL 值：5900 μg/cm^2			
在各类别中的使用界限	1	2	3	4	5	6	7	8	9	10	11
	0.2%	0.2%	0.9%	2.7%	1.4%	4.3%	0.4%	2.0%	5.0%	2.5%	—
7	苯甲酸苄酯				CAS:120-51-4			NESIL 值：59000 μg/cm^2			
在各类别中的使用界限	1	2	3	4	5	6	7	8	9	10	11
	1.7%	2.2%	8.9%	26.7%	14.0%	42.8%	4.5%	2.0%	5.0%	2.5%	—
8	肉桂酸苄酯				CAS:103-41-3			NESIL 值：4700 μg/cm^2			
在各类别中的使用界限	1	2	3	4	5	6	7	8	9	10	11
	0.1%	0.2%	0.7%	2.1%	1.1%	3.4%	0.4%	2.0%	5.0%	2.5%	—
9	水杨酸苄酯				CAS:118-58-1			NESIL 值：17700 μg/cm^2			
在各类别中的使用界限	1	2	3	4	5	6	7	8	9	10	11
	0.5%	0.7%	2.7%	8.0%	4.2%	12.8%	1.3%	2.0%	5.0%	2.5%	—
10	*d*,*l*-香茅醇				CAS:106-22-8			NESIL 值：29500 μg/cm^2			
在各类别中的使用界限	1	2	3	4	5	6	7	8	9	10	11
	0.8%	1.1%	4.4%	13.3%	7.0%	21.4%	2.2%	2.0%	5.0%	2.5%	—

续表

11	香叶醇				CAS:106-24-1			NESIL 值: 11800 $\mu g/cm^2$			
在各类别中的使用界限	1	2	3	4	5	6	7	8	9	10	11
	0.3%	0.4%	1.8%	5.3%	2.8%	8.6%	0.9%	2.0%	5.0%	2.5%	—
12	水杨酸己酯				CAS:6259-76-3			NESIL 值: 35400 $\mu g/cm^2$			
在各类别中的使用界限	1	2	3	4	5	6	7	8	9	10	11
	1.0%	1.3%	5.3%	16.0%	8.4%	25.7%	2.7%	2.0%	5.0%	2.5%	—
13	异环柠檬醛				CAS:1335-66-6			NESIL 值: 7000 $\mu g/cm^2$			
在各类别中的使用界限	1	2	3	4	5	6	7	8	9	10	11
	0.2%	0.3%	1.1%	3.2%	1.7%	5.1%	0.5%	2.0%	5.0%	2.5%	—
14	甲基紫罗兰酮及其异构体的混合物				CAS:1335-46-2,127-42-4,127-43-5,127-51-5,79-89-0,7779-30-8,79-70-9			NESIL 值: 71000 $\mu g/cm^2$			
在各类别中的使用界限	1	2	3	4	5	6	7	8	9	10	11
	2.0%	2.6%	10.7%	32.1%	16.9%	51.4%	5.4%	2.0%	5.0%	2.5%	—
15	1-辛烯-3-醇乙酸酯				CAS:2442-10-6			NESIL 值: 3500 $\mu g/cm^2$			
在各类别中的使用界限	1	2	3	4	5	6	7	8	9	10	11
	0.1%	0.1%	0.5%	1.6%	0.8%	2.5%	0.3%	2.0%	5.0%	2.5%	—
16	2-甲氧基-4-甲基苯酚				CAS:93-51-6			NESIL 值: 118 $\mu g/cm^2$			
在各类别中的使用界限	1	2	3	4	5	6	7	8	9	10	11
	0.003%	0.004%	0.02%	0.05%	0.03%	0.09%	0.009%	0.1%	0.6%	1.0%	—
17	肉桂醇				CAS:104-54-1			NESIL 值: 3000 $\mu g/cm^2$			
在各类别中的使用界限	1	2	3	4	5	6	7	8	9	10	11
	0.09%	0.1%	0.5%	1.4%	0.7%	2.2%	0.2%	2.0%	5.0%	2.5%	—
18	肉桂醛				CAS:104-55-2			NESIL 值: 900 $\mu g/cm^2$			
在各类别中的使用界限	1	2	3	4	5	6	7	8	9	10	11
	0.02%	0.02%	0.09%	0.3%	0.1%	0.4%	0.04%	0.6%	3.0%	2.5%	—
19	丁香酚				CAS:97-53-0			NESIL 值: 5900 $\mu g/cm^2$			
在各类别中的使用界限	1	2	3	4	5	6	7	8	9	10	11
	0.2%	0.2%	0.9%	2.7%	1.4%	4.3%	0.4%	2.0%	5.0%	2.5%	—
20	羟基香茅醛				CAS:107-75-5			NESIL 值: 5000 $\mu g/cm^2$			
在各类别中的使用界限	1	2	3	4	5	6	7	8	9	10	11
	0.1%	0.2%	0.8%	2.3%	1.2%	3.6%	0.4%	2.0%	5.0%	2.5%	—
21	异环香叶醇				CAS:68527-77-5			NESIL 值: 3900 $\mu g/cm^2$			
在各类别中的使用界限	1	2	3	4	5	6	7	8	9	10	11
	0.1%	0.1%	0.6%	1.8%	0.9%	2.8%	0.3%	2.0%	5.0%	2.5%	—

续表

22	异丁香酚				CAS:97-54-1			NESIL 值：250 $\mu g/cm^2$			
在各类别中的使用界限	1	2	3	4	5	6	7	8	9	10	11
	0.01%	0.01%	0.04%	0.1%	0.1%	0.2%	0.02%	0.3%	1.3%	2.1%	—
23	甲氧基双环戊二烯(甲)醛				CAS:86803-90-9			NESIL 值：5600 $\mu g/cm^2$			
在各类别中的使用界限	1	2	3	4	5	6	7	8	9	10	11
	0.1%	0.2%	0.8%	2.3%	1.2%	3.6%	0.4%	2.0%	5.0%	2.5%	—
24	庚炔羧酸甲酯				CAS:111-12-6			NESIL 值：120 $\mu g/cm^2$			
在各类别中的使用界限	1	2	3	4	5	6	7	8	9	10	11
	0.003%	0.004%	0.02%	0.05%	0.03%	0.09%	0.009%	0.1%	0.8%	1.0%	—
25	辛炔羧酸甲酯				CAS:111-80-8			NESIL 值：24 $\mu g/cm^2$			
在各类别中的使用界限	1	2	3	4	5	6	7	8	9	10	11
	0.001%	0.001%	0.004%	0.01%	0.01%	0.02%	0.002%	0.02%	0.1%	0.2%	—
26	秘鲁香膏提取物和蒸馏物				CAS:8007-00-9			NESIL 值：950 $\mu g/cm^2$			
在各类别中的使用界限	1	2	3	4	5	6	7	8	9	10	11
	0.03%	0.04%	0.1%	0.4%	0.2%	0.7%	0.07%	1.0%	4.8%	2.5%	—
27	铃兰醛				CAS:80-54-6			NESIL 值：4100 $\mu g/cm^2$			
在各类别中的使用界限	1	2	3	4	5	6	7	8	9	10	11
	0.1%	0.2%	0.6%	1.9%	1.0%	3.0%	0.3%	2.0%	5.0%	2.5%	—
28	对叔丁基苯甲醛				CAS:18127-01-0			NESIL 值：1100 $\mu g/cm^2$			
在各类别中的使用界限	1	2	3	4	5	6	7	8	9	10	11
	0.03%	0.04%	0.2%	0.5%	0.3%	0.8%	0.1%	1.1%	5.0%	2.5%	—
29	反-2-己烯醛				CAS:6728-26-3			NESIL 值：24 $\mu g/cm^2$			
在各类别中的使用界限	1	2	3	4	5	6	7	8	9	10	11
	0.001%	0.001%	0.004%	0.01%	0.01%	0.02%	0.002%	0.02%	0.1%	0.2%	—
30	玫瑰酮类				CAS：23696-85-7（突厥酮）、43052-87-5（α-突厥酮）、21720-09-0［(2E)-反-α-突厥酮］、23726-94-5（顺-α-突厥酮）、23726-92-3［(2Z)-顺-β-突厥酮］、23726-91-2（反-β-突厥酮）、57378-68-4（δ-突厥酮）、71048-82-3（反-δ-突厥酮）、39872-57-6［(E)-1-(2,4,4-			NESIL 值：100 $\mu g/cm^2$			

续表

30	玫瑰酮类			三甲基-2-环己烯-1-基)-2-丁烯-1-酮]、70266-48-7[1-(2,4,4-三甲基-1-环己烯-1-基)-2-丁烯-1-酮]、33673-71-1[1-(2,4,4-三甲基-2-环己烯-1-基)-2-丁烯-1-酮]、35087-49-1[1-(2,2-二甲基-6-亚甲基环己基)-2-丁烯-1-酮](γ-突厥酮)			NESIL 值:100μg/cm²			
在各类别中的使用界限	1	2	3	4	5	6	7	8	9	10	11
	0.003%	0.004%	0.02%	0.05%	0.02%	0.07%	0.008%	0.1%	0.5%	0.8%	—
31	柠檬醛				CAS:5392-40-5			NESIL 值:1400 μg/cm²			
在各类别中的使用界限	1	2	3	4	5	6	7	8	9	10	11
	0.04%	0.05%	0.2%	0.6%	0.3%	1%	0.1%	1.4%	5.0%	2.5%	—
32	金合欢醇				CAS:4602-84-0			NESIL 值:2700 μg/cm²			
在各类别中的使用界限	1	2	3	4	5	6	7	8	9	10	11
	0.08%	0.11%	0.4%	1.2%	0.6%	2%	0.2%	2.0%	5.0%	2.5%	—
33	茶叶净油				CAS:84650-60-2			NESIL 值:480 μg/cm²			
在各类别中的使用界限	1	2	3	4	5	6	7	8	9	10	11
	0.01%	0.02%	0.07%	0.2%	0.1%	0.3%	0.04%	0.5%	2.4%	2.5%	—
34	苯乙醛				CAS:122-78-1			NESIL 值:590 μg/cm²			
在各类别中的使用界限	1	2	3	4	5	6	7	8	9	10	11
	0.02%	0.02%	0.09%	0.3%	0.1%	0.4%	0.04%	0.6%	3.0%	2.5%	—

注 “—”代表不超过此类产品中香精的使用浓度;NESIL(No Expected Sensitization Induction Level):非引发致敏性的水平。

附录四 列入中国卫生标准的允许使用的食品用香料

2007 年 8 月 22 日发布的食品添加剂使用卫生标准 GB 2760—2007 规定了允许使用的食品用天然香料、天然等同香料和人造香料共 1424 种。

一、允许使用的 328 种食品用天然香料

1 丁香(叶)油

2 丁香花蕾酊(提取物)

3 丁香花蕾油
4 罗勒油
5 八角茴香油
6 九里香浸膏
7 广藿香油
8 万寿菊油
9 大茴香脑
10 小豆蔻油
11 小豆蔻酊
12 小茴香酊
13 山苍籽油
14 山楂酊
15 大蒜油
16 大蒜油树脂
17 天然康酿克油
18 天然薄荷脑
19 云木香油
20 月桂叶油
21 乌梅酊
22 布枯叶油
23 可可酊
24 可可壳酊
25 甘松油
26 甘草酊
27 甘草流浸膏
28 冬青油
29 白兰花油
30 白兰叶油
31 白兰净油
32 白兰浸膏
33 白芷酊
34 白柠檬油
35 白柠檬萜烯
36 生姜油树脂
37 肉豆蔻油
38 肉豆蔻酊
39 中国肉桂油
40 中国肉桂皮酊(提取物)
41 红茶酊
42 印蒿油
43 吐鲁酊(提取物)
44 吐鲁香膏
45 豆豉酊
46 杜松子油(又名刺柏子油)
47 芫荽籽油
48 芹菜花油
49 芹菜籽油
50 牡荆叶油
51 圆柚油
52 苍术脂(苍术硬脂,苍术油)
53 枣酊
54 玫瑰花油
55 玫瑰净油
56 玫瑰浸膏
57 鸢尾浸膏
58 鸢尾脂(鸢尾凝脂)
59 杭白菊油
60 杭白菊浸膏(杭菊花流浸膏)
61 枫槭油
62 枫槭浸膏
63 岩蔷薇浸膏(赖百当浸膏)
64 咖啡酊
65 罗汉果酊
66 金合欢浸膏
67 依兰依兰油
68 大花茉莉净油
69 大花茉莉浸膏
70 小花茉莉净油

71 小花茉莉浸膏
72 佛手油
73 独活酊
74 洋葱油
75 姜油(生姜油)
76 姜黄油
77 姜黄油树脂
78 姜黄浸膏
79 葫芦巴酊
80 玳玳花油
81 玳玳花浸膏
82 玳玳果油
83 柚皮油
84 柏木油(又名北美香柏)
85 枯茗籽油(又名孜然油)
86 柠檬油
87 无萜柠檬油
88 柠檬油萜烯
89 柠檬叶油
90 柠檬草油
91 栀子花浸膏
92 树兰油
93 树兰花酊
94 树兰花浸膏
95 树苔净油
96 树苔浸膏
97 香叶油(又名玫瑰香叶油)
98 除萜香叶油
99 香风茶油
100 香芹醇
101 香柠檬油
102 香根油
103 香根浸膏
104 香荚兰豆酊
105 香荚兰豆浸膏
106 香附子油
107 香葱油
108 香紫苏油
109 香榧籽壳浸膏
110 橘子油
111 除萜橘子油
112 酒花酊
113 酒花浸膏
114 桉叶油(又名蓝桉油)
115 海狸酊
116 斯里兰卡桂皮油
117 斯里兰卡桂叶油
118 桂花净油
119 桂花酊
120 桂花浸膏
121 桂圆酊
122 留兰香油
123 核桃壳浸膏
124 素方花净油
125 桦焦油
126 蚕豆花酊
127 绿茶酊
128 野玫瑰浸膏
129 甜小茴香油
130 甜叶菊油
131 甜橙油
132 除萜甜橙油
133 甜橙油萜烯
134 菊苣浸膏
135 晚香玉浸膏
136 紫罗兰浸膏
137 椒样薄荷油
138 黑加仑酊

139 黑加仑浸膏
140 槐树花净油
141 槐树花浸膏
142 辣椒酊
143 辣椒油树脂(又名灯笼辣椒油树脂)
144 愈创木油
145 缬草油
146 墨红花净油
147 墨红花浸膏
148 橡苔净油
149 橙叶油
150 亚洲薄荷油
151 亚洲薄荷素油
152 檀香油
153 薰衣草油
154 头状百里香油
155 可乐果提取物
156 加州胡椒油
157 卡黎皮油
158 百里香油
159 奶油发酵起子蒸馏物(黄油蒸馏物)
160 卡南加油
161 月桂叶提取物/油树脂
162 生姜提取物(又名生姜浸膏)
163 白栎木屑提取物
164 龙蒿油
165 白樟油
166 肉豆蔻衣油
167 众香叶油
168 西班牙鼠尾草油
169 红橘油
170 杂薰衣草油
171 杏仁油
172 苏合香油
173 苏合香提取物
174 长角豆油
175 角豆提取物
176 皂树皮提取物
177 乳香油
178 没药油
179 良姜根提取物
180 苏格兰松油
181 小茴香油(普通小茴香油)
182 苦杏仁油
183 阿魏油
184 金合欢净油
185 欧芹叶油
186 松针油
187 波罗尼花净油
188 玫瑰木油
189 玫瑰草油
190 香茅油
191 迷迭香油
192 香脂冷杉油
193 香脂冷杉油树脂
194 胡萝卜籽油
195 春黄菊花油(罗马)
196 春黄菊净油(提取物)(罗马)
197 药鼠李提取物
198 荜澄茄油
199 胡薄荷油(欧亚薄荷油)
200 圆叶当归油(欧当归油)
201 夏至草提取物
202 莫哈弗丝兰提取物
203 海草(藻)提取物
204 海索草油
205 莳萝草油(莳萝油)
206 秘鲁香脂

207 格蓬油
208 脂檀油
209 银白金合欢净油(又名含羞草净油)
210 接骨木花净油
211 甘牛至油
212 黄龙胆根提取物
213 黄葵籽油
214 野黑樱桃树皮提取物
215 黑胡椒油
216 葛缕籽油
217 榄香香树脂
218 蜡菊提取物
219 蜜蜂花油
220 *d*-樟脑
221 橙花净油
222 橙苷(柚皮甙提取物)
223 穗薰衣草油
224 鹰爪豆净油
225 玳玳果皮油
226 甜橙油(橙皮压榨法)
227 小米辣椒油树脂
228 丁香茎油
229 大茴香油(又名茴芹油)
230 *l*-天冬酰胺
231 巴拉圭茶净油/提取物
232 白山核桃树皮提取物
233 瓜拉纳提取物
234 甘草根
235 白百里香油
236 白胡椒油
237 白胡椒油树脂
238 白康酿克油
239 白脱酯
240 白脱酸
241 众香果油
242 安息香树脂
243 当归籽油
244 当归根油
245 肉豆蔻衣油树脂/提取物
246 西印度月桂叶提取物
247 西印度月桂叶油
248 *l*-阿戊糖
249 阿拉伯胶
250 欧当归提取物(又名圆叶当归提取物)
251 欧芹油树脂
252 油酸
253 苦木提取物
254 苦橙叶净油
255 苦橙油
256 金鸡纳树皮
257 金钮扣油树脂
258 奎宁盐酸盐
259 桔茗油
260 洋葱油树脂
261 茶树油
262 除萜白柠檬油
263 除萜甜橙皮油
264 莳萝籽
265 黄芥末提取物/黄芥末油树脂
266 棕芥末提取物
267 焦木酸
268 紫苏油
269 葡萄柚油萜烯
270 黑胡椒油树脂/黑胡椒油提取物
271 榄香油/提取物/香树脂
272 蜂蜡净油
273 赖百当净油(又名岩蔷薇净油)
274 鼠尾草油

275 蜡菊净油
276 糖蜜提取物
277 檀香醇(α,β)
278 山达草流浸膏
279 苜蓿提取物
280 众香子
281 众香子油树脂/提取物
282 黄葵籽净油
283 秘鲁香膏油
284 罗勒提取物
285 芹菜籽提取物(固体)
286 芹菜籽(CO_2)提取物
287 母菊油(又名匈牙利春黄菊油)
288 黄色金鸡纳树皮提取物
289 丁香花蕾油树脂
290 红三叶草提取物(固体)
291 蒲公英流浸膏
292 蒲公英根固体提取物
293 加拿大飞蓬草油
294 穗花槭提取物(固体)
295 芸香油
296 鼠尾草油树脂/提取物
297 菝葜提取物
298 水蒸气蒸馏松节油
299 缬草根提取物
300 香荚兰油树脂
301 紫罗兰叶净油
302 洋艾油
303 玫瑰茄
304 橘柚油
305 晚香玉净油
306 美国栗树叶提取物
307 古巴香脂油
308 达迷草叶
309 匈牙利春黄菊(母菊)花净油
310 接骨木花提取物
311 防风根油
312 藏红花提取物
313 香叶提取物
314 胡芦巴油树脂
315 柠檬提取物
316 德国鸢尾树脂
317 罗望子提取物(浸膏)
318 辣根油
319 胡芦巴籽浸膏
320 芹菜叶油
321 柏木油萜烯
322 肉豆蔻油树脂
323 八角茴香及其油
324 芫荽油
325 胡芦巴
326 韭葱油
327 甜橙皮提取物
328 牛至油

二、允许使用的906种食品用天然等同香料

1 1,2-丙二醇
2 丙三醇(又名甘油)
3 异丙醇
4 正丁醇
5 异丁醇
6 正戊醇
7 2-戊醇
8 异戊醇
9 1-戊烯-3-醇
10 正己醇

11　2-己烯-1-醇
12　4-己烯-1-醇
13　正庚醇
14　正辛醇
15　2-辛醇
16　1-辛烯-3-醇
17　顺-5-辛烯-1-醇
18　正壬醇
19　顺-6-壬烯-1-醇
20　反-2-壬烯-1-醇
21　2,6-壬二烯-1-醇
22　正癸醇
23　十一醇
24　月桂醇(又名十二醇)
25　1-十六醇
26　小茴香醇
27　叶醇(又名顺-3-己烯-1-醇)
28　龙脑
29　杂醇油(又名精制品)
30　芳樟醇
31　氧化芳樟醇
32　异胡薄荷醇
33　苏合香醇(又名 α-甲基苄醇)
34　苯甲醇
35　苯乙醇
36　苯丙醇
37　玫瑰醇
38　α-松油醇
39　金合欢醇
40　香叶醇
41　*dl*-香茅醇
42　茴香醇
43　肉桂醇
44　α-紫罗兰醇(又名甲位紫罗兰醇)
45　β-紫罗兰醇(又名乙位紫罗兰醇)
46　二氢-β-紫罗兰醇
47　橙花醇
48　橙花叔醇
49　二甲基苄基原醇
50　正丙醇
51　3-己醇
52　1-己烯-3-醇
53　2-乙基己醇
54　2-庚醇
55　3-辛醇
56　顺-3-辛烯-1-醇
57　2-十一醇
58　对,α-二甲基苄醇
59　对异丙基苄醇
60　对,α,α-三甲基苄醇
61　β-石竹烯醇
62　龙蒿脑
63　四氢香叶醇
64　二氢香芹醇
65　1-对-孟烯-4-醇
66　紫苏醇
67　*dl*-薄荷脑
68　3-(*l*-薄荷氧基)-2-甲基-1,2-丙二醇
69　3,5,5-三甲基环己醇
70　顺-2-壬烯-1-醇
71　反,反-2,4-癸二烯醇
72　反-2-辛烯-4-醇
73　对-孟-烯-1醇
74　*p*-孟-1,8(10)-二烯-9-醇
75　柏木烯醇
76　脱氢芳樟醇
77　*d*-木糖
78　*d*-核糖

79 *l*-鼠李糖
80 二苯醚
81 对甲酚甲醚
82 异丁香酚甲醚
83 甲基苯乙醚
84 老姆醚
85 仲丁基乙醚
86 乙基苄基醚
87 大茴香醚
88 邻位甲基大茴香醚
89 橙花醚
90 2,4-二甲基大茴香醚
91 香兰基乙醚
92 丁香酚
93 异丁香酚
94 甲基丁香酚
95 对甲酚
96 邻甲酚
97 间甲酚
98 百里香酚
99 麦芽酚
100 苯酚
101 2-甲氧基-4-甲基苯酚
102 对乙基苯酚
103 2-甲氧基-4-乙烯基苯酚
104 对二甲氧基苯
105 愈创木酚
106 4-乙基愈创木酚
107 苯甲醛丙二醇缩醛
108 2-异丙基苯酚
109 2,6-二甲基苯酚
110 2,6-二甲氧基苯酚
111 间苯二酚
112 香芹酚
113 2-甲氧基-4-丙基苯酚
114 2,5-二甲基苯酚
115 对乙烯基苯酚
116 乙醛
117 乙醛二乙缩醛
118 丙醛
119 3-(2-呋喃基)丙烯醛
120 丁醛
121 2-甲基丁醛
122 2-甲基-2-丁烯醛
123 2-苯基-2-丁烯醛
124 戊醛
125 异戊醛
126 2-甲基戊醛
127 2-戊烯醛
128 2-甲基-2-戊烯醛
129 4-甲基-2-苯基-2-戊烯醛
130 2,4-戊二烯醛
131 己醛
132 2-己烯醛(又名叶醛)
133 顺-3-己烯醛
134 5-甲基-2-苯基-2-己烯醛
135 2-异丙基-5-甲基-2-己烯醛
136 反,反-2,4-己二烯醛
137 庚醛
138 4-庚烯醛
139 反-2-庚烯醛
140 2,6-二甲基-5-庚烯醛
141 2,4-庚二烯醛
142 辛醛
143 2-辛烯醛
144 反,反-2,4-辛二烯醛
145 反,反-2,6-辛二烯醛
146 壬醛

147 甲基壬乙醛(又名 2 -甲基十一醛)
148 2 -壬烯醛
149 顺- 6 -壬烯醛
150 反,反- 2,4 -壬二烯醛
151 甲酸桃金娘烯酯
152 反- 2 -顺- 6 -壬二烯醛
153 正癸醛(癸醛)
154 2 -癸烯醛
155 2,4 -癸二烯醛
156 十一醛
157 2 -十一烯醛
158 2,4 -十一碳二烯醛
159 月桂醛
160 2 -十二碳烯醛
161 顺- 6 -(或反- 2 -)十二碳二烯醛
162 十四醛
163 桃醛(γ -十一内酯)
164 大茴香醛
165 水杨醛
166 苯甲醛
167 甲基苯甲醛(邻、对、间位混合物)
168 3,4 -二甲氧基苯甲醛
169 苯乙醛
170 苯乙醛二甲缩醛
171 苯丙醛(3 -苯基丙醛)
172 枯茗醛
173 香兰素
174 香茅醛
175 柠檬醛
176 洋茉莉醛(胡椒醛)
177 肉桂醛
178 乙二醇缩肉桂醛
179 紫苏醛
180 对-孟- 1 -烯- 9 -醛
181 糠醛
182 5 -甲基糠醛
183 1,1 -二甲氧基乙烷
184 2,6,6 -三甲基环己基- 1,3 -二烯基甲醛
185 异丁醛
186 顺- 4 -己烯醛
187 顺- 5 -辛烯醛
188 4 -癸烯醛
189 反,反- 2,4 -十二碳二烯醛
190 2 -十三烯醛
191 4 -乙基苯甲醛
192 2 -羟基- 4 -甲基苯甲醛
193 邻甲氧基肉桂醛
194 龙脑烯醛
195 α -己基肉桂醛
196 香兰素- 1,2 -丙二醇缩醛
197 乙醛乙醇顺- 3 -己烯醇缩醛
198 反- 2 -反- 6 -壬二烯醛
199 2,4,7 -癸三烯醛
200 β -甜橙醛
201 4 -羟基苯甲醛
202 邻甲氧基苯甲醛
203 12 -甲基十三醛
204 甲乙酮
205 3 -羟基- 2 -丁酮
206 4 -对甲氧基苯基- 2 -丁酮
207 4 -苯基- 3 -丁烯- 2 -酮
208 丁二酮(又名 2,3 -丁二酮)
209 2 -戊酮
210 1 -戊烯- 3 -酮
211 2,3 -戊二酮
212 3 -乙基- 2 -羟基- 2 -环戊烯- 1 -酮

213 甲基环戊烯醇酮(又名3-甲基-2-羟基-2-环戊烯-1-酮)
214 4-己烯-3-酮
215 5-甲基-3-己烯-2-酮
216 3,4-己二酮
217 2-庚酮
218 3-庚烯-2-酮(又名甲基戊烯基酮)
219 6-甲基-5-庚烯-2-酮
220 1-辛烯-3-酮
221 2-壬酮
222 2-十一酮
223 2-十三酮
224 圆柚酮
225 *l*-香芹酮
226 苯乙酮
227 4-甲基苯乙酮
228 对甲氧基苯乙酮
229 顺茉莉酮
230 覆盆子酮(又名悬钩子酮)
231 α-突厥酮
232 突厥烯酮
233 苯甲醛甘油缩醛
234 α-鸢尾酮
235 α-紫罗兰酮
236 β-紫罗兰酮
237 *dl*-樟脑
238 薄荷酮
239 *d*,*l*-异薄荷酮
240 4-(2-呋喃基)-3-丁烯-2-酮
241 2-乙基-4-羟基-5-甲基-3(2H)-呋喃酮
242 4,5-二甲基-3-羟基-2,5-二氢呋喃-2-酮
243 2-乙基-3-甲基-4-羟基二氢-2,5-呋喃-5-酮
244 4,5-二氢-3(2H)-噻吩酮(四氢噻吩-3-酮)
245 2-乙基呋喃
246 2-乙酰基-5-甲基呋喃
247 2-乙酰基呋喃
248 1-苯基-1,2-丙二酮
249 丙酮
250 3,4-二甲基-1,2-环戊二酮
251 3,5-二甲基-1,2-环戊二酮
252 2,3-己二酮
253 1-甲基-2,3-环己二酮
254 2,2,6-三甲基环己酮
255 2,6,6-三甲基-2-环己烯-1,4-二酮
256 3-庚酮
257 5-甲基-2-庚烯-4-酮
258 6-甲基-3,5-庚二烯-2-酮
259 2-辛酮
260 3-辛酮
261 3-辛烯-2-酮
262 6,10-二甲基-5,9-十一碳二烯-2-酮
263 2-十五酮
264 3-甲基环十五酮
265 环十七-9-烯-1-酮
266 二苯甲酮
267 2-羟基苯乙酮
268 异佛尔酮
269 新甲基橙皮苷二氢查耳酮
270 二氢茉莉酮(又名2-戊基-3-甲基-2-环戊烯-1-酮)

271 姜油酮
272 3-甲硫基丁醛
273 β-突厥酮[4-(2,6,6-三甲基环己-1-烯基)丁-2-烯-4-酮]
274 α-戊基桂醛
275 2-甲基四氢呋喃-3-酮
276 d-葑酮
277 2,5-二甲基-4-甲氧基-3(2H)-呋喃酮
278 4-羟基-2,5-二甲基-3(2H)-呋喃酮
279 2-戊基呋喃
280 4,5,6,7-四氢-3,6-二甲基苯并呋喃(又名薄荷呋喃)
281 1,5,5,9-四甲基-13-氧杂三环[8.3.0.0(4,9)]十三烷
282 顺二氢香芹酮
283 3-巯基-2-丁酮
284 胡椒基丙酮
285 二氢-β-紫罗兰酮
286 4-甲基-2,3-戊二酮
287 反-7-甲基-3-辛烯-2-酮
288 3-乙酰硫基-2-甲基呋喃
289 4-乙酰氧基-2,5-二甲基-3(2H)-呋喃酮
290 3-乙基-2-羟基-4-甲基-2-环戊烯-1-酮
291 环己酮
292 2,3-庚二酮
293 2,3-辛二酮
294 乙酸
295 丙酸
296 丙酮酸
297 丁酸
298 异丁酸
299 2-甲基丁酸
300 2-乙基丁酸
301 戊酸
302 2-甲基戊酸
303 2-甲基-2-戊烯酸(又名草莓酸)
304 异戊酸
305 己酸
306 己二酸
307 反-2-己烯酸
308 3-己烯酸
309 庚酸
310 辛酸
311 壬酸
312 癸酸
313 十二酸(又名月桂酸)
314 十四酸(又名肉豆蔻酸)
315 十六酸(又名棕榈酸)
316 苯甲酸
317 苯乙酸
318 柠檬酸
319 肉桂酸
320 富马酸
321 3-甲基戊酸(又名酐酪酸)
322 β-丙氨酸
323 l-苯基丙氨酸
324 l-半胱氨酸
325 甘氨酸
326 l-谷氨酸
327 l-亮氨酸
328 dl-蛋氨酸

329 乙酰丙酸
330 2-氧代丁酸
331 2-甲基己酸
332 2-甲基庚酸
333 4-甲基辛酸
334 3,7-二甲基-6-辛烯酸
335 9-癸烯酸
336 十一酸
337 10-十一碳烯酸
338 3-苯丙酸
339 乳酸
340 *l*-脯氨酸
341 *dl*-缬氨酸
342 2-(4-甲氧基苯氧基)丙酸钠
343 *l*-丙氨酸和*dl*-丙氨酸
344 *l*-精氨酸
345 *l*-赖氨酸
346 3-甲基巴豆酸
347 甲酸
348 4-甲基壬酸
349 异己酸
350 2-羟基苯甲酸(水杨酸)
351 惕各酸
352 琥珀酸
353 硬脂酸
354 甲酸乙酯
355 甲酸丁酯
356 甲酸戊酯
357 甲酸异戊酯
358 甲酸己酯
359 甲酸苄酯
360 甲酸香叶酯
361 甲酸香茅酯
362 甲酸苯乙酯
363 甲酸芳樟酯
364 乙酸甲酯
365 乙酸乙酯
366 乙酰乙酸乙酯
367 乙酸丙酯
368 乙酸异丙酯
369 乙酸烯丙酯
370 乙酰丙酸乙酯
371 乙酸丁酯
372 乙酸异丁酯
373 乙酸异戊酯
374 乙酸己酯
375 2-己烯-1-醇乙酸酯
376 乙酸庚酯
377 乙酸辛酯
378 3-辛醇乙酸酯
379 1-辛烯-3-醇乙酸酯
380 乙酸壬酯
381 2-丁烯酸己酯
382 乙酸癸酯
383 乙酸苄酯
384 乙酸苯乙酯
385 乙酸茴香酯
386 乙酸龙脑酯
387 乙酸薄荷酯
388 乙酸肉桂酯
389 乙酸香茅酯
390 乙酸香叶酯
391 乙酸对甲酚酯
392 乙酸苏合香酯
393 乙酸橙花酯
394 乙酸松油酯
395 异丁酸肉桂酯
396 顺-3-己烯-1-醇乙酸酯(又名乙酸叶醇酯)

397 乙酸糠酯
398 庚酸烯丙酯
399 乙酸芳樟酯
400 乙酸葛缕酯
401 乙酸二氢葛缕酯
402 苯乙酸丁酯
403 丙酸乙酯
404 丙二酸二乙酯
405 丙酸异丁酯
406 丙酸异戊酯
407 顺-3-己烯-1-醇丙酸酯和丙酸反-2-己烯酯
408 丙酸香叶酯
409 丙酸香茅酯
410 丙酸苄酯
411 丙酸苯乙酯
412 丙酸芳樟酯
413 丁酸甲酯
414 2-甲基丁酸甲酯
415 丁酸乙酯
416 异丁酸乙酯
417 2-甲基丁酸乙酯
418 3-羟基丁酸乙酯
419 丁二酸二乙酯
420 异丁酸甲酯
421 丁酸丁酯
422 丁酸异丁酯
423 2-甲基丁酸丁酯
424 2-甲基丁酸-2-甲基丁酯
425 异丁酸丁酯
426 丁酸戊酯
427 丁酸异戊酯
428 2-甲基丁酸异戊酯
429 异丁酸异戊酯
430 丁酸己酯
431 2-甲基丁酸己酯
432 丁酸顺-3-己烯酯(又名丁酸叶醇酯)
433 2-甲基丁酸-3-己烯酯
434 异丁酸庚酯
435 2-甲基丁酸辛酯
436 1-辛烯-3-醇丁酸酯
437 丁酸苄酯
438 异丁酸苄酯
439 丁酸苯乙酯
440 2-甲基丁酸苯乙酯
441 异丁酸苯乙酯
442 丁酸香叶酯
443 异丁酸香叶酯
444 丁酸芳樟酯
445 异丁酸芳樟酯
446 当归酸异丁酯
447 异丁酸橙花酯
448 正戊酸乙酯
449 丁酰乳酸丁酯
450 异戊酸乙酯
451 柳酸丁酯(又名水杨酸丁酯)
452 异戊酸丁酯
453 异戊酸异戊酯
454 异戊酸-3-己烯酯
455 异戊酸壬酯
456 异戊酸苯乙酯
457 异戊酸香叶酯
458 己酸甲酯
459 2-己烯酸甲酯
460 己酸乙酯
461 3-己烯酸乙酯
462 3-羟基己酸乙酯

463 反-2-己烯酸乙酯
464 己酸丙酯
465 己酸戊酯
466 己酸异戊酯
467 己酸己酯
468 己酸顺-3-己烯酯(又名己酸叶醇酯)
469 庚酸乙酯
470 庚酸丙酯
471 庚酸丁酯
472 2-甲基-3-巯基呋喃
473 辛酸甲酯
474 辛酸乙酯
475 顺-4-辛烯酸乙酯
476 顺-4,7-辛二烯酸乙酯
477 辛酸异戊酯
478 辛酸壬酯
479 辛酸苯乙酯
480 2-壬烯酸甲酯
481 壬酸乙酯
482 癸酸乙酯
483 反-2-顺-4-癸二烯酸乙酯
484 月桂酸乙酯
485 十四酸甲酯(又名肉豆蔻酸甲酯)
486 苯甲酸甲酯
487 苯甲酸乙酯
488 苯甲酸丙酯
489 苯甲酸己酯
490 苯甲酸苄酯
491 苯甲酸顺-3-己烯酯(又名苯甲酸叶醇酯)
492 邻氨基苯甲酸甲酯
493 苯乙酸甲酯
494 苯乙酸乙酯
495 苯乙酸异戊酯
496 苯乙酸苯乙酯
497 愓各酸乙酯
498 愓各酸苄酯
499 乳酸乙酯
500 乳酸丁酯
501 肉桂酸甲酯
502 肉桂酸乙酯
503 肉桂酸苄酯
504 肉桂酸苯乙酯
505 肉桂酸肉桂酯
506 水杨酸甲酯(又名柳酸甲酯)
507 水杨酸乙酯(又名柳酸乙酯)
508 水杨酸异戊酯(又名柳酸异戊酯)
509 肉豆蔻酸乙酯
510 油酸乙酯
511 棕榈酸乙酯
512 二氢茉莉酮酸甲酯
513 椰子油混合酸乙酯
514 柠檬酸三乙酯
515 甲酸大茴香酯
516 甲酸叶醇酯(又名顺-3-己烯醇甲酸酯)
517 乙酸-2-甲基丁酯
518 乙酸-3-苯丙酯
519 乙酸丁香酯
520 4,5-二甲基-2-异丁基-3-噻唑啉
521 乙酸异胡薄荷酯
522 乙酸-1,3,3-三甲基-2-降龙脑酯
523 丙酸甲酯
524 丙烯酸乙酯
525 乳酸叶醇酯(又名顺-3-己烯醇乳酸酯)
526 丙酸癸酯
527 反-2-丁烯酸乙酯
528 丁酸丙酯

529 异丁酸异丙酯
530 2-甲基丁酸异丙酯
531 异丁酸己酯
532 丁酸庚酯
533 异丁酸辛酯
534 异丁酸-3-苯丙酯
535 丁酸香茅酯
536 丁酸肉桂酯
537 异戊酸甲酯
538 异戊酸异丁酯
539 异戊酸-2-甲基丁酯
540 异戊酸苄酯
541 2-戊基吡啶
542 异戊酸肉桂酯
543 异戊酸薄荷酯
544 3-己烯酸甲酯
545 正己酸异丁酯
546 己酸烯丙酯
547 己酸芳樟酯
548 3,7-二甲基-6-辛烯酸甲酯
549 3-壬烯酸甲酯
550 9-十一烯酸甲酯
551 十一酸乙酯
552 十四酸异丙酯
553 *N*-甲基邻氨基苯甲酸甲酯
554 邻氨基苯甲酸乙酯
555 苯甲酸异戊酯
556 苯甲酸苯乙酯
557 苯乙酸异丁酯
558 苯乙酸己酯
559 苯丙酸乙酯(又名氢化肉桂酸乙酯)
560 环己基羧酸甲酯
561 大茴香酸甲酯
562 大茴香酸乙酯
563 水杨酸苯乙酯
564 月桂酸异戊酯
565 亚油酸甲酯(48%)/亚麻酸甲酯(52%)混合物
566 茉莉酮酸甲酯
567 柳酸苄酯
568 肉桂酸异丁酯
569 肉桂酸-3-苯丙酯
570 酒石酸二乙酯
571 萘酸甲酯
572 惕各酸苯乙酯
573 3-乙酰基-2,5-二甲基噻吩
574 3,5,5-三甲基-1-己醇
575 丁酸茴香酯
576 异戊酸龙脑酯
577 2,6-二甲基-4-庚醇
578 苯甲酸异丁酯
579 甲酸橙花酯
580 乙酸甲基苄醇酯(邻-,间-,对-,混合物)
581 顺-对-1,(7),8-孟二烯-2-醇乙酸酯和反-对-1,(7)8-孟二烯-2-醇乙酸酯
582 乙酸龙脑烯醇酯
583 丙酸丙酯
584 丙酸丁酯
585 丙酸己酯
586 丙酮酸乙酯
587 丁酸辛酯
588 异丁酸丙酯

589 异丁酸异丁酯
590 异丁酸香茅酯
591 反-2-丁烯酸叶醇酯
592 丁二酸单薄荷酯
593 正戊酸正戊酯
594 异戊酸辛酯
595 己酸丁酯
596 己酸苯乙酯
597 异丁酸叶醇酯(顺-3-己烯醇异丁酸酯)
598 辛酸己酯
599 2-辛烯酸乙酯
600 2,4,7-癸三烯酸乙酯
601 苯甲酸芳樟酯
602 惕各酸叶醇酯(顺-3-己烯醇反-2-甲基-2-丁烯酸酯)
603 2-丁烯酸异丁酯
604 3-甲基丁酸己酯
605 顺-3-己烯酸顺-3-己烯醇酯
606 3-羟基己酸甲酯
607 苯甲酸香叶酯
608 琥珀酸二甲酯
609 硬脂酸乙酯
610 3-甲基-2-丁烯-1-醇乙酸酯
611 己酸反-2-己烯酯
612 甲酸龙脑酯
613 顺-4-庚烯酸乙酯
614 辛酸戊酯
615 4-甲基戊酸甲酯
616 3,4-亚甲基二氧苄醇乙酸酯
617 丙酸肉桂酯
618 异丁酸甲基苯基原酯
619 异丁酸十二酯
620 异丁酸松油酯
621 水杨酸异丁酯
622 肉桂酸异戊酯
623 乙酸异龙脑酯
624 γ-戊内酯
625 γ-己内酯
626 γ-庚内酯
627 γ-辛内酯
628 γ-壬内酯
629 γ-癸内酯
630 γ-十二内酯
631 γ-丁内酯
632 δ-己内酯
633 δ-辛内酯
634 δ-壬内酯
635 δ-癸内酯
636 δ-十一内酯
637 丁位十二内酯
638 十五内酯
639 5-羟基-2-癸烯酸-δ-内酯
640 3-亚丙基苯酞
641 3-亚丁基苯酞
642 薄荷内酯
643 δ-十三内酯
644 δ-十四内酯
645 5-羟基-2,4-癸二烯酸内酯(又名6-戊基-α-吡喃酮)
646 5-羟基-7-癸烯酸内酯(又名茉莉内酯)
647 威士忌内酯
648 二氢猕猴桃内酯[又名(+/-)-2,6,6-三甲基-2-羟基环亚己基乙酸-γ-内酯]

649 黄葵内酯
650 α-当归内酯
651 γ-甲基癸内酯
652 β-石竹烯
653 巴伦西亚橘烯
654 月桂烯
655 d- 烯
656 异松油烯
657 罗勒烯
658 莰烯
659 α-蒎烯
660 β-蒎烯
661 1,8-桉叶素
662 1,4-桉叶素
663 二氢香豆素
664 1,4-二甲基-4-乙酰基-1-环己烯
665 2-甲酰基-6,6-二甲基双环[3.1.1]庚-2-烯(又名桃金娘烯醛)
666 1,3,5-十一碳三烯
667 茶螺烷[1-氧杂螺-(4,5)-2,6,10,10-四甲基-6-癸烯]
668 对,α-二甲基苯乙烯
669 α-水芹烯
670 红没药烯
671 γ-松油烯
672 6-羟基二氢茶螺烷
673 1-甲基-3-甲氧基-4-异丙基苯
674 间二甲氧基苯
675 对异丙基甲苯
676 3,4-二甲酚
677 1-甲基萘
678 1,2-二甲氧基苯
679 α-金合欢烯
680 苏合香烯
681 α-松油烯
682 3-蒈烯
683 聚 烯
684 香菇素
685 氧化石竹烯
686 2,4,6-三甲基-1,3,5-三氧杂环己烷
687 甲硫醇
688 3-甲硫基丙醇
689 正丁硫醇
690 2-甲基-1-丁硫醇
691 3-甲硫基-1-己醇
692 1,6-己二硫醇
693 糠基硫醇(又名咖啡醛)
694 二甲基硫醚
695 二甲基二硫醚
696 二甲基三硫醚
697 二丁基硫醚
698 二糠基硫醚(又名2,2′-硫代二亚甲基二呋喃)
699 二糠基二硫醚
700 邻甲硫基苯酚
701 3-甲硫基丙醛
702 8-巯基薄荷酮
703 硫代乙酸糠酯
704 3-甲硫基丙酸甲酯
705 3-甲硫基丙酸乙酯
706 吲哚
707 三甲基胺
708 玫瑰醚
709 羟基香茅醇
710 3,5-二甲基-1,2,4-三硫杂环戊烷

711 2-甲基吡嗪
712 2,3-二甲基吡嗪
713 2,5-二甲基吡嗪
714 2,3,5-三甲基吡嗪
715 对甲苯基乙醛
716 2,6,6-三甲基-1-环己烯-1-甲醛或 2,6,6-三甲基-2-环己烯-1-甲醛
717 2-异丁基-3-甲基吡嗪
718 2-甲氧基-3-仲丁基吡嗪
719 2,3-二乙基吡嗪
720 3-乙基-2,6-二甲基吡嗪
721 乙酰基吡嗪
722 2-乙酰基-3-乙基吡嗪
723 2,3-二乙基-5-甲基吡嗪
724 5-异丙基-2-甲基吡嗪
725 2,6-二甲基吡啶
726 4-甲基噻唑
727 α-甲基肉桂醛
728 5-羟乙基-4-甲基噻唑
729 2,4,5-三甲基噻唑
730 2-乙基-4-甲基噻唑
731 5-乙烯基-4-甲基噻唑
732 2-乙酰基噻唑
733 2-异丙基-4-甲基噻唑
734 2-异丁基噻唑
735 苯并噻唑
736 *N*-糠基吡咯
737 2-乙酰基吡咯
738 5,6,7,8-四氢喹噁啉
739 2,4,5-三甲基-δ-3-噁唑啉
740 2-甲基-4-丙基-1,3-噁唑烷
741 吡啶
742 二丙基二硫醚
743 2-戊基硫醇
744 邻甲基苯硫酚
745 苄基硫醇
746 1-对-孟烯-8-硫醇
747 甲基丙基二硫醚
748 甲基苄基二硫醚
749 甲基糠基二硫醚
750 烯丙基二硫醚
751 双-(2-甲基-3-呋喃基)二硫醚
752 糠基甲基硫醚
753 2,6-二甲基苯硫酚
754 2-甲基-3(2-呋喃基)丙烯醛
755 2-甲基四氢噻吩-3-酮
756 2-甲基-5-甲硫基呋喃
757 2-羟基-3,5,5-三甲基-2-环己烯酮
758 糠酸甲酯
759 硫代乙酸乙酯
760 硫代乙酸丙酯
761 3-巯基丙酸乙酯
762 巯基丁酸甲酯
763 异硫氰酸烯丙酯
764 2-硫代糠酸甲酯
765 3-甲基-1,2,4-三噻烷
766 2,3,5,6-四甲基吡嗪
767 2-乙基吡嗪
768 2-乙基-3,5-二甲基吡嗪或2-乙基-3,6-二甲基吡嗪
769 2-甲氧基-3-异丁基吡嗪
770 1-甲基-2-乙酰基吡咯
771 *N*-乙基-2-乙酰基吡咯
772 喹啉
773 6-甲基喹啉
774 5-甲基喹噁啉

775 哌啶
776 β-甲基吲哚
777 5-乙基-2-甲基吡啶
778 3-乙基吡啶
779 2-乙酰基吡啶
780 3-乙酰基吡啶
781 甲酸肉桂酯
782 异戊胺
783 苯乙胺
784 2-甲基-1,3-二硫杂环戊烷
785 6-乙酰氧基二氢茶螺烷
786 4,5-二甲基噻唑
787 3-巯基己醇
788 三硫丙酮
789 2,6-二甲基吡嗪
790 2-甲硫基乙酸乙酯
791 3-巯基己醇乙酸酯
792 2-甲基二硫基丙酸乙酯
793 3-甲硫基丁酸乙酯
794 丁酸-3-巯基己酯
795 己酸-3-巯基己酯
796 糠醇
797 四氢糠醇
798 牛磺酸(又名2-氨基乙基磺酸)
799 2-乙基-3-甲基吡嗪
800 3-甲基-2-丁硫醇
801 2-甲基-3-四氢呋喃硫醇
802 丙硫醇
803 1,3-丙二硫醇
804 烯丙基硫醇
805 4-甲氧基-2-甲基-2-丁硫醇
806 2-苯乙硫醇
807 3-巯基-3-甲基-1-丁醇
808 甲基-2-甲基-3-呋喃基二硫醚
809 甲基乙基硫醚
810 甲基苯基二硫醚
811 二乙基硫醚
812 二丙基三硫醚
813 丙烯基丙基二硫醚
814 二烯丙基硫醚
815 二烯丙基三硫醚
816 二烯丙基四硫醚(又名二烯丙基多硫醚)
817 2-甲硫甲基-2-丁烯醛
818 3-甲硫基己醛
819 乙酸环己酯
820 邻氨基苯乙酮
821 2-甲基-3-甲硫基呋喃
822 甲酸-3-巯基-3-甲基丁酯
823 乙酸-3-甲硫基丙酯
824 异戊酸甲硫醇酯
825 甲硫磺酸-S-甲酯
826 2-甲硫基丁酸甲酯
827 3-甲硫基-1-己醇乙酸酯
828 甲硫醇乙酸酯
829 (5H)-5-甲基-6,7-二氢环戊基并(b)吡嗪
830 2-甲氧基吡嗪
831 2-(或5,6)-甲氧基-3-甲基吡嗪
832 2-乙酰基-3,5-二甲基吡嗪或2-乙酰基-3,6-二甲基吡嗪
833 2-乙酰基3-甲基吡嗪
834 四氢吡咯
835 2-异丁基吡啶
836 2-乙基-4,5-二甲基噁唑
837 硫化铵
838 2-巯基丙酸乙酯

839 N-(4-羟基-3-甲氧基苄基)壬酰胺
840 1,4-二噻烷
841 桃金娘烯醇
842 胡椒碱
843 2,3-二甲基苯并呋喃
844 4-羟基-5-甲基-3(2H)呋喃酮(又名菊苣酮)
845 γ-紫罗兰酮
846 α-二氢紫罗兰酮
847 d-胡椒酮(又名对-孟-1-烯-3-酮)
848 胡椒烯酮
849 l-天冬氨酸
850 d,l-异亮氨酸
851 焦木酸提取物
852 醋酸钠
853 二醋酸钠
854 琥珀酸二钠
855 5′-鸟苷酸二钠
856 5′-肌苷酸二钠
857 磷酸三钙
858 δ-十六内酯
859 (+/-)-二氢薄荷内酯
860 (Z)-4-十二烯醛
861 4,5-环氧反-2-癸烯醛
862 2-乙基-5-甲基吡嗪
863 顺-3-顺-6-壬二烯-1-醇
864 2-甲基-1-丁醇
865 异龙脑
866 2-壬醇
867 反-2-辛烯-1-醇
868 香芹醇
869 对孟烷-2-酮
870 4-甲基-3-戊烯-2-酮
871 反,反-3,5辛二烯-2-酮
872 2-甲基呋喃
873 3-癸烯-2-酮
874 2-辛烯-4-酮
875 2-呋喃基-2-丙酮
876 5-甲基-2,3-已二酮
877 2-甲基-3-戊烯酸
878 l-酪氨酸
879 2-氧代戊二酸
880 4-茴香酸
881 亚油酸
882 甘草酸
883 l-胱氨酸
884 l-蛋氨酸
885 l-谷氨酰胺
886 2-丙硫醇
887 4-巯基-4-甲基-2-戊酮
888 1,2-乙二硫醇
889 异戊烯基硫醇
890 氯甲硫基蛋氨酸
891 2-甲基-3-硫代乙酰氧基-4,5-二氢呋喃
892 异丁基硫醇
893 苄基硫醇
894 异硫氰酸苄酯
895 甲基烯丙基三硫醚
896 2-戊基噻吩
897 3,5-二乙基-1,2,4-三硫杂环戊烷
898 噻吩
899 2,4,6-三甲基二氢-4H-1,3,5-二噻嗪
900 异硫氰酸-3-甲硫基丙酯
901 3-甲基丁基硫醇
902 2-乙酰基-2-噻唑啉

903 甲基丙基三硫醚
904 噻唑
905 吡嗪
906 甲基-1-丙烯基二硫醚

注：凡列入天然等同香料目录的香料，其对应的天然物（即结构完全相同的对应物）应被视作已批准使用的香料。

三、允许使用的190种食品用人造香料

1 2-巯基-3-丁醇
2 硫代香叶醇
3 蒎烷硫醇
4 α-甲基-β-羟基丙基-α-甲基-β-巯丙基硫醚
5 乙基麦芽酚
6 柠檬醛二乙缩醛
7 3-丙烯基-6-乙氧基苯酚
8 δ-突厥酮
9 β-甲基紫罗兰酮
10 δ-甲基紫罗兰酮
11 2,6-壬二烯醛二乙缩醛
12 9-十一烯醛
13 10-十一烯醛
14 十六醛（又名杨梅醛）
15 乙基香兰素
16 兔耳草醛（又名仙客来醛）
17 羟基香茅醛
18 β-环高柠檬醛
19 *l*-薄荷酮甘油缩酮
20 4-甲硫基-4-甲基-2-戊酮
21 3-巯基-2-戊酮
22 *d*,*l*-薄荷酮甘油缩酮
23 α-甲基紫罗兰酮
24 α-异甲基紫罗兰酮
25 烯丙基-α-紫罗兰酮
26 6-甲基香豆素
27 2-巯基丙酸
28 2-甲基-4-戊烯酸（又名浆果酸）
29 乙酸二甲基苄基原酯
30 环己基乙酸烯丙酯
31 乙酸玫瑰酯
32 3-(2-呋喃基)丙酸乙酯
33 丙酸烯丙酯
34 3-环己基丙酸烯丙酯
35 3-(2-呋喃基)丙酸异丁酯
36 硫代丙酸糠酯
37 丁酸二甲基苄基原酯
38 环己基丁酸烯丙酯
39 1,3-壬二醇乙酸酯（混合酯）
40 丁酸苏合香酯
41 乙酸柏木酯
42 异丁酸麦芽酚酯
43 2-甲基-4-戊烯酸乙酯
44 乙酸四氢糠酯
45 庚炔羧酸甲酯
46 辛炔羧酸甲酯
47 癸二酸二乙酯
48 10-十一烯酸乙酯
49 苯乙酸烯丙酯
50 三乙酸甘油酯
51 苯乙酸香叶酯
52 苯乙酸对甲酚酯
53 4-苯基丁酸甲酯（苯基丁酸甲酯）
54 4-苯基丁酸乙酯（苯基丁酸乙酯）

55　2-甲基戊酸乙酯
56　肉桂酸烯丙酯
57　2-甲基-3-戊烯酸乙酯
58　亚硝酸乙酯
59　庚酸戊酯
60　3-乙酰基-2,5-二甲基呋喃
61　2,5-二甲基-3-氧代(2H)-4-呋喃丁酸酯[又名4-丁酰氧基-2,5-二甲基-3(2H)-呋喃酮]
62　2-甲氧基-3(或5,6)-异丙基吡嗪
63　2-甲基-3(或5,6)-糠硫基吡嗪(异构体混合物)
64　2-甲基(或乙基)-3(或5,6)-甲氧基吡嗪
65　2,5-二甲基-2,5-二羟基-1,4-二硫代环己烷
66　5,7-二氢-2-甲基噻嗯并-(3,4-*d*)嘧啶
67　2-乙氧基噻唑
68　2,4-二甲基-5-乙酰基噻唑
69　乙酸异丁香酯
70　3-甲基丁酸对甲酚酯(异戊酸对甲酚酯)
71　*l*-薄荷醇乙二醇碳酸酯
72　3-(2-甲基丙基)吡啶
73　乙基香兰素1,2-丙二醇缩醛
74　人造康乃克油
75　山楂核烟熏香味剂Ⅰ号
76　山楂核烟熏香味剂Ⅱ号
77　苄基异丁基原醇(α-异丁基苯乙醇)
78　4-苯基-3-丁烯-2-醇
79　2-甲基-4-苯基-2-丁醇
80　*l*-薄荷醇丙二醇碳酸酯
81　辛酸烯丙酯
82　α-丙基苯乙醇
83　龙葵醇(又名β-甲基苯乙醇)
84　四氢芳樟醇
85　2,3-二巯基丁烷
86　β-萘乙醚
87　异丁基-β-萘醚
88　邻丙基苯酚
89　苄基异丁香酚
90　2-甲基-3(或5,6)-甲硫基吡嗪
91　香茅氧基乙醛
92　乙醛苯乙醇丙醇缩醛
93　2-甲基-3-对甲基苯基丙醛
94　2-苯基-3-(2-呋喃基)丙-2-烯醛
95　3,5,5-三甲基己醛
96　2-甲基-3-乙氧基吡嗪
97　庚醛甘油缩醛
98　苯乙醛甘油缩醛
99　对异丙基苯乙醛
100　2-甲基-4-苯丁醛
101　龙葵醛
102　龙葵醛二甲缩醛
103　羟基香茅醛二乙缩醛
104　柠檬醛二甲缩醛
105　4-甲基-5-(2-乙酰氧乙基)噻唑
106　α-丁基肉桂醛
107　4-庚烯-3-酮
108　4-甲基-1-苯基-2-戊酮
109　1-(对甲氧基苯基)-1-戊烯-3-酮
110　α-亚己基环戊酮
111　四甲基乙基环己烯酮
112　糠硫醇甲酸酯

113 甲基-β-萘酮
114 2-(3-苯丙基)四氢呋喃
115 烯丙基乙酸
116 甲酸二甲基苄基原酯
117 4-乙酰基-6-叔丁基-1,1-二甲基茚满
118 癸醛二甲缩醛(又名1,1-二甲氧基癸烷)
119 乙酸环己基乙酯
120 对甲苯氧基乙酸乙酯
121 乙酸二甲基苯乙基原酯
122 4-甲硫基-2-丁酮
123 丙酸甲基苯基原酯
124 2-呋喃基丙烯酸丙酯
125 异丁酸二甲基苯乙基原酯
126 异丁酸-2-苯氧基乙酯
127 十三碳二酸环乙二醇二酯
128 邻氨基苯甲酸异丁酯
129 对叔丁基苯乙酸甲酯
130 苯氧乙酸烯丙酯
131 苯乙酸辛酯
132 苯乙酸苄酯
133 苯乙酸芳樟酯
134 苯乙酸香茅酯
135 苯乙酸愈创木酚酯
136 3-甲基-2-丁烯酸-2-苯乙酯
137 3-苯基缩水甘油酸乙酯
138 肉桂酸芳樟酯
139 1,2-二[(1′-乙氧基)-乙氧基]丙烷
140 N,2,3-三甲基-2-异丙基丁酰胺
141 N-乙基-2-异丙基-5-甲基环己烷甲酰胺
142 3-1-薄荷氧基-1,2-丙二醇
143 香兰基丁醚
144 9-癸烯醛
145 2-仲丁基环己酮
146 2,3-十一碳二酮
147 环己烷基甲酸
148 5-癸烯酸和6-癸烯酸(又名牛奶内酯)
149 八乙酸蔗糖酯
150 丁酸烯丙酯
151 异丁酸香兰素酯
152 戊二酸单-l-薄荷醇酯
153 苯甲酰基乙酸乙酯
154 乳酸-l-薄荷酯
155 ε-十二内酯
156 八氢香豆素
157 2,5-二甲基-3-呋喃硫醇
158 1,2-丁二硫醇
159 双-(2,5-二甲基-3-呋喃基)二硫醚
160 丙基-2-甲基-3-呋喃基二硫醚
161 二环己基二硫醚
162 糠基异丙基硫醚
163 2-乙基苯硫酚
164 2-乙酰氧基丙酸甲硫醇酯
165 2-丙酰氧基丙酸甲硫醇酯
166 3-糠硫基丙酸乙酯
167 2-甲硫基吡嗪
168 异硫氰酸苯乙酯
169 2-(3-苯丙基)吡啶
170 4,5-二甲基-2-乙基-3-噻唑啉
171 2-仲丁基-4,5-二甲基-3-噻唑啉
172 吡嗪乙硫醇
173 水杨酸苯酯
174 庚醛二甲缩醛
175 羟基香茅醛二甲缩醛
176 对丙基茴香醚

177 异丁酸对甲酚酯
178 异丁酸邻甲酚酯
179 柠檬醛丙二醇缩醛
180 反-2-己烯醛二乙缩醛
181 2-巯基噻吩
182 对孟-3,8-二醇
183 1,8-辛二硫醇
184 螺[2,4-二硫杂-1-甲基-8-氧杂双环[3.3.0]-辛烷-3,3′-(1′-氧杂-2′-甲基)环戊烷]
185 3-壬烯-2-酮
186 3-甲基-2,4-壬二酮
187 2,5-二甲基-3-硫代乙酰氧基呋喃
188 反-4-己烯醛
189 3-[(2-甲基-3-呋喃)巯基]-2-丁酮
190 3-巯基-2-甲基戊醛.